建筑书评与
建筑文化随笔

吴宇江 著

中国建筑工业出版社

图书在版编目（CIP）数据

建筑书评与建筑文化随笔／吴宇江著．—北京：
中国建筑工业出版社，2014.12
ISBN 978-7-112-17511-6

Ⅰ．①建… Ⅱ．①吴… Ⅲ．①建筑－文化－文集
Ⅳ．①TU-8

中国版本图书馆CIP数据核字（2014）第269713号

　　本书内容包括建筑书评18篇、建筑文化随笔9篇、编辑
出版心得3篇，以及部分重点建筑图书首发式学术座谈会发
言纪实等。
　　本书可供广大建筑师、城市规划师、风景园林师、建
筑文化爱好者等学习参考。

责任编辑：白玉美
书籍设计：锋尚制版
责任校对：李欣慰　姜小莲

建筑书评与建筑文化随笔
吴宇江　著
*
中国建筑工业出版社出版、发行（北京西郊百万庄）
各地新华书店、建筑书店经销
北京锋尚制版有限公司制版
北京画中画印刷有限公司印刷
*
开本：787×1092毫米　1/16　印张：17　字数：302千字
2015年2月第一版　2015年2月第一次印刷
定价：56.00元
ISBN 978-7-112-17511-6
　　　　（26710）

版权所有　翻印必究
如有印装质量问题，可寄本社退换
（邮政编码100037）

序 一

顾孟潮

建筑出版编辑吴宇江先生在这本书中，展示了他研究建筑发展历程的广阔视野和极高的专业水平。他的书评内容丰富，很有见地。如本书开头的几篇建筑书评，包括现代主义建筑旗手勒·柯布西耶、现代西方建筑、建筑与城市艺术哲学、交叉学科——生态建筑学、地下建筑学等，作者认为这类书确实值得向广大读者推荐，因此，尽管书写这类书评需要花大功夫，需要啃透这些大部头专著才能原汁原味地介绍给读者，他还是乐此不疲地去完成。

特别值得称道的是，他不仅自己坚持建筑书评的写作，而且想方设法动员出版社内外专家和社会力量推动建筑书评工作。书中收入有他倡议下召开的重点书——《钱学森建筑科学思想探微》、《生态建筑学》、《地下建筑学》、《风景园林品题美学——品题系列的研究、鉴赏与设计》、《莫伯治大师建筑创作实践与理念》等书的首发式和学术座谈会的纪要。由于让众多院士、专家学者参与到建筑书刊评论的实践中来，取得了很好的社会效益，既推荐了好书，又密切联系了许多高层次的作者，得到了不少好的建筑书籍的选题。

图书评论是对图书的内容与形式进行评论，并就图书对读者的意义进行研究的一种社会评论活动，简称书评。它是宣传图书、引导读者阅读，提高图书质量，以及进行学术研究和讨论的重要手段。图书评论比图书介绍的内容更深刻，倾向性更鲜明。它具有公开性、广泛性和新闻性的特点。书评在现代社会的报刊上是经常出现的一种文章体裁形式。

具有专业性特征的建筑书评，同样是具有以上特点的一种社会评论活动。其特点是从专业角度切入，对全社会全行业整体建筑界内外的评论活动，并非仅仅是针对一本书的编辑和出版的事，因为城市与建筑的问题绝非仅仅是建筑界的事。

当代在书评数量、水平以及书评人才队伍培养建设等方面，我们是大大落伍了。须知，在我们国家古代书与书评几乎是同时出现的，书与评互生互动、互相促进。早在春秋战国百家著书的同时几乎就有了注书和评书的出现。明清以来更有李卓吾、金圣叹、毛宗岗和脂砚斋这样的书评大家问世。

2013年1月，将建筑评论（含建筑书评）视为一生事业的一位91岁的美国建筑界批评先驱——艾达·路易斯·贺克丝苔伯逝世。她从事建筑评论长达半个多世纪，先后为《纽约时报》和《华尔街日报》专栏撰稿一直到去世前一个月。世界太需要这样的人了！2014年，是美国全国书评家协会（NBCC）成立40周年，该会的宗旨是"鼓励和提高所有媒体的书评质量，给专业人士提供信息交流的条件"。协会成员近700人，包括编辑、书评家及自由撰稿人，一年一度评选小说、非小说等5种书评奖。自1997年后非英语非美国作者的书评都可以参评。

1985年我国召开了第一届全国图书评论工作会，1989年成立了中国图书评论学会，2014年成立了中国文艺评论家协会。

每年我国建筑书籍出版的数量如此之大，亟须提高建筑书评的质量和数量，组织培养建筑书评队伍应当列入我国文化大时代建筑界的议程了。

建筑书评是建筑评论的评论，是建筑评论系统的重要组成部分。建筑书评的重要性不亚于对具体建筑物、建筑作品、建筑人物的评论，因为它面对的读者更为广泛，尤其是对已经形成书面语言的建筑理论的评论，这是二次评论。它所面对的是建筑著作所展示的内容、观点、思路、水平、人文、结构、形式、品格等，并作出全面的评论。因此，从某种意义上说，建筑书评应该有着更高的文化层次。

好的建筑书评独具慧眼，能在建筑书籍的海洋中把精品书凸现出来，是引领建筑读者入门的向导。

那么，在读者有限的人生中选哪些书读为好？在这里书评对于读者有点化的作用，这也是《读书》、《博览群书》、《读者文摘》、《中国图书评论》等以书评取胜的刊物，能够长期受到读者广泛欢迎的原因。

建筑界需要有自己的读书杂志，有自己的建筑书评专集，这会有助于建筑界形成读书风气，改变"图盛文衰"的倾向。众所周知，关于《红楼梦》、《文心雕龙》、《园冶》的书评数量之多不可胜数，与此相比较，建筑界对像《建筑十书》这类有逾千年生命力的经典著作却缺少评论和解读，这是非常遗憾的事情。读书少、读精品更少，这是建筑界长期步履蹒跚、裹足不前的重要原因吧！

建筑书评的写作模式也是大家感兴趣的，值得大家研究与探讨的问题。我认为建筑书评文章的写法，不在于文字的多寡，但要言之有物，要有感而发，要有作者本人的鲜明观点，要洋溢个人的才情，只有这样才能写出好的建筑书评文章来。

2014年11月1日写于北京

（顾孟潮，中国建筑学会资深编审，教授级高级建筑师，著名建筑评论家）

序 二

艾定增

当吴宇江君的《建筑书评与建筑文化随笔》书稿送到我手上时，多少有一点意外。多年来由于时空阻隔，我们的交往并不多，但意外的是他这一丰硕成果集腋成裘，令我眼前一亮。读过之后，更令我喜出望外。个中缘由，且听我向本书读者作一介绍。

其一，吴君是我和几位同仁在20世纪80年代初创办武汉城市建设学院风景园林系并主持教学时招收的首届毕业生，也可算我的亲传弟子。在大学期间，当同学们都热衷于练就一手好的手头功夫并表现亮丽的设计时（那时尚无电脑绘图），他却专心致志于研读建筑历史文化，孜孜不倦，埋头苦读，大有"走自己的路，让别人去说吧"的决心。因此，当毕业分配时，中国建筑工业出版社给我们武汉城市建设学院一个分配名额时，我毫不思索地推荐他作为唯一候选人。出版社慧眼识才，录用了他。从此，开始了他编辑生涯的新起点。

其二，建筑在西方是正统的艺术。在西方美术史中一贯领衔绘画与雕塑而三足鼎立，形成西方传统文化中一个与东方差异极大的现象。尤其在中国，文人书画高不可攀，而营造房子和园林则是手艺匠的行当，难登大雅之堂。直到今天，虽然已有很大改变，但民众对于建筑艺术仍知之不多、关心甚少。除了搞设计能谋个赚钱的好出路之外，一般媒体对之也是漠不关心。在这种文化背景之下，搞建筑历史与文化就连学生也不是真正感兴趣的，只当是个为设计行当而搞得包装，应景之作而已。在同行之间，建筑评论并未受到应有的重视，这种现象不仅对搞理论与历史的人形成一些无形的压力，更重要的是人们看不见的迫使中国建筑在跻身世界之林时就首先比洋人矮了一大截，尤其是改革开放后形成了权力资本对洋设计的崇拜。其原因是复杂的，但失去话语权却是个重要因素。

我既不是复古主义者，更不是夜郎自大、坐井观天、故步自封、作茧自缚的建筑文化保守主义者。对后现代的兴起和全球化的潮流曾经积极倡导、努力鼓呼。但是，我也是个让家园记住乡愁、重视山水，使建筑融入国魂并成为中华民族精神文明命脉延续的重要载体的卫道士。我并不一般地反对搜奇猎艳建筑，但当它们选错了时间地点而兴风作浪时，我坚决地说"不"！这就是我对本书作者从内心油然而生的敬意，也是我情不自禁要向国人宣示的理念。自拆除城墙以来半个多世纪对代表民族文化精神命脉之一的北京历史文化古城的解构（包括山水城市、生态城市的沦陷）必须立即停止。因此，我期望像本书作者一样的建筑评论家要壮大队伍、磨砺笔锋、坚守阵地，让艺术更好地为人们服务，为中华文化复兴而作出更大贡献。

其三，作为一位从事建筑学半个世纪的耄耋老人，我一直感受到中国建筑工业出版社的敬业勤奋、坚守岗位而不为拜金主义所诱惑的理想信念。你们作出的成就与贡献众所公认、有口皆碑，而且其中有不少我的朋友长年奋斗守着冷板凳在稿纸案牍中坚持不懈，可亲可敬。你们既坚守专业又不断创新，为建筑出版事业的发展而运筹帷幄。这些在本书中也有所反映，可以窥一斑而见全豹。

信手写来，直抒胸臆。本书丰富的内涵，恳请读者朋友自己去品味感悟，我就不在此作点评了。

是为序。

2014年11月6日写于海口

（艾定增，海南省工商联新建项目策划总顾问，

武汉城市建设学院风景园林系原副主任、教授，著名建筑评论家）

目 录

序 一   顾孟潮

序 二   艾定增

上篇 | 建筑书评

（一）建筑学篇

002　创造源于爱的感召
　　　——评《勒·柯布西耶全集》

005　现代西方建筑理论研究的力作
　　　——介绍《论现代西方建筑》

011　建筑与城市艺术的哲学思考
　　　——评《中国空间思路——建筑与城市艺术哲学书简》

014　生态建筑学——一门跨学科的边缘科学
　　　——《生态建筑学》学习心得

021　地下建筑研究的拓荒之作
　　　——《地下建筑学》介绍

026　从澳门大三巴牌坊、妈祖庙看香山文化的中西合璧
　　　——《澳门建筑文化遗产》学习心得

034　建筑文化的八大理念
　　　——读《建筑文化感悟与图说》（国外卷）心得

（二）城市规划篇

042　名城"圣地"——拉萨
　　——介绍作为中国历史文化名城丛书之一的《拉萨》

044　城市美学亦是生活的哲学
　　——评《城市美学》

046　构建更加完美的城市
　　——评《新城规划的理论与实践——田园城市思想的世纪演绎》

049　厘清城市设计概念，把握城市设计发展趋势
　　——介绍《全球化时代的城市设计》

058　一座"未来之城"奇迹的创造
　　——读《新城规划与实践——苏州工业园区例证》有感

068　研究大城市空间发展与轨道交通互动关系的佳作
　　——评《大城市空间发展与轨道交通》

（三）风景园林篇

070　中国的世界遗产——人类智慧和人类杰作的结晶
　　——介绍《中国的世界遗产》

072　一代宗师的杰作
　　——有感于夏昌世先生的《园林述要》

075　园林与文学
　　——评《中国风景园林文学作品选析》

078　品题系列美学体系的开创之作
　　——评介《风景园林品题美学——品题系列的研究、鉴赏与设计》

086　中国古典园林的生态学、文化学、未来学的意义和价值
　　——《中国园林美学》（第二版）读后感

中篇｜建筑文化随笔

（一）建筑学篇

094　走向人类社会新纪元的建筑文化学

106　植根于岭南大地的建筑创作与创新思维
　　　——写在莫伯治大师100周年诞辰之际

112　北涧桥——中国木拱廊桥的千古绝唱

（二）城市规划篇

125　让哥本哈根托起人类更加美好的未来
　　　——从国际社会应对气候变化的共识与行动想到

132　"山水城市"概念探析

142　构建天津滨海经济特区的设想

（三）风景园林篇

146　论中国古典园林的起源

164　六朝精神与六朝园林艺术

171　中国古典园林的内聚性与西方古典园林的外拓性

下篇｜编辑出版心得

182　论科学的、和谐的可持续发展出版观
　　　——中国建筑工业出版社专业化发展之路探究

186　做文化大发展大繁荣时代的编辑大家

193　做新时代最好的编辑

附录｜首发式学术研讨会

202　《钱学森建筑科学思想探微》首发式学术座谈会发言摘要

214　张祖刚论建筑文化系列丛书首发式学术座谈会发言选登

223　学术聚谈，情切意浓
　　　——记《风景园林品题美学——品题系列的研究、鉴赏与设计》首
　　　　发式学术座谈会

232　善在哪里？善在生命，善在人心
　　　——《只是为了善——追寻中国建筑之魂》首发式学术座谈会纪实

246　纪念莫伯治大师100周年诞辰暨《莫伯治大师建筑创作实践与理念》
　　　首发式学术研讨会摘编

致谢

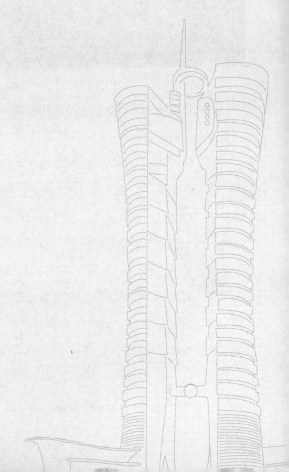

创造源于爱的感召

——评《勒·柯布西耶全集》

《勒·柯布西耶全集》（共8卷）

［瑞士］W·博奥席耶

O·斯通诺霍 编著

牛燕芳 程 超 译

中国建筑工业出版社

　　勒·柯布西耶不仅是20世纪现代建筑的先驱、一位杰出的建筑大师，而且还是一位画家、雕塑家和诗人。

　　勒·柯布西耶于1887年出生在瑞士纳沙泰尔州侏罗山，他的父亲和祖父都是制表匠人，母亲是一位钢琴师。童年时期，勒·柯布西耶进入瑞士拉绍德方工艺美术学校学习雕镂技术。在那里，他开始对绘画和建筑产生了兴趣。1905年，时年18岁的勒·柯布西耶就开始与他人合作设计别墅了。1907年，20岁的勒·柯布西耶就开始了长途旅行。他先后考察了意大利北部地区、锡耶纳、博洛尼亚、帕多瓦、加尔加农、威尼斯、布达佩斯、维也纳、纽伦堡、慕尼黑、巴黎、贝尔格莱德、布加勒斯特、伊斯坦布尔、雅典以及意大利南部的庞培、那不勒斯、罗马、佛罗伦萨等城市和地区。旅行期间，勒·柯布西耶做了大量的画作和笔记。1920年仅33岁的勒·柯布西耶就与他人共同创办了《新精神》杂志。他怀着无限的勇气，准备迎接一切挑战。《新精神》向世人宣言："一个伟大的时代开始了，新的生命源于新的精神。"1922年，35岁的勒·柯布西耶与堂弟皮埃尔·让纳雷合作，在巴黎塞维大街35号成立了一家建筑事务所。1923年，36岁的勒·柯布耶出版了他的划时代巨著——《走向新建筑》一书，其革命性的思想已经深刻地影响了他那个时代建筑的发展。

从1929年开始出版《勒·柯布西耶全集》（第1卷），直到1970年前后41年才陆续出版完毕8卷本的《勒·柯布耶全集》。这期间，勒·柯布西耶先生不幸于1965年在前往燕尾海角度假时，因心脏病突发而死于非命，享年78岁。

《勒·柯布西耶全集》涵盖了勒·柯布西耶在各个时期的建筑创作、城市规划作品、设计理念以及大量的速写与手稿等。全书处处散发着耀眼的个性光辉，鲜活地证明了勒·柯布西耶历久弥新的创造力是源自于人类不灭的乐观精神。

众所周知，勒·柯布西耶是一位画家、一位雕塑家，同时，也是一位诗人。但他没有为绘画、为雕塑、为诗歌而战。勒·柯布西耶是一名战士，他只为建筑而战！他将无与伦比的激情投诸建筑，因为惟有建筑可以实现他激荡于心中的热切愿望——为人服务。

"房屋是居住的机器"，这是勒·柯布西耶的一句至理名言。勒·柯布西耶曾这样概括他一生的心愿，即房屋应当成为生活的宝匣，成为幸福的机器。50年来，勒·柯布西耶一直专注于住宅的研究，他将神圣引入住宅，使那里成为圣殿，成为家庭的圣殿，成为人类的圣殿，甚或成为神的居所。他设计的"周末住宅"像山丘与岩穴船与风景融为一体，树木环抱，在绿草之中一栋由砾石和玻璃构成的房屋，创造出极为丰富的建筑感受。其住宅设计的人性化本质特征源于以人体尺度为基础的建造。勒·柯布西耶的一生都在构想人类的家园，构想城市，他的"光辉城市"就是巨大花园中耸起的宝塔。他一生建造了20世纪最为激动人心的教堂和修道院。诚如勒·柯布西耶自己所叙述的"我的工作是为了满足今天人类最迫切的需要——宁静与和平"。

勒·柯布西耶是一位理论家，但本质上是一位创造者，是一位艺术家。勒·柯布西耶是20世纪现代建筑艺术中最孚众望的一个，他一生都在探讨建筑的基础，探讨空间，探讨所有能想到的人类生活的方方面面，继而将全部的哲学思考融入他自己的建筑中去。于是，从本质上勒·柯布西耶的作品成了一种建筑哲学，他的文章成为对陈规陋习的针砭，他的反思成为以新的方式正视建筑现实的根据，其所用心良苦绝非是独善其身了。

勒·柯布西耶在自己全集（第1卷）第二版的引言中这样写道："只要我们拓展自己的好奇心，穿越于时空之间，融合各色的文明，或恢宏或质朴，它们皆是人类感受的纯粹表达。建筑当从图板上拔出，当扎根心田与脑海"。勒·柯布西耶认为，首先心中得有爱，爱合理的，爱感性的，爱创造性的，爱多样性的。那么，人们又该如何去丰富自己的创造力呢？勒·柯布西耶认为，创造力在于无疆之域，在于自然的瑰丽多彩之中，因为大自然将其所孕育的和谐展现于每事每物，诸如植物、动物、树木、风光、海洋、平原或山峦。勒·柯布西耶还认为，建筑师应当拿起钢笔，去描画一株植物、一片落叶，去表达一棵树的灵魂、一只贝的和谐、一团云的形成、一次次波浪推沙的游戏,去发现那蕴藏于其内在的力量的表达。总而言之，建筑是一种思维方式，而不是一门手艺。

20世纪建筑带给机器文明新时代的人类以欢乐。勒·柯布西耶的一生都在追寻着满足人类对自然最深切的需要——天空、阳光、空间、树木。印度昌迪加尔新城的规划，使勒·柯布西耶全部的理论和思想得以付诸实践。于是，一个具有普遍性的有机体诞生了。诚如印度前总理庞迪·贾瓦哈拉尔·尼赫鲁所说的："这是一座全新的城市，它是印度独立的象征，它将摆脱民族过去的传统，它将表达民族未来的信仰"。在这里，人们不仅能够享受到舒适与令人振奋的生活，而且还能再度感受到与大自然的紧密联系。它引导着人们去欣赏、热爱、尊重他们的环境，同时，也不遗弃他们自己传统的习俗。

勒·柯布西耶所有的创造都源于爱的感召。他始终饱含激情，精力充沛，保持昂扬的斗志，就像一位得胜的战士，孤身一人，凛然屹立在战场上，抖擞精神，随时准备着投入新的战斗。

勒·柯布西耶的作品与那不可抗拒的精神影响力已经跨越了国界，跨越了欧洲，延至美洲、亚洲、非洲以及遥远的东方。人们敬重勒·柯布西耶，这是因为他是我们这个机器时代的诗人，他的思想、他那不绝的勇气、他那可为标榜的信念、他那少年般纯朴的意识，永不间断地生长着，并激励着一代又一代的新人。

今天，值得庆幸的事，中国建筑工业出版社从瑞士Birkhauser出版社引进了这8卷册《勒·柯布西耶全集》，它的翻译出版必将让世人更加了解勒·柯布西耶这位20世纪现代建筑先驱者的深邃思想和不懈的创造精神。勒·柯布西耶是不朽的，勒·柯西布耶必将永远活在人们心中。

现代西方建筑理论研究的力作

——介绍《论现代西方建筑》

《论现代西方建筑》

吴焕加　著

中国建筑工业出版社

《论现代西方建筑》一书是清华大学教授、博士生导师吴焕加先生在教学之余所作的13篇教学札记，内容包括近代建筑革命、建筑中的现代主义与后现代主义、建筑与结构、当代西方建筑审美意识的变异、建筑风尚与社会文化心理等文章，全书对现代西方建筑发展演变的理论进行了全面的阐述。

下面就《论现代西方建筑》一书中有关现代西方建筑发展演变理论的核心内容，作一简要的概述。

一、现代主义建筑思潮

20世纪前半年发生了两次世界大战，两次世界大战之间的20年代和30年代，西方建筑舞台上出现了有历史意义的转变，其中最重要的是现代主义建筑思潮的形成和传播。

第一次世界大战以后，西欧的社会政治经济状况对建筑改革产生了重要影响，一方面社会动荡促使人们容易接受新思潮和新的艺术风格；另一方面，战后初期的经济困难和严重房荒促使建筑师中的改革派面对现实，注重经济，注重实惠。这种情况在德国尤为突出。在那里，困难、挑战和机遇并存。建筑师沃尔特·格罗皮乌斯于1919年在德国威玛创办了一所新型的设计学校——国立威玛建筑学校，简称"包豪斯"，他网罗当时西欧及俄国的新潮美术家和设计师，按照新的教学计划和方式培养新型设计人才。德国另一位著名建筑师密斯·凡·德·罗以及其他青年建筑师也积极创新，并投身于战后德国大规模的低造价住宅的实践中去。在法国，勒·柯布西耶是激进的改革派建筑师的代表。1923年，勒·柯布西耶出版《走向新建筑》一书，激烈批判因循守旧的复古主义建筑思想，强烈主张创造表现新时代新精神的新建筑。他号召建筑师向工程师学习，从轮船、汽车和飞机等工业产品中汲取创作灵感。

当一种新的建筑观念逐渐形成，那么与它相呼应的，必然是一种新的建筑风格的逐渐成形。

1927年，在密斯·凡·德·罗的主持下，在德国斯图加特举办了一次新型住宅展览会，各国新派建筑师展示了他们在低造价住宅方面的创新成果。1928年，来自12个国家的43名新派建筑师在瑞士集会，成立名为国际现代建筑会议的国际组织。在当时西方社会整个文化界的现代主义思潮影响下，一种名为"现代主义建筑"的思潮和流派在20世纪20年代末的西欧成熟起来，并向世界其他地区扩展。

二、密斯·凡·德·罗风格——现代工业社会的建筑艺术符号

1929年，在美国爆发的世界经济大萧条把美国人震出原来的生活轨道，空前的经济困窘改变美国的社会文化心理，他们无法继续大讲排场、追求堂皇，于是以一种冷静务实的态度重新审视西欧现代主义建筑思潮。

格罗皮乌斯、密斯·凡·德·罗等包豪斯人士来到美国后，在建筑院校里设坛授徒，培养一代美国新派建筑师。

战争结束以后的20世纪50～60年代，美国是世界头号强国，技术先进，财力雄厚。美国自诩为世界民主进步的旗手。经过长时期的酝酿和转换，现代工业社会特定的社会文化心理在美国渐渐占有优势。越来越多的人相信现代化和现代文明优于往昔，文化保守主义削弱，抽象艺术和技术美学改变了人们传统的艺术和审美观

念。1955年，美国建筑师菲利普·约翰逊说："现代建筑一年比一年更优美，我们建筑的黄金时代刚刚开始。"这正是这一时期的写照。

高层商用建筑，特别是被称作摩天楼的超高层建筑，是现代美国最发达和最有代表性的建筑类型。

1947～1953年兴建的联合国总部秘书处大楼是一个板片式房屋，两个大面从上到下全是玻璃，建筑形象与传统绝缘。就在同一时期纽约利华公司建造的利华大厦（1951～1952年建）也是一个板片，并且更为彻底，四面全是玻璃。由此开始，美国的大财团、大公司、大银行一个接一个纷纷跟上，大造幕墙建筑。

20世纪50～60年代的幕墙建筑，在外观上钢、铝、玻璃、搪瓷板等工业生产的材料和制品占很大的比重，并且特意显示出工业生产的特质。房屋的造型简单整齐，平屋顶，高高的轮廓，个个都是基本几何形体，墙面多为连续的几何格网，光光溜溜，变化很少。

这样的造型容易使人联想起机械化大生产，联想起人对自然的进一步驾驭，联想到工业化社会的威力。建筑师密斯·凡·德·罗的长期探索，对20世纪50～60年代美国和世界盛行的高层和超高层幕墙建筑形象起着特别重大的作用，因此，这种高层商用建筑被称作"密斯·凡·德·罗风格建筑"。

三、弗兰克·劳埃德·赖特的有机建筑论

弗兰克·劳埃德·赖特是20世纪美国最著名的建筑家。1936年他设计的流水别墅，是一座别出心裁、构思巧妙的建筑名作。这座别墅轻捷地悬伸在山林中一条小溪的小瀑布上面。钢筋混凝土的挑台左伸右突，与自然环境构成犬牙交错、互相渗透的格局。人工的建筑与优美的山林水流紧紧结合，互相衬映，其构思之精美达到了一种前所未有的奇妙境界。这座别墅建筑被公认为是20世纪世界建筑精品之一。

1938年，弗兰克·劳埃德·赖特在美国西利桑耶州的一片沙荒地带上建造一处冬季用的居住和工作的总部，称为"西塔里埃森"。建筑师用当地的石块和水泥筑成墙体，上面则用木料和帆布等建造房顶，其所用的石头、水泥和木材构架都是裸露的。整座建筑群给人以粗犷的感觉，并与周围的沙漠环境融为一体。

1959年落成的纽约古根海姆美术馆又是一个打破常规的奇特建筑。它的主体是一个上大下小呈螺旋形的圆形建筑，展品就陈列在盘旋而上的平缓坡道上。

弗兰克·劳埃德·赖特一生从事建筑创作，作品极丰。他自幼在农庄长大，对

土地、农业、自然有着深厚的感情。所以，他的建筑创作思想强调建筑与自然结合，房屋本身也应是自然的、有机的，而非机械的，即"有机建筑论"。

四、多样并存、多元共生

20世纪50～60年代，现代主义建筑兴盛之时，接受现代主义建筑原则的建筑师们，在思想上和创作手法上都显示出分化和多样发展的趋势。

澳大利亚的悉尼歌剧院是20世纪中期建成的一座著名的演出建筑。几簇伸向天空的白色壳片，既不是功能需要，也不是结构决定，而是为了显示造型的雕塑感和象征性。

20世纪50～60年代，有少数建筑提倡将现代建筑与古典建筑加以融合，这一趋向被作为20世纪的新古典主义建筑。美国建筑师爱德华·杜里尔·斯东和米诺鲁·雅马萨基是其著名的代表人物，他们的代表作品分别是华盛顿肯尼迪表演艺术中心和沙特阿拉伯达兰机场候机室。

在千姿百态的建筑形象中，还有一种被称为高技派的建筑风格。巴黎蓬皮杜文化与艺术中心、香港汇丰银行大厦及伦敦劳埃德大厦都是高技术派建筑风格的代表作。

此外，20世纪20年代勒·柯布西耶创作的朗香教堂，是个难以形容的奇怪的形体。墙体几乎全是弯曲的，有一面还是倾斜的，上面开着大小不一的沉陷的窗洞。小教堂有一个翻起的大屋顶，檐部如船帮成蛇腹等等。

五、后现代主义建筑

在现代主义建筑鼎盛之际，对它的批评和指责也开始增多。从20世纪60年代起，世界各地区陆续出现新的建筑创作倾向和流派。它们在理论上批判20世纪20年代正统现代主义，指责它割断历史，只重视技术，忽视人的感情需要，忽视新建筑与原有环境文脉的配合。在建筑形式上，新的流派努力突破"国际式"风格的局限。进入20世纪70年代，世界建筑舞台呈现出新的多元化局面。20世纪70～80年代，其中最有影响的是"后现代主义建筑"。

如果说1923年勒·柯布西耶的《走向新建筑》是现代主义建筑思潮的经典著作，那么，美国建筑师罗伯特·文丘里于1966年出版的《建筑的复杂性与矛盾性》，便是后现代主义建筑思潮的宣言书。

罗伯特·文丘里的建筑美学观念，指在建筑艺术中追求复杂性与矛盾性，与古典的建筑美学观念相违背；完整、统一、和谐不再被当作艺术创作的最高规则和目标；反之，不完整、不统一和不和谐受到了推崇。这样，建筑的美学范畴扩大了，建筑艺术的路径更加宽广多样了。

后现代主义建筑的具体表现是多种多样的。美国建筑师迈克尔·格雷夫斯设计的奥斯冈州波特兰市政大楼、英国建筑师诺曼·斯特林设计的德国斯图加特市国立美术馆新馆是两座有代表性的后现代主义建筑例子。

如果说现代主义思潮的出现是人类建筑史上一次全面剧烈的革命性变化的产物，而后现代主义只是现代建筑在形式和艺术风格方面的一次演变。后现代主义建筑的出现并不意味着现代主义建筑的"消亡"。相反地，后现代主义建筑却是对20世纪20年代现代主义建筑的部分修正和扩充，是现代主义建筑多样发展的又一种表现。

六、"解构主义"建筑

20世纪80年代后期，西方建筑舞台上出现一个新的名词：解构主义建筑。

为什么叫"解构主义"建筑，这是因为20世纪60年代法国哲学家德里达等人提出了名为解构主义的哲学思想。他的哲学把矛头指向结构主义哲学。结构主义哲学所谓的结构指"事物系统的诸要素所固有的相对稳定的组织方式或联结方式"，结构是确定的统一的整体。德里达认为结构不断变化，没有静止的固定结构。德里达不但反驳20世纪的结构主义哲学，而且把矛头指向自柏拉图以来的欧洲理性主义思想传统，给"真理"、"理性"和"意义"等概念都打上问号，对一系列西方传统文化观念的基本命题提出了截然相反的意见。所有的既定界限、概念、等级在德里达看来都应该推翻，他并且进一步从根本上反对人们原来对语言的看法，德里达认为语言并不能呈现人的思想感情或描绘现象，语言只不过是从能指到所指的游戏。

德里达观点激进，性质极端。他的思想有很大的冲击力和启发性，对西方许多学术领域产生不小的影响，许多原来的结构主义学者变成了后结构主义即解构主义者。这股解构风，很自然地吹到了建筑师界。

1988年3月在伦敦泰特美术馆举办了解构主义国际学术讨论会，同年6月，纽约现代艺术展览馆举办解构主义建筑展览，展出7位建筑师的建筑作品的模型和图画。从此，解构主义建筑成了一个热门话题。

美国建筑师彼得·埃森曼的美国俄亥俄州立大学美术馆、瑞士建筑师伯纳德·屈米的巴黎拉维莱特公园以及德国建筑师贝尼希的斯图加特大学太阳能研究所，被人们认作是解构主义的代表例子。解构主义建筑最突出之点是建筑师极度地采用歪扭、错位、变形的手法，使建筑物显出偶然、无序、奇险、松散，似乎已经失稳的态势。

目前，解构主义建筑尚不多见，许多还停留在纸上，很可能未来将会出现成熟和成功的作品来。从一种哲学思潮引来的"解构主义"名称可能消失，而且松散、错位、偶然、无序、奇险为特征的建筑风格则会渗透进更多的建筑作品中去，为更多的人所接受。

本书的书名为《论现代西方建筑》，而不称作《论西方现代建筑》，这是由于"现代建筑"常常会与"现代主义建筑"相混，因为现代建筑中除了现代主义建筑之外，还有许多其他名目的建筑，因此，本书书名中的"现代"只有时间的意义。

建筑与城市艺术的哲学思考

——评《中国空间思路——建筑与城市艺术哲学书简》

《中国空间思路——建筑与城市艺术哲学
书简》

张在元　著

中国建筑工业出版社

　　《中国空间思路——建筑与城市艺术哲学书简》一书是武汉大学城市设计学院院长、教授、博士生导师张在元先生论述建筑与城市艺术哲学的一部理论著作。全书由18封信件组成，它探究了建筑与城市的许多学术问题，诸如城市形象的构成；城市传统建筑文化的保存；建筑设计中的崇洋媚外；城市的标志性建筑；建筑与城市设计的思想、理念与哲学等。

　　笔者作为本书的责任编辑，怀着对张在元先生无比崇敬的心情，认真而又细致地阅读了全书，深切地领悟到这是一部思想深邃、言语诙谐、提纲挈领的学术作品，它生动地刻画了当今国际上各种建筑与城市设计的思想、理念及其艺术哲学。全书在写作上有以下几方面的特点：

　　第一，形式创新。全书在写作上采取作者与设计大师、建筑师、规划师、编辑、记者、建筑院校师生等以书信或对话的方式来探讨建筑与城市艺术的哲理问题，并紧扣中国空间思路这一深层有趣的主题而展开的。

第二，内容丰富、意境深远。全书既论述了当今世人最关注的诸多热点问题，像标志性建筑、房地产策划、建筑与城市的国际化等，又从战略的高度提出了中国需要城市战略家；城市设计要讲加法，同时也在讲减法；建筑师要提高综合素养等。作者还进而上升到哲学的层面探究了建筑与城市深邃的哲理和文化意义。比方，作者在书中有过这样精辟的论述："城市是建筑的思考，大学是城市的哲学。一座城市，如果没有思考的建筑，或者没有值得思考的建筑，直至没有蕴涵建筑与城市艺术哲学的街道、广场，那么呈现于世的则只是苍白的面孔。""或许，只有在城市文化长年累月的沉淀过程中才可以真正辨别出称得上是'作品'的建筑。尽管一系列应该被称为'作品'的建筑在城市空间突然消失了，但是那些显然不太张扬的建筑却始终存在于人们心目中，这就是城市记忆。""汉堡的直觉使我们重新意识到城市与城市设计的关联性：城市底蕴来自历史，城市魅力来自文化，城市生活源于传统，城市开发及其进展乃是来自城市设计。"这是多么富于哲理的思想和语言，也是作者发自内心的肺腑之言，可以说是作者数十年游历世界各地的心得写照。

第三，图文并茂、读者面广。全书共有45万字，其中彩色图片250余幅，所选图片是从作者游历世界各地20余万张照片中精选出来的，它们具有极高的艺术鉴赏价值。作品文笔优美、生动有趣并富于哲理，它不愧是广大建筑师、城市规划师、城市管理者、房地产开发商以及建筑院校师生的良师益友。

综观全书，这本《中国空间思路——建筑与城市艺术哲学书简》可以说是作者一生用心血和生命写就成的代表作，也是作者学术生涯的一个里程碑写照。作者的创作在书中字里行间充满了激情和热爱。诚如作者自己所言："如果没有'汹涌澎湃'的思绪，这个世界上或许就没有创作热情的建筑师。"同样，我们可以这样说，如果没有作者'汹涌澎湃'的写作激情，那么我们今天就不会有这部富于哲理、意境隽永的经典作品的问世。在此，笔者再一次深深地对作者表达由衷的钦佩与敬意，同时，也坚信本书的出版将给广大的城市设计师、建筑师、城市管理者以及建筑院校师生带去福音与精神食粮，让我们大家一同分享、一同共勉吧！

附 注

张在元先生的来信

宇江先生：

你好！

拜读了你为《中国空间思路——建筑与城市艺术书简》所写的书评，感触很深！

从你从事的学术著作编辑到治学，切实体现了你对于事业的执着追求精神以及高度责任感。由衷地钦佩你对于振兴中国建筑的奉献。

人生经历皆有缘分。我们能够共同协力出版好《中国空间思路——建筑与城市艺术书简》，首先并不是因为有这样一次工作机会，而是我们的缘分所定。没有共同的事业目标、没有相同的学术见解、没有协同的工作热情，很难想象能够出来如此精彩的一部著作。

你的评论文章文笔流畅、格调清新、品味隽永，值得精读，我将予以珍藏。

今天程泰宁先生又从杭州来电，说杭州建筑界人士齐声由衷称赞此书精湛，在思想深度以及班师风格都是贵社图书出版的一座里程碑。

衷心地感谢你的支持与帮助！

我们即将在《中国城市主义》一书汇合，那本书将作为《中国空间思路——建筑与城市艺术书简》的姊妹篇，在学术领域展开另一片天地。

祝一切顺利！

张在元

2007年4月13日

生态建筑学——一门跨学科的边缘科学

——《生态建筑学》[①]学习心得

国家自然科学基金资助项目
批准号：50078013

ARCHITECTURE OF ECOLOGY

生态建筑学

刘先觉 等著

中国建筑工业出版社

《生态建筑学》
刘先觉 等著
中国建筑工业出版社

  一部凝聚着东南大学建筑学院刘先觉教授等10余年心血的国家自然科学基金资助项目的科研成果——《生态建筑学》，日前在中国建筑工业出版社隆重出版了。本书制作精美，图文并茂，洋洋150余万字。作为责任编辑，本人怀着无比崇敬的心情仔细地研读了大家的作品，深切地领悟到这是一部思想深邃、题材新颖、内涵丰富的建筑科学巨著。全书系统地阐释了生态建筑学的意义，生态建筑学的概念，生态建筑学的思想，生态建筑学的理论，生态建筑学的设计方法，当代城市生态学理论，城市生态设计理论与实践，绿色建筑理论，生态建筑的室内环境设计理论，生态建筑的地域性与科学性，生态技术，以及生态建筑学的拓展——建筑仿生学等。作者从全球生态环境问题入手，指出生态建筑学作为一门跨学科的边缘科学，它的产生将是历史的必然，研究生态建筑学的宗旨和意义就在于创造整体有序、协调共生、循环再生的人类栖境。

一、全球生态环境问题

20世纪90年代初，环境保护专家就指出，人类居住的地球面临着许多亟须解决的环境问题：诸如沙漠化日趋严重。世界沙漠面积日益扩大，全球每年有2000hm^{2}农田被沙漠吞噬；森林遭遇巨大破坏，水土流失严重；世界人口急剧增长，地球人满为患；臭氧层被破坏，地球温度明显上升；酸雨现象日益严重，威胁着农作物的生长和人类的健康；淡水资源减少，淡水不足将成为世界经济发展的一个重要制约因素；生物物种大量灭绝，动植物资源急剧减少，影响着地球生态的平衡；大量使用农药，危害着人体的健康；大量废物不经处理或处理不当，严重地污染着环境；渔业资源逐渐减少，世界25%的渔场惨遭破坏。这些问题给人类敲响了环境的警钟。英国著名生态学家史密斯（Golden Smith）认为，如果让这种趋势继续发展，那么自然界很快就会失去供养人类的能力。

我国的环境问题同样由于近年来经济与社会的迅猛发展成了一个突出的问题。现阶段我国的污染状况，大致相当于20世纪60年代西方工业发达国家的污染水平。在一些经济发达的城市，情况则更加严重。这具体体现在以下6个方面：

1. 土地资源浪费严重，各地开发区建设中少建多批土地的浪费现象比比皆是。

2. 水资源污染严重。由于各地经济的迅速发展，工业建设不断加速，尤其是乡镇企业星罗棋布，大量污水不加处理就直接排入河流，致使许多水资源遭到严重污染。

3. 大气污染严重。目前我国在工业建设的发展过程中往往缺乏"三同时"的指导思想，即对环境有影响的一切基本建设项目、技术改造项目和区域开发建设项目，其防治污染和生态破坏的设施未能与主体工程同时设计、同时施工、同时投产使用，这样大气污染就长期得不到彻底的治理。

4. 高楼林立与道路交通拥挤的矛盾日趋严重，城市基础设施不能配套，以致整个城市生态功能失调。

5. 经济效益、社会效益与环境效益三者的矛盾日益突出，不少城市与集镇只顾急于发展当地经济，而往往忽略了对社会效益与环境效益的广泛关注。

6. 城市发展的规模值得研究。目前许多城市无休止地扩大，开发区无限发展，乡镇企业盲目占地，大型项目缺乏综合利用，这些都是我国经济发展过程中出现的新问题。

总之，目前我国生态环境所面临的问题已经到了十分严重的地步，如果不采取更加有效的预防措施，那么将来我们国家的城市发展就会出现许多大的问题。

二、生态建筑学——一门跨学科边缘科学的产生

生态环境对城市建设与人类生活都是至关重要的。人类的建设史与生态环境是息息相关的，它反映了世界丰富多彩的地域特色与民族传统，同时，人类对生态环境的态度也在不断地变化着。

人类对环境的认知和设计的历史大致经历了以下4个阶段：

1. 古代以适应自然为主的天人合一观。人类本能地顺应自然环境。

2. 农业社会文化和经验导向的环境设计。农业社会和谐的农耕生态文化在直接模仿和继承中得到了保持和发展。

3. 工业化生产导向的环境设计。工业生产的专业化、社会化导致生产环境和生活环境的分离，自然与城市居民的分离。工业化给城市以生命力，也引发了各种"城市病"，如污染、噪声等。

4. 生态环境设计。人类具备了进行大规模和精确设计改造环境的能力，主动地创造更高层次上的人类生存生态环境系统。它尊重环境的自然属性，整体地考虑生态、社会、文化等与环境间的相互关系，强调设计的每一局部、每一层次同各级环境的整体是不可分割的，并讲究设计过程的多学科性。

生态建筑学的产生是历史的必然，它的目标和宗旨就是改善人类聚居环境，创造自然、经济和社会的综合效益。

从以上环境认知设计的发展过程不难看出：人类对环境的关注已经觉醒。国外从20世纪20年代就开始了对人类聚居环境——城市的生态研究，但直到第二次世界大战以后，世界人口变得空前膨胀，工业化程度急剧提升，城市迅速扩展，环境污染日益恶化，人类才开始真正关注自身生存的环境问题。自20世纪60年代起，国际上对城市生态的研究开展得有声有色，1962年美国生物学家蕾切尔·卡逊（Rachet Carson）出版了《寂静的春天》，揭示了破坏生态的可怕前景。20世纪70年代，"人与生物圈规划"出台了。1972年6月5日，联合国在瑞典斯德哥尔摩召开了第一次人类环境会议，会议发表了著名的《人类环境宣言》，并将每年的6月5日定为"世界环境日"。

在建筑领域，美籍意大利建筑师鲍罗·索勒里（Paolo Saleri）在20世纪60年代最先倡导生态建筑学（Arcology）的理念。1969年，美国著名景观建筑师麦克哈格（Lan L. McHarg）出版了《设计结合自然》（Design with Nature）的划时代著作，这为生态建筑学的发展奠定了丰富的理论基础。至此，生态学和建筑学经过各自的发展走到了一起，并在更高层次上给规划和设计带来新的思想，注入新的活力。

三、生态建筑学的意义

生态建筑学作为当代一项热门课题，它是我国可持续发展的宏观战略之一。生态建筑学旨在结合生态学原理和生态决定因素，在建筑设计领域谋求解决工业革命后城市化发展所造成的环境问题，从理论探索、建设实践和立法措施等多方面探讨如何改善人类聚居环境，从而达到自然、社会和经济三者的统一。

经济发达地区的城市与集镇在高速发展过程中往往破坏了原有生态环境的平衡，这导致城市生态危机，并危及城市的生存。有鉴于此，我们必须在新的城市规划与建设当中努力调整新的平衡，这就需要应用生态建筑学的基本理论。

生态建筑学认为：人类的外在环境已不再是过去的自然生态系统，而是一种复合人工生态系统。生态建筑学就是要研究运用生态学的知识和原理，结合这一复合生态系统的特点和属性，探究合理规划设计人工环境，创造整体有序、协调共生的良性生态系统，为人类的生存和发展提供美好的栖境。

应用生态建筑学来解决城市生态危机，就必须走多学科综合研究的道路。由于生态建筑学的研究涉及自然、社会、经济等各个领域，所以它是一门跨学科的边缘科学，其相关学科包括建筑学、城市规划学、风景园林学、地理学、生态学、医学、经济学、气象学、环境心理学、美学、人类学、社会学等。

根据生态建筑学的原理和我国的具体实际，针对当前我国经济发达地区城市的生态状况，我们必须采取如下相应对策：

一是继续完善城市规划设计与环境保护的立法，加强管理监督的力度。这一点首先必须在各级领导与群众中取得共识，以便使美好的规划理念变为现实。当前我国经济正处于高速发展时期，规划设计往往滞后于城市建设，因此有相当的地方还出现了先批地后规划、先开发后规划，甚至不要规划的种种弊端，以致环境效益与社会效益的进一步恶化，这种现象如不坚决制止，势必影响我国城市规划与建设的可持续发展。同时，我们的各级政府还必须建立环境保护的责任制度，防止环境污染的加剧。

二是必须树立科学的生态观，以生态建筑学的理论为指导做好城镇开发区的规划建设工作。坚持局部利益服从整体利益，眼前利益服从长远利益，从而保证经济效益、社会效益与环境效益的有机统一。同时还要坚持节约用地、集中用地，在建设过程中做好环保措施和基础设施的配套，调整好城市功能，真正实现整体有序、协调共生的科学机制。

综上所述，《生态建筑学》一书正是着眼于生态观的建筑与环境的规划设计的综合性学科。它运用生态学及其他相关自然科学和社会科学的原理和方法，对自然——社会——经济复合生态系统即人类生存发展的外在栖境进行了跨学科研究，其目的和宗旨就在于创造整体有序、协调共生、循环再生的人类栖境。

《生态建筑学》一书既有理论研究，又有实践总结，它的出版标志着我国生态建筑学的研究已达到一个里程碑式的高度，它也必将成为广大从事生态建筑学研究者的良师益友。

（本文刊于《中国建设报》2009年11月13日）

注释

①《生态建筑学》一书（2009年5月出版），2011年获国家新闻出版总署第三届"三个一百"原创图书出版工程奖。

附注1

中国科学院院士、东南大学建筑学院齐康教授为《生态建筑学》一书申报"三个一百"原创图书出版工程的推荐函

21世纪是建筑科学新兴学科生态建筑学时代，生态建筑学时代是建筑科学发展的新阶段，因此，本选题具有创新性。

生态建筑学是建筑科学吸收综合生态学、行为科学、环境科学、系统科学、城市科学等多学科发展研究的成果，于20世纪下半叶形成的建筑科学领域的新兴学科，属于建筑科学的前沿学科之一。目前国内外研究本项目的专家，也已做出一定的成就，但他们在研究范围方面却有一定局限的，而本书课题组则从国际视野角度提出了一套比较系统而又完整的生态建筑学理论，这既有对这一新兴学科的国内外理论与实践发展历程与前景的宏观视野、理论深度的探讨，又有可操作的生态城市规划、生态建筑设计和对我国城市建筑管理各方面进行的环境生态效益的微观分析，有助于我国学界、业界同人更新生态建筑学的科学理念，其研究方法、创作思路具有创新性。

本选题作为国家自然科学基金资助项目的科研成果，历时10余年完成。全书150余万字，图文并茂，理论联系实际，作者创造性地提出了作为建筑学边缘学科的生态建筑学的理论体系，其内容涵盖了生态建筑学的意义、概念、思想、理论、设计方法、地域性与科学性、生态技术、建筑仿生学等。本书不仅对从事生态建筑学理论工作者具有重大的学术与科研价值，而且对可持续发展的我国生态环境规划实践同样具有极其重要的指导作用和现实意义。

附注2

中房集团建筑设计有限公司顾问总建筑师布正伟先生为《生态建筑学》一书申报"三个一百"原创图书出版工程的推荐函

　　刘先觉教授等所精心撰写的154万字巨著《生态建筑学》，以完整的构架，系统地总结了世界建筑领域前沿研究课题的丰硕成果，它所彰显出的三大特点，不论怎样评价都不为过：一是，勾画出了相当完整的生态建筑学的理论系统，既包含了"建筑"，又涵括了"城市"；既描述了生态建筑的科学性、技术性，又以文化视角提出了生态建筑的地域性。此外，还延续到了生态建筑的多样性，以及生态建筑的室内环境设计等。二是，通过"设计方法""技术策略"以及"管理机制"等措施，使生态建筑学走出了纯学术理论研究的范畴，从而具有很强和很鲜明的实践性与可操作性。三是，巨著理论观点清澈，资料丰富详实，文图并茂，具有很广泛的阅读性和很有价值的收藏性，不论是对理论研究者，还是对从事建筑管理者，也不论是对城市规划、城市设计专业人员，还是对建筑与环境设计人员来说，这部著作都是他们的良师益友。该巨著是作者呕心沥血、长期潜心钻研探究的结晶，是我国新时期建筑理论研究长河中富有创造价值的重要片断。

地下建筑研究的拓荒之作

——《地下建筑学》[①]介绍

《地下建筑学》

童林旭　著

中国建筑工业出版社

地下建筑学是传统建筑学向广义化拓展过程中的产物，是建筑学的一个分支学科。

地下建筑学涉及的内容相当广泛，除建筑设计和城市规划的一些基本内容外，还与多种学科交叉，融合多种学科知识，例如地质学、地理学、气象学、城市学、园林学、环境学、生态学、生理学、心理学、结构工程学、防护工程学、防灾工程学、系统工程学，以及经济学、社会学等；同时，地下建筑学还涉及一些生产的永久存放工艺、机械制作工艺、发电工艺、铁路设计工艺、地下岩土施工工艺等，如果对这些工艺没有相当深度的了解，就无法利用地下空间的特点，以满足这些生产工艺的特殊要求。

从建筑学科本身的特点来看，地下建筑学研究的范围大体涵盖了以下几大方面：地下建筑和地下空间利用的发展历史和发展方向；地下空间资源的调查与评估；地下空间资源的合理开发与综合利用；城市地下空间开发利用的综合规划；各类地下建筑的规划设计；与地下环境特殊性有关的一些技术问题，如环境问题、防灾问题、防护问题、防水排水问题、环境与人体在生理和心理上的相互作用问题等。

众所周知，由于世界经济的增长，科学技术的发达，人类社会取得了空前的进步，城市化水平有了很大提高，城市的现代化建设和改造有了很大发展。在这样的宏观背景下，城市地下空间的开发利用在扩大城市空间容量、改善城市生活质量等方面，取得了令人瞩目的成效，地下空间成为城市立体化拓展的重要组成部分。

当前，我国经济体制正在向社会主义市场经济转变，城市人口将进一步聚集，大城市特大城市将继续形成，一些特大城市继续向"大城市地区"扩展。由于区域性基础设施的发展（如快速街道的修建），第三产业的兴起，特大城市中流动人口的数量必然会增加。特大城市的中心地带更为密集，小汽车数量虽一再增加，但仍无法解决城市中心地区的交通问题，如不妥善处理，还可能使交通进一步恶化。为了提高效益与效率，充分利用地下空间的迫切性将与日俱增。在社会主义市场经济体制下，建设资金的渠道增多，地下空间利用、实施的可能性亦随之增长。

一方面，我国人口众多，大城市也多，耕地却在减少，土地问题逐渐为人们所认识，特别在土地有偿使用、发展房地产业以后，土地作为资源更日益为人所重视。城市要发展，要节约用地，地下空间是城市的后备资源，它的深度发展，潜力极大；另一方面，一般人并不爱惜地下空间，当今建设并未对地下空间深作研究，工程管道无计划铺设，地下空间利用的无计划和混乱情况随处存在。城市是经济、社会和文化的中心，建设和运转现代化城市要投入巨大的资金，同时城市（特别是特大城市）也是集约化创造和积累财富的中心。因此，必须重新认识地下空间这一重要领域，并将其在当前及未来建设中列入重要位置。

清华大学童林旭教授撰写的《地下建筑学》一书全面系统地反映了国内外地下建筑学的发展历程，以及地下空间利用和地下建筑建设的最新成就。全书共分3篇。第1篇为地下建筑学总论，论述了有关地下建筑学概念性、历史性、战略性和前沿性问题；第2篇为地下空间规划，结合对国内外大量实例的评介，论述了城市中心区、居住区、历史文化保护区、城市新区以及城市广场和公共绿地等处的地下空间规划问题；第3篇是地下建筑设计，全书结合国内外大量实例，分别论述地下居住建筑、公共建筑、交通建筑、工业建筑、仓储建筑和民防建筑等的建筑设计问题，还涉及地下建筑设计中的环境、防灾、防水等技术问题，以及地下建筑的空间与建筑艺术处理等。

本书作者童林旭教授1952年毕业于清华大学建筑系，1955～1959年赴苏联莫斯科建筑学院进修并获得副博士学位。自1970年以来，他一直从事地下建筑的研究，参与许多工程建设实践。作者积40余年之努力，写成此书，堪称我国这一研究领域的拓荒之作。诚如中国科学院院士、中国工程院院士、清华大学吴良镛教授在代序中所写："它的出版，正赶上实际的迫切需要，览读之余，至为欣慰。深信如何使建筑学向广度与深度发展，'广义建筑学'的建立，不仅非常必要，且在学者们之实际努力下，正迅速推进之中。"

童林旭教授撰写的《地下建筑学》一书洋洋100余万字，全书图文并茂，理论联系实际。本书作为地下建筑学学科领域的专著，必将对我国的地下空间开发利用与地下建筑规划设计产生极其重要的指导作用和现实意义。在此，我们对童林旭教授的《地下建筑学》一书的成功出版表示最热烈的祝贺和衷心的感谢。

注释

① 《地下建筑学》一书（2012年4月出版），2013年获国家新闻出版广电总局第四届"三个一百"原创图书出版工程奖。

附注1

中国科学院院士、中国工程院院士、清华大学建筑学院吴良镛教授为《地下建筑学》一书申报"三个一百"原创图书出版工程的推荐函

童林旭教授自1970年以来，一直从事地下建筑的研究，并参与众多工程建设的实践，积40余年之努力，写成此书，可称为我国这一研究领域的拓荒之作。纵观全书，其创新点主要有以下两个方面：

第一，对地下建筑学的发展方向进行了全新的探讨，强调在进行常规的城市规划设计时，应实现地上与地下空间的协调发展、统筹规划、一体设计，同时，也更加关注对与国计民生和城市现代化相关的重大课题予以研究。作者在书中创造性地提出了将每平方公里城市用地所创造的国内生产总值（简称人均GDP）作为衡量城市效率的一个重要指标，这是其重大的理论贡献与理论创新。

第二，作者还结合国内外大量地下建筑的经典案例，对我国地下空间开发领域中的战略性和前沿性、地下空间规划、地下建筑空间与建筑艺术处理以及地下建筑设计中的环境、防灾、防水等一系列技术问题做了全面系统而又深入翔实的论述，其研究方法具有创新性，行文写作且具规范性。

本书的出版，正赶上实际的迫切需要，深信它对我国的地下空间开发利用与地下建筑规划设计将产生重大的现实指导意义。览读之余，至为欣慰，是为荐引。

附注2

中国科学院院士、中国工程院院士、住房和城乡建设部原副部长周干峙先生为《地下建筑学》申报"三个一百"原创图书出版工程的推荐函

童林旭教授专注于地下空间的开发利用和相关的教学研究已有40多年的历程。他从工程建设开始就注意到建筑理论和工程实践相结合的研究方向，逐步形成了微观和宏观相结合的学术体系。这本《地下建筑学》大作就是他近20年来研究成果的最新概括。

本专著的主要特点有：

一是理论创新。众所周知，城市效率是指城市在运转和发展过程中表现出来的能力、速度和所达到的水平，这也是衡量城市集约化和现代化程度的一种指标体系。童林旭教授在论述中国城市地下空间利用与发展道路时，特别提出了与经济社会发展相协调的发展目标和相关的指标体系，并创造性地将人均GDP作为衡量城市效率的一个重要指标，这无疑是极具理论创新的。

二是实践意义。本书既涵盖了国外地下空间的最新研究成果，同时更大量的是近年来我国城市地下空间利用的优秀实例，这是我们自己的实践经验，加以总结推广，对进一步发展、创新是很有意义的。更难能可贵的是，作者在实践的基础上，创造性地提出了解决城市生命线系统综合防灾减灾以及城市历史文化保护区地下空间利用的合理途径与措施，这对我国的规划决策、工程建设以及未来地下空间开发利用的发展等具有可资借鉴的宝贵经验，并将会起到实际重大的推动作用。

从澳门大三巴牌坊、妈祖庙看香山文化的中西合璧

——《澳门建筑文化遗产》学习心得

《澳门建筑文化遗产》

刘先觉　陈泽成　主编

东南大学出版社

众所周知，任何一种文化的产生、发展、演化或变异都离不开一定的时间和空间。不同时空产生的文化现象，无论是本质特征，还是在结构功能上，都表现出差异性。尤其是地理空间的诸种因素和条件，在生产力水平较低的情况下，对文化生成和文化本质有着决定性的影响。

马克思在论及古代亚细亚和日耳曼不同的原始公社关系时指出，这种区别"取决于气候、土壤的物理性质，受物理条件的土壤开发方式，同敌对部落或四邻部落的关系，以及引起迁移、引起历史事件等的变动。"恩格斯在研究爱尔兰的历史时，也从爱尔兰的地理环境、地理位置、土壤性质、矿藏、气候等入手，再进入到经济和社会历史中考察。列宁则认为地理环境的特性决定着生产力的发展，而生产力的发展又决定着经济关系以及附在经济关系后面的所有其他社会关系的发展。马克思

主义经典作家对地理环境的重视，至少说明地理环境的差异性和自然产品的多样性，这不仅是人类社会进步的基础和条件，而且直接造成不同的物质生产方式和生活方式。

香山文化的产生和形成与香山特定的自然地理环境和经济条件有着直接的关系。据《太平寰宇记》载，香山泛指历史上曾共属于一个行政区划的中山、珠海、澳门等地，它处在江海交汇处的伶仃洋之滨。晚清香山学人郑道实在《香山诗略》中对香山自然环境和人文风貌就有这样的描述："（香山）三面环海，有波涛汹涌之观，擅土地饶沃之美，民勤笃厚，赋性冒险"，"兼以僻处偏隅，鲜通中土，无门户主奴之见，有特立独行之风"。香山虽然没有构成完整的山川形胜的地理单元，却由于地临珠江水系的入海口，在中国翻天覆地的近代化进程中，风云际会地成为中外交流的一个关键地带。暨南大学马明达教授在《香山明清档案辑录》序言中也写道："自明清之际开始，特别是到了清朝中晚期，香山便一直处于中西政治、军事、经济、文化等方面冲突与交流的风口浪尖，一举一动皆关乎国政，事无巨细往往直达朝廷"。香山的历史地理和社会发展变化表明，香山经历了沧海桑田的变迁，遭遇过多次的人口迁徙和社会融合，形成了一个兼容并包、文化多元的社会文化体系。

《澳门建筑文化遗产》一书由东南大学建筑学院刘先觉教授、澳门特别行政区政府文化局文化财产厅厅长陈泽成先生主编，全书对澳门400年来建筑文化遗产的发展历程进行了系统的总结，既分析了各种建筑类型的特征、建筑风格、建筑文化的共生与融合现象，又翔实阐释了中西合璧的建筑文化现象。笔者怀着对"香山文化"无比崇敬的心情一口气读完了《澳门建筑文化遗产》这部恢宏巨著，下面是自己的几点学习心得体会，如有不妥之处，敬请"香山文化"学界专家学者斧正。

一、澳门的宗教

澳门位于我国东南沿海珠江口西岸，距香港西南40里。澳门由澳门半岛、氹仔岛和路环岛组成。澳门总面积为16.92km²，人口约43.5万，其中97%为华人。葡萄牙语为澳门官方语言，但市民则普遍讲广州话。澳门具有400多年历史，地理位置优越，既有古色古香的传统庙宇，又有庄严肃穆的天主圣堂，还有众多的保护文物，以及沿岸优美的海滨胜景。

澳门可以说是近代建筑的博物馆，其建筑形式丰富多彩，类型多种多样，真是令人目不暇接。凡是到过澳门的人，都会被那异国风情与浓郁的南国民俗所吸引，澳门建筑文化遗产的特色，充分反映了澳门作为中西文化交流桥头堡的文化历史价值。

由于中西文化的混合与交融，使得澳门这座城市形成了多元文化共生的特点，这在城市建筑中有着明显的反映，许多西方建筑风格逐渐被移植进来，传统的中国建筑型制继续得到发展，尤其是中西混合的建筑型制成了澳门的一大特色。

澳门宗教类型较多，主要有中国本土佛教、道教和一些民间信仰，还有从国外传入的天主教、基督教新教、伊斯兰教和巴哈伊教等，体现了中西文化交融的特色。开埠以前，澳门就有宗拜妈祖的妈阁庙。相传葡萄牙文澳门Mactau（音妈角），就是因为妈阁庙而得名。天主教在澳门的历史已有400多年，澳门也是基督教新教传入中国最早的地区。澳门居民大部分信仰佛教或道教。

二、大三巴牌坊（耶稣会圣保禄教堂）

澳门有很多天主教堂，其中建造时代最久远、最著名的是圣保禄教堂。教堂原本由一名意大利籍的耶稣会神父设计，由日本工匠以鬼斧神工的技术协助建成。圣保禄教堂于1602年奠基，1637年落成，教堂在欧洲巴洛克式建筑中融入了东方建筑的某些特点。当时，该教堂在华南一带非常著名，许多外国传教士都来这里研修教义，学习中国文化，同时把西方文化带到东方来。教堂曾经历过3次火灾，但屡焚屡建，直到1835年1月26日的最后一场大火，吞噬了整座建筑物，只留下一堵门壁，因形状似中国的牌坊而被当地人称为大三巴牌坊。大三巴牌坊是澳门的标志之一，素以"三巴圣迹"作为澳门八景之一。圣保禄教堂立面是欧洲古典元素与东方装饰图案相结合的产物。教堂立面通过水平檐口分为5层，通过垂直柱子分隔9列。柱子从下到上，分别为爱奥尼柱式（Lonic）、科林新柱式（Corinthian）以及组合柱式（Composite）。这本"石头上的圣经"共有5层，它从上到下都嵌刻着赋予浓厚基督教色彩的艺术群像。

第一层是入口，有3个门洞。每组爱奥尼柱子之间有楞形或方形图案。正门楣上刻着拉丁文"MATER DEI"，意思是"圣母"，表示此教堂供奉圣母玛利亚。两旁的门楣上刻的是拉丁文"IN HAC SALUS"的首写字母IHS，意思是"耶稣乃救世主"，其中的H字母里结合了十字架，表示"借此十字架可以得救"。IHS也是耶稣会的标志。

第二层是第一层的延续，对应地由4组科林新柱子和3个拱形窗洞组成。窗楣上均有7朵花饰。每组柱子之间都设有壁龛，供奉4位天主教圣人，从左到右分别是：方济各·波芝亚（B.Francisco Boria），缩写为B.FCO.B；圣纳爵·罗耀拉（St.Ignacio Loyola），缩写为S.IGNA；圣方济各·沙勿略（St.Francisco Xavier），缩写为S.FCOX和亚莱萧·江沙加（B.Lviz Gonzaga），缩写为B.LVIS.G。中间窗洞两侧的柱子之间分别刻有一棵棕榈树，象征智慧之树。

第三层是宗教含意最为丰富的一层，也是装饰最多的一层，除中间有两组柱子外，两侧开始收分。每组有3个混合式柱子，两组柱子之间是构图的中心，有一个深深凹进的拱形壁龛，龛内供奉的是圣母玛利亚。周围装饰着菊花和玫瑰花，象征纯洁。据说这是日本工匠留下的永久纪念，因为按日本人的习惯，菊花代表最神圣纯洁之物，玫瑰则代表中国。壁龛两侧的墙面上分别刻着3个带翅膀的天使。澳门的天使是身着东方服饰的成年女子，带有日本浮世绘的味道，同时又有中国仕女图的感受。从天使往左是生命之源，往右是生命之树，两者都是圣经中伊甸园的灵物。生命之源旁边刻着一艘古式帆船，帆船的左边，有一只怪兽，张牙舞爪，被箭射中，面目狰狞，代表着魔鬼。右边有中文题字"鬼是诱人为恶"。这个魔鬼在性别上表现为女性，显得与众不同。生命之树的右边刻着一条七头翼龙，中间龙头上踩着圣母。这是圣经中的传说，讲一名女子消灭魔蛇的故事。旁边凹刻的中文是"圣母踏龙头"几个字。翼龙右边还有一幅横卧的骷髅，手持箭矢，象征死神。它的左侧还有中文对联"念死者无为罪"。两边的尽端对称地探出东方笑狮，表示天主教已经到达远东，同时还兼作滴水之用。

第三层与第四层之间有暗道相通，可以达到顶端，是清洁各层的信道。

第四层柱子是组合柱式，耶稣站在中间的神龛内，伸出右手，捧着一个地球，两旁装饰着百合花和菊花，表示神圣纯洁。两旁是耶稣受难（the Passion）的刑具：梯子、鞭子、蘸醋的海绵、罗马帝国的旗帜、荆棘冠、锥子、钉子、长矛和钳子。刑具两旁各有一名天使，西边的天使扛着耶稣受难的十字架，东边的天使抱着耶稣受刑的木桩。最外面是一根绳子和一束麦穗。麦穗象征耶稣之死："一粒麦子落在地里不死，仍旧是一粒；若是死了，就能结出许多籽粒来。"天主教把种子在地里的转化过程与"基督替人类赎罪而死"相类比，赋有深刻的寓意。绳子象征耶稣基督的受难和牺牲。这些情景在耶稣会建造的教堂和院所中经常反复出现。

第五层冠以三角形山花，装饰着青铜鸽子，象征圣灵，周围环绕着4颗星星，右边是太阳，左边是月亮，表明由天主所创造的宇宙、圣灵沐浴在日月星辰三光之中。

大三巴牌坊的石刻，是澳门保存最好、最完整和最有代表性的西式石雕艺术。整座牌坊的雕刻和镶嵌都十分精致，它融合了东西方建筑艺术的精华，是一个中西文化交融的艺术品。

三、妈祖庙

澳门是妈祖文化十分发达的地区之一，在弹丸之地的澳门辖区，现存8座妈祖庙，其中妈阁庙几乎就是澳门的象征。在澳门有一个家喻户晓的传说：妈阁庙是闽人最早的建筑。远在葡萄牙人到来之前就已经存在。据说当葡萄牙人首次驶进澳门海域时，看见澳门半岛港湾里有一座妈祖庙，就问坐在妈祖庙前面的当地人，这里是什么地方？得到的回答是：妈阁。于是葡萄牙人就把澳门称为"Macau"。

妈阁庙位于澳门半岛西南部的妈阁街上，背山面海，依崖构筑。据《澳门记略》载："娘妈角，一山悠然，斜插于海，磨刀犄其西，北接蛇埒，南直澳门，险要称最，上有天妃宫。"娘妈是闽南语天妃的意思，天妃宫指的就是妈阁庙。妈阁庙是澳门最古老的寺庙，建成于500多年前的明朝。妈阁庙供奉的是护海祖妈祖，闽语妈祖就是母亲的意思。每年农历3月23日是妈祖的诞生日，在这一天，庙里都要举行盛大的祭祀活动。善男信女纷纷前来烧香祭拜，祈求平安吉祥。妈阁庙是一座具有中国民族特色的古老建筑。庙前一对镇门石狮，神情威严，形态逼真。庙中有大殿、石殿、弘仁殿和观音阁，均都飞檐凌空，气势雄壮。庙内的一块洋船石尤为引人注目，上面雕刻着古代海船的图形，据说已经有400多年的历史。妈阁庙依山面海，风光宜人，古木参天，环境清幽。数百年来，文人雅士们留下的无数题词石刻，更为这座古庙平添了几分雅趣。

妈阁庙因地制宜，依山傍海。早期庙前可以停船，潮水漫到海镜石下面。因此，香客要从后山的小径迂回跋涉，进入庙宇。清道光年间，英国画家钱纳利（George Chinnery）描绘的烟波飘渺的妈阁美景，成为了历史与地理的凭证。今天的妈阁庙前面有宽广的空间，这是近代填海的结果，广场上用葡萄牙小石子铺设的波浪形图案，暗示妈阁庙与大海的关系。

妈阁庙入口是一组建筑，它包括庙门、牌坊和石亭，均用花岗石建造而成。神龛是一个天然石窟，只稍加整饰，围以石壁石柱，加盖翠檐翠脊，宛如一座琼宫玉字。大门之上有楷体镏金大字："妈祖阁"，两旁楹联是"德周化宇，泽润生民"。门口的一对石狮昂首摇尾、温顺可爱，它充分体现了澳门的世俗风情。

进庙门，入牌坊但见石亭。石亭建于明神宗万历三十三年（1605年），为澳门闽籍商人所建，1629年经历过一次大修。石亭横额书写"神山第一"，两旁对联是"瑞石灵基古，新宫圣祀崇"。殿内供奉天妃娘娘。石亭右方是一个小院子，有两块巨石，都刻着"洋石船"，靠近外侧石栏的比较古老。洋船石上镌刻着"利涉大川"，这四个字出自《周易》。《周易》是先秦占卜之书，其中有关"涉大川"利与不利的占卜达10余处之多，有一处称："利涉大川，往有功也。"尽管《周易》所提的大川是大江大河而非大海，但是，当时人们的交通工具十分落后，远古时代人们希望成功渡过风涛险滩获取利益的愿望，与中古时代的航海人是一致的。于是，自有航海活动以来，中国人逐渐形成对航海保护神的崇拜。妈阁庙中出现"洋石船"，这是澳门早期东西方文化交流的见证。

石亭左方是妈阁庙正殿，面向大海，雕梁画栋，中间开一个圆洞，仅为观望之用。洞口上方题写"万派朝宗"，两旁楹联为"春风静，秋水明，贡士波臣，知中国有圣人，伊母也力。海日红，江天碧，楼船凫艚，涉大川如平地，唯德之休。"正殿之门旁启，门楣上刻有"正觉禅林"，两旁楹联是"灵威昭于日月，震旦辟此乾坤。"殿内正中供奉天妃娘娘，左边供韦陀菩萨，右边供地藏菩萨。殿门两侧左鼓右钟，内部陈列着十八般兵器。这种神佛共处的混合布局，是澳门诸多华人寺院的特色。正觉禅林是妈阁庙组群中比较重要的殿堂之一，其内部依然供奉妈祖像。

拾级而上，小径迂回，在半山腰处有一个石头筑成的亭子，这就是弘仁殿，门上石楣刻着"弘仁殿"三个字，内部供奉天妃娘娘。传说妈阁庙最初只有这座弘仁殿，因山麓临近滨海，进香人要从后山跋涉才能到来。缘其香火旺盛，小庙才得以不断扩建。

经弘仁殿往上攀登，一路可欣赏摩崖石刻，绕过羊肠小道，在悬崖处，看见一个台榭，门上题字"观音阁"，门旁楹联："静海渡慈航，人登觉岸。莲山开法界，座彻禅灯。"其内部供奉观音菩萨。这里树木繁盛，清静幽绝，传说是昔日海觉寺遗址。妈阁庙最初称作"海觉寺"，因三大奇石之一的"海觉石"而得名。

妈阁庙于清道光八年戊子（1828年）重修，同治十三年（1874年）八月，澳门遭遇亘古未有的一次飓风。光绪初年，飓风频繁，寺庙破坏严重，闽潮人士再次筹措资金于光绪三年丁丑（1877年）重修。妈阁庙盛名远扬，是旅游者必经之地。每年农历3月23日天后诞辰，更是热闹非凡。庙前广场搭棚唱戏，渔民进香献祭，善男信女求神拜佛。这里是一处佛道杂处、神俗共享之地，也是澳门一道独特的文化景观。

首先澳门历史建筑的细部和装饰体现了东西方文化的多元共存，这种共存现象大大丰富了中国文化和葡萄牙文化。就葡萄牙文化而言，它本身就受到欧洲以及基督教文化和伊斯兰文化的多重影响。可以说，多种文化的融合成为葡萄牙文化最显著的特征。这种特征伴随着葡萄牙人的足迹传到了澳门。另外，澳门的葡萄牙人大多来自印度果阿或马来西亚的马六甲等地，这些地区的文化也融入了葡萄牙文化当中。澳门的建筑文化并非完全的葡萄牙文化，而是带有某些东南亚地区的特征。因此，多元文化共存是澳门建筑及其细部和装饰的首要特征。

其次，在多种文化的交流与碰撞中产生的中西合璧的澳门建筑文化，这是澳门最独特、最珍贵的东西。中西合璧的澳门建筑文化主要反映在两个层面上：一个是物质层面的建筑形式；另一个是文化层面的意识形态。在建筑形式上，西式建筑并没有更多的选择余地。从开埠之日起，葡萄牙人就开始了应用本地建筑施工技术和建筑材料建造房屋的历史。在使用本地材料的同时，葡萄牙人坚持以欧洲的方式来进行建造，形成有"东方特征"的西方建筑。这里的"东方特征"，主要指建筑大量使用的灰泥饰和屋顶的中式瓦面、中式的滴水兽以及少数受中式影响的壁画和花饰等。这种"东方特征"的细部和装饰最后发展成为了澳门建筑的传统；在思想意识层面上，中西方建筑文化观念有着难以逾越的鸿沟。对于建筑，中国自古以来只把它当作一种器具和工匠的营造技术，从来没有认识到建筑的文化意义。而在西方人的观念中，建筑是一种文化集萃的表现，是显示和炫耀自己优越文化的象征物。

直到19世纪中叶，当西方列强的军舰火炮轰开了紧闭的中国大门时，西方文化以一种强势文化出现在中国的土地上，中西文化和价值观念出现了严重失衡状态。趋洋求新、争相模仿西方建筑的风气日盛。这股风气也影响到了澳门，使得澳门出现了意识形态上的中西合璧建筑。

综上所述，不管是建筑形式上的还是文化意识形态上的中西合璧，所有这些特征都赋予了澳门独特的城市意象，形成了澳门城市的"精神"。澳门的历史建筑无论是对中国还是对世界都是独一无二的瑰宝，我们有必要也有责任保护和复兴澳门的历史文化建筑，这不仅是澳门城市精神的体现，而且更是澳门中西文化合璧的象征。

四、香山文化源远流长

香山文化经历了唐、宋、元萌芽期和明、清积累期，到了近代才真正进入了成熟期。香山文化在地缘上是指包括今天的中山、珠海、澳门在内的地域文化。它在本质上集中体现了岭南文化中粤、闽、客三大民系的文化特征，是中原文化、土著文化、西洋文化、南洋文化相互碰撞和不断融合的产物，是相对岭南文化而言的子文化，是岭南文化的重要组成部分。香山文化的内容包括方言文化、商业文化、华侨文化、民俗文化、洋务文化、名人文化和思想文化等。在长期的发展、传承和变革过程中，香山文化形成了别具一格的传承性、包容性、先导性、民生性、创新性和开放性等文化特点。香山文化在价值取向上明显表现为崇文尚武、顺应自然和重商传统；在文化精神上主要表现为坚守正统与开放创新、趋利务实与热情浪漫、刚勇好强与文质彬彬、科学理性与人文精神等对立又统一的精神品格。新时期中山人精神的"博爱、创新、包容、和谐"，凝练了香山人文历史丰厚底蕴和建设现代文明不懈追求的双重意念，这不愧是香山文化的一种现代诠释。

建筑文化的八大理念
——读《建筑文化感悟与图说》(国外卷)心得

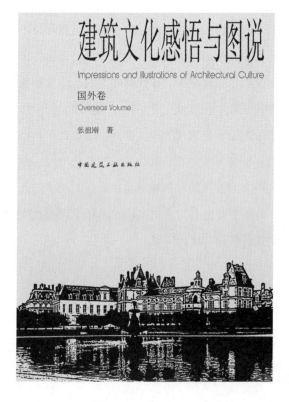

《建筑文化感悟与图说》(国外卷)
张祖刚　著
中国建筑工业出版社

　　一部凝集中国建筑学会顾问张祖刚先生30年来遍访世界20多个国家数十座城市的建筑文化感悟与精品案例展示的学术专著在中国建筑工业出版社正式出版了,本人怀着无比崇敬的心情仔细地研读了大家的著作,深切地领悟到这是一部思想深邃、意境隽永、提纲挈领的建筑文化读本。全书图文并茂,以170个国外精品案例作分析,内容涉及城市、建筑和风景园林的方方面面。作者在汲取国外关于"现代主义"(Modernism)、"现代主义之后"(Post-Modernism)、"新城市主义"(New Urbanism)、"批判性的地方建筑"(Critical Regionalism)等理论的合理观点之后,创造性地提出了"中国文脉下、走向大自然、为大众服务、可持续发展"的大建筑文化理念,即"发展"、"环境"、"历史"、"文化"、"自然"、"艺术"、"人行"、"公正"的八大建筑理念。

一、发展的理念

城市发展的历程表明，产业经济的发展总是带动着城市、建筑和风景园林事业的发展。产业经济包括第一产业经济、第二产业经济和第三产业经济。凡发达的国家与地区，其第三产业经济都占到了最大的比例，这是产业经济发展变化的规律与趋势。而每个城市的发展又都要依据自身的特点，积极开拓具有自己特色的产业经济。

美国的西雅图市，作为美国西北部的最大港口城市，是美国重要的飞机和船舶制造中心，其产业经济的发展，带动了该市的建筑文化建设。美国东部城市波士顿，是美国新英格兰地区最大的港口城市，文化历史悠久，20世纪发展了机械工业、电子工业和金融业等，还建立起国家航空与航天研究中心，其产业经济的迅速发展，同样带动了这座老城的文化建设。又如欧洲城市，瑞士首都伯尔尼以表都闻名于世；法国首都巴黎是法国制造业中心，法国1/5的工业生产能力都集聚在大巴黎地区；比利时的安特卫普是欧洲第二大港口城市，是比利时钻石加工和贸易中心，其钻石加工量占到了全世界总量的一半；意大利的佛罗伦萨市，以旅游业名闻遐迩，其工业、手工业展示了艺术品的美，并涵盖了皮革、珠宝、纺织、陶器、银器等诸多行业。埃及首都开罗市，拥有全国1/3的工业量；埃及亚历山大市，是埃及的最大港口城市，同时也是世界著名的棉花市场和避暑胜地。日本古都京都市，作为宗教和国际文化中心，它以旅游业和文化产业的发达而著称。

发展的理念，同样离不开建筑的创新。只有不断地创新，才能促进建筑文化的发展。建筑创新不单纯是指艺术形式的创新，它还包括新建筑材料、新技术、新结构、新设备的广泛应用，并要求达到"节能减排"的环境效应，这样的建筑创新必然促进着建筑文化的进一步发展。

众所周知，1929年由世界建筑大师密斯·凡·德·罗设计的巴塞罗那国际博览会德国馆，就是采用了新材料与新结构，将建筑新技术和建筑艺术有机地融合在一起，从而创造出行云流水般的、有自由导向的、室内外富于变化的"流动空间"，这种建筑创新对现代建筑文化的发展起到了极其深远的影响和良好的促进作用。

又如20世纪60年代建起的芝加哥汉考克大厦、20世纪70年代建成的芝加哥西尔斯塔楼、20世纪80年代建造的芝加哥伊利诺伊州政府大楼，这3幢芝加哥新建筑，在结构、材料、工艺、内容、形式等方面都有独到的创新，而且这些面貌全新的建筑，都考虑到了同其周围环境的协调，它们分别代表着不同年代的新进展、新成就。此外，1995年建成的巴黎法国国家图书馆、21世纪初拟建的美国纽约世界贸易中心复建工程等，其建筑创新的内涵就在于努力创造出合符人类社会进化要求的"低耗高效"且与自然共生的新建筑，以此促进建筑文化的可持续发展。

二、环境的理念

大凡适宜生活居住的先进城市，历来都十分重视城市的污水、有害气体、垃圾和交通等方面的环境治理。

美国西雅图市在半个多世纪以前，城市环境污染十分严重，城市拥堵不堪，居民生活也不安定。为改变这种状况，西雅图市规划委员会进行了认真的反思，他们首先治理了位于市中心区东北面的华盛顿湖，进而对全地区的污水进行监控排放，并治理全市水系，严格处理下水管道，同时改善城市交通，发展步行和大众运输的道路系统，提供免费的城市公共交通，恢复原有的自然风貌等，使得西雅图市的城市环境质量焕然一新，成为世界公认的"宜居城市"。

适度控制城市空间容量，并根据城市土地、水等资源的负荷量适度发展城市规模，这是搞好城市环境的又一举措。目前，我国的城市建筑容积率过高、城市人口过密，这是造成中国城市环境质量恶化的一个重要原因。它不仅给城市带来了拥挤和混乱，同时也降低了城市与建筑的社会、经济和环境效益。节约用地要从城市可持续发展、城市防灾、城市卫生等要求考虑，找出适宜城市空间容量的合理尺度与规律。

在历史文化旧城中心区，因人口密度较高，可采取适当的减法措施，以降低建筑容积率。美国西海岸的洛杉矶市作为美国第二大城市，其城市呈分散式布局，中心城市区最大，集中修建了一批高层建筑，而其他城市地区的建筑容积率则不高，住宅多为1~2层木构房，空间容量也低，这有利于城市防灾与城市卫生。再如意大利佛罗伦萨市，作为世界历史文化古城和欧洲文艺复兴的发祥地，其城市规模与空间容量同样适度，环境优美宜人，生活舒适惬意，不失为宜居城市的典范之作。

三、历史的理念

对于历史文化名城，一定要有整体保护的思想理念，即使该城市的历史文化遭到部分破坏，也要从整体保护的观念来考虑并加以补救。只有历史文化名城的整体轮廓还在，它的局部也才会弥足珍贵。

城市整体保护做得好的要数意大利首都罗马城，该城已有2000多年的历史，从公元前建起的古罗马中心广场遗迹一直到20世纪初为意大利开国国王建成的埃马努埃尔二世纪念碑，都完整地保留着，这座历史文化名城已变成一座巨型的历史博物馆，一点损坏都没有。新首都城市在其南7km外另建起来。这种新城与旧城分开的做法，使得这座历史文化名城得到了整体的保护。在新中国建国初期，梁思成先生与陈占祥先生提出了整体保护北京历史文化古都的方案，但未被采纳，以致北京古城失去了整体风貌保存的特色。

另一个好实例是法国首都巴黎，巴黎未将行政中心迁出，另辟新城，而是在旧市区采取"成片保护、分级处理"的措施，其整体保护的原则有以下三方面内容：一是保护老的住宅区，加强居住功能，提高舒适度；二是保存各种功能，改善文化、娱乐、商业等公共活动设施；三是保持19世纪建筑面貌的统一。巴黎旧城规划的实施，保住了其古城历史文化风貌的特色。整体保护的范例，还有西班牙的巴塞罗那、比利时的布鲁日、西班牙首都马德里、瑞士首都伯尔尼、意大利的佛罗伦萨和威尼斯等，这在欧洲城市比比皆是、屡见不鲜。

在整体保护旧城街区与建筑物的同时，还应使其更富活力。意大利威尼斯圣马可广场，在市政大厦底层和广场北边的小街内，设置了各类商店、餐馆，又在广场东面安置了室外咖啡座，方便了游客生活，使其成为一个"漂亮的生活客厅"。日本东京都浅草寺，在其被保护的历史建筑周边，逐步建起了商场、游戏机等设施，并扩大了花市，形成了遗留着旧东京历史风俗的繁华商业游览区，现已成为外国游客憧憬的观光处。其他如西班牙马德里的市长广场、美国芝加哥密歇根大街南段、西雅图城市中心滨海区、德国法兰克福罗马人广场、日本东京都的上野公园、美国洛杉矶亨廷顿文化园、比利时安特卫普的鲁宾斯博物馆、日本奈良的东大寺与鹿苑、京都的金阁寺和清水寺等，都是在被保护的历史建筑群及其周边添置各种生活设施与绿地花园等，使其充满生机与魅力。

四、文化的理念

对于历史建筑要尊重，新的现代建筑要处理好与旧的历史建筑的关联，不能片面强调某一方面，"非此即彼"，而是要重视双方面的互补，相得益彰、"和合"发展。

新建筑在重要的历史建筑范围内怎样和合地发展呢？爱尔兰都柏林"三一学院"就是一个很好的典范。该学院位于都柏林市中心区，创建于17世纪，是爱尔兰最著名的高等学府，由两个庭院组成，中间立一高耸钟楼，将议会广场与图书馆广场分开，新建筑坐落在图书馆广场的侧面。这里开辟了一个学友广场，广场的一面为老图书馆，紧挨老馆建一新图书馆。其对面是新艺术馆，这些新馆的建筑高度、体量、色彩、材料等都十分尊重老馆，同老馆协调一致，只是墙面门窗的分割与装饰更加简洁罢了。广场中心铺以草坪并树立一座新雕塑，形成了一个完美而又和谐的大院落，学生们在此席地而坐，琅琅书声，生机盎然。还有像路易斯·康设计的耶鲁英国艺术中心、耶鲁大学图书馆新馆、法国里尔美术馆、法国杜关市弗雷斯诺国立当代艺术学校、华盛顿国家艺术馆东馆、波士顿公共图书馆新馆等，都是尊重原有历史建筑的范例。

此外，新建筑的创作还要考虑优秀传统文化的传承，以此来发展地域的建筑文化。如巴基斯坦首都伊斯兰堡的费萨尔清真寺、美国洛杉矶南郊的加登格罗夫社区教堂、美国波士顿市政府办公楼、美国华盛顿纪念碑、加拿大蒙特利尔的加拿大建筑中心等，都与原有建筑和传统文化的精神有着千丝万缕的关联，从而创造出适宜所在地区的新建筑，同时发展了这个地域的建筑文化。

五、自然的理念

自然风景区、公园和街道、住区以及公共建筑的园林绿地是城市的重要组成部分，也是保证人与自然共生、创造美好生活环境的基本要素。

巴基斯坦首都伊斯兰堡，北依玛格拉山，东临拉瓦尔湖，南有夏克帕利山，林木簇生，城市就在这自然绿色中呈东西向长条状、棋盘式布局蔓延着。东部为行政办公区和公共事业区，西部为住宅社区，西南部为轻工业区和大专院校区。这些区内的建筑，都没有高层，居住社区为1–2层住宅，建筑容积率在1以下，各区内的建筑都融入绿化中，绿地覆盖率在50%以上。其路网绿带将各区内的绿地、花园、公园同城市周围的山地、湖畔绿地贯通在一起，建成区范围内的绿地覆盖率达到70%，俨然是一座花园城市。

西班牙滨海城市巴塞罗那，背山面海，北面扁长的山体上连续的丛林构成天然绿色屏障，海滨浓郁的林木连绵不断，沿海西南部矗立着Montjuïc山丘，它的东面紧临旧城，经过几百年的建设，这里有著名的城堡、博物馆、展览馆、植物园以及

1992年举办奥林匹克运动会的主体育场等，这些新老建筑隐没在茫茫苍翠的绿海之中，城市的绿地覆盖率达到50%。

美国首都华盛顿、美国波士顿市中心区、法国巴黎市中心区等，都保存着相当大的绿地面积，同样创造出美轮美奂、人与自然和谐共生的宜居城市。

建筑创作更加重视利用自然采光、自然通风和地热等因素，这是节约不可再生资源、环境保护、创造舒适环境的又一个重要内容。世界著名建筑大师弗兰克·劳埃德·赖特设计的住宅，包括为自己设计的芝加哥住宅和工作室，都是"自然的建筑"，它们自然采光、自然通风，与室外环境融为一体，其平面布局也体现出自然、灵活的特点；著名美籍日裔建筑师米诺鲁·雅马萨奇，崇尚自然的光和天然的水，他设计的西雅图北部展览馆建筑和其他一些低层建筑，体现出光亮、洁白和反影的天然效果。此外，瑞士北部的巴塞尔、中部的伯尔尼、南部的博瑞格，其住宅、体育馆、室内游泳池等建筑物，都是充分利用自然采光与自然通风，从而达到节能环保与舒适安逸的佳例。

六、艺术的理念

每个城市都有自己的特点，需要创造出具有自己特色的标志性建筑，在城市的中心地段形成优美的建筑立体轮廓线，让人一目了然就知道这是哪座城市，这种标志性建筑将起到统领城市空间的作用。

美国西雅图市中心区的海滨建筑群，从北到南共分3段：北段是低层建筑群，但矗立着185m的西雅图最高标志性建筑——"太空针塔"；中段沿湖滨保存着原有的低层公共建筑，其后为新建的高层建筑群，包括金融区、商贸中心、通信和市政厅等；南段又是低层区，有开拓者广场和历史保留区，还新建了一幢低平的供娱乐运动使用的圆形穹顶建筑——Kingdome，其后为国际区。这北、中、南三段富于韵律，有层次、有节奏地织成了西雅图中心区滨海建筑立体轮廓线。

在历史文化旧城，把握其尺度与体量的和谐也是个关键。新建建筑物，体量不宜高大，容积率也不能过高，各方面必须同原有历史建筑和谐统一。

20世纪80年代，法国总统密特朗在巴黎的卢浮宫扩建工程中，决定把法国财政部从卢浮宫迁出，选定美籍华裔著名建筑师贝聿铭先生做扩建设计方案。卢浮宫的扩充部分完全被移植到了地下空间，地面入口的金字塔建筑物在尺度、体量等方面则与原有建筑物遥相呼应，保持了城市的文脉和肌理。类似的做法，还有美国华盛顿史密松非洲、近东及亚洲文化中心工程、法国巴黎新歌剧院等，它们都延续了原有城市建筑的历史风貌。

七、人行的理念

在一个城市的中心区或其他重要文化生活区，特别是旧城市中心区，都要逐步构建人行街道系统，使它们不受汽车交通的干扰，真正成为符合城市市民生活需求的繁华街道。这是促进城市居民消费增长，保证社会经济繁荣发展的重要举措，它体现着城市现代化的水平和对城市居民关怀的程度。随着城市汽车的发展，特别是私人小汽车的快速增长，城市交通被小汽车所主宰，城市道路交通拥堵不堪。如今发达国家的城市已开始扭转这种被动局面，严格控制城市中心区汽车保有量，构建人性化的步行道路系统，并同公共汽车网站和地下铁路交通网站联成一体，从而丰富了这一地区的市民生活，提升了城市空间环境的艺术水准。

日本名古屋市中心大街是南北向主轴线，拥有宽100m的绿化带，在这绿化带中布置着名贵花木、喷泉雕塑和180m高的电视塔等，其环境清新、视野开敞。这是一条完整的步行花园街，其交叉口都与地下通道连通，不受汽车干扰；中心大街地下为商业街，地下建筑通过地道与步行花园街连接。地下铁路网站设在地下层内，使这一中心大街人行系统与市内其他各区公共交通网巧妙衔接起来，市民与游客来去非常方便。此外，法国巴黎市中心主轴线、日本东京都银座、西班牙巴塞罗那旧城中心Rambles步行街、英国伦敦中心区著名的特拉法尔加（Trafalgar）广场、加拿大蒙特利尔市中心、加拿大多伦多伊顿中心等都是交通便捷、城市人气旺盛的最佳范例。

八、公正的理念

社会公正反映在建筑文化中，就是要关怀城市广大的居民及其弱势群体，公正地缩小他们在城市生活与工作环境中的贫富差距。政府管理部门要从居住、公共建筑、道路交通、绿地等方面给予弱势群体以更多的关照和优惠，而不应为了经济利益，过多地发展高档住宅、高档娱乐与商业建筑以及私人小汽车等，从而造成富人和弱势群体差距的进一步扩大。

在城市发展中，旧城区还应留住老居民，如法国巴黎旧城区、比利时布鲁日水乡老城区、西班牙巴塞罗那旧城区、美国西雅图老城区等，它们都保存并改善着原有居住建筑，使其大部分老居民都还生活在旧城区中，而不是拆旧建新，把弱势群体迁至郊区，使老城区沦为有钱人的居住地。他们改造旧城区住房、保留老居民的做法，很值得我们学习与借鉴。这不仅仅是经济问题，而且还存在着诸多的社会问题。城市历史文化街区，正因为有老居民在，其社会文化生活的特点也就得到了保存，只有社会公正，才能保证并促进社会的和谐、稳定与发展。

社会公正，还体现在公共服务设施的妥善安排上。为方便大众生活，宜多开辟一些城市室外公共活动的小空间、小广场，如美国纽约洛克菲勒中心下沉式广场、西雅图中心区中部高层建筑间的休闲广场、芝加哥市民中心广场、美国布赖顿住区中生活广场等。这些小空间、小广场点缀着咖啡馆、花木、雕塑、冰场、舞场等，成了市民茶余饭后休闲、娱乐、游玩的好去处。

在文化生活方面，还体现在市区各类博物馆的免费开放、市区各类公园的免费开放。开放城市空间，还包括各地市政府办公楼、州政府大楼对公众的开放。如波士顿市政府办公楼，市民平时可随时进出，这种做法拉近了市政府与市民的距离。又如芝加哥伊利诺伊州政府大楼，其布局体现出公众性，中间为公众活动的中庭，围绕中庭的底层部分是商店，供大家使用，政府办公楼均敞向中庭，为开放式办公室，每日来此观光的游客络绎不绝，给人以平易近人之感。

古人云："读万卷书，行万里路"。综观全书，这本《建筑文化感悟与图说》（国外卷）正是作者一生理论与实践相结合的真实写照。在这里，笔者再一次对作者渊博的学识、严谨的治学态度和独到睿智的见地表示由衷地钦佩和敬意，同时，我们也确信本书的出版将是广大的城市规划师、建筑师、风景园林师以及建筑文化爱好者们学习与了解西方建筑文化的有益参考读物。

（本文刊于《中国建设报》2009年4月28日）

名城"圣地"——拉萨

——介绍作为中国历史文化名城丛书之一的《拉萨》

《中国历史文化名城丛书：拉萨》

旺堆次仁　主编

中国建筑工业出版社

　　拉萨，西藏自治区的首府，是西藏政治、经济、文化、宗教的中心。拉萨始建于松赞干布时代，距今已有1300多年的历史，是国务院首批公布的历史文化名城之一。

　　拉萨，藏语意为"圣地"，是藏族人民心目中的"神圣之地"。拉萨位于西藏中部，雅鲁藏布江支流拉萨河下游，年日照时间长达3000多小时，被现代人誉为"日光城"。

　　过去，不少人习惯以神秘而奇异的眼光看待世界屋脊这块苍茫大地，有人以为那里四季都是"千里冰封，万里雪飘"的荒芜冷旷的原野，也有人把它想像为"翠羽丹霞，红墙绿瓦"的童话般的人间仙境。各式各样的描写，令人眼花缭乱，无所适从。作为中国历史文化名城丛书之一的《拉萨》一书，则以藏文第一手资料为主要依据，翔实而全面地介绍了拉萨，以使人们更好地了解这块"圣地"。

《拉萨》一书，内容包括拉萨地理环境和资源、千年古城、名胜古迹、名人荟萃、传统文化、宗教、习俗、古城新貌等8个方面，全书共有300多幅彩色照片；它集史料性与知识性于一体，全面而客观地介绍了拉萨的发展与变迁。

众所周知，拉萨以其名胜古迹遍布城、郊而享誉国内外，如布达拉宫、大昭寺、小昭寺、帕邦喀、三大寺、四大林等，驰名中外。其规模宏大，金碧辉煌，具有无限的魅力，令中外游人流连忘返，惊奇叹绝。一座座寺庙，巍峨壮观，五光十色，雕梁画栋，富丽堂皇，令人仿佛置身人间仙境，引起种种奇妙的遐想。拉萨的寺庙、古遗址、墓葬、石窟、摩崖造像、金石文字、库藏文物等都是无价之宝，是藏族人民智慧的结晶。

拉萨正是以其奇特的地理位置、瑰丽的自然风光、丰富的天然资源、悠久的历史、灿烂的民族文化、别具一格的风俗习惯、不胜枚举的文物古迹、独一无二的佛教色彩，吸引着越来越多的观光者、登山探险者、科学考察者和投资开发者。

中国历史文化名城《拉萨》一书的出版，是拉萨政治、经济生活中一件十分有意义的大事，无疑值得我们大家庆贺。

城市美学亦是生活的哲学

——评《城市美学》

《城市美学》

马武定 著

中国建筑工业出版社

　　美学，历来被纳入哲学的范畴，而城市的美学应当是生活的哲学。每一个人都有自己心中的城市。对于城市美的感知和评价，从根本上说是基于人们的文化模式和价值观基础之上的，是文化意义上的对于城市的评价与判断。卡西尔说："人类生活的真正价值，恰恰就存在于这种审视中，存在于这种对人类生活的批判态度中。"对于城市的评判，对于城市美的感知和评价，正是人类对自己生存状况、对自己的存在的自觉意识和自觉审视；对城市的审美活动，就是人的生命的表现和体验活动。这就是讨论城市美和城市美学的意义与价值。城市美的问题并不是学者书斋中的纯理论问题，而是与大众文化、大众的生活密切相关的，是关于"人的存在"的现实问题。

　　城市美学是一门内容涵盖面十分广泛的学科，它应当是一门研究建筑、城镇、大地景观等一般审美规律的综合性的部门分支美学。迄今为止，国内尚未见到全面论述城市美学有关问题的专著。厦门市城市规划委员会的马武定教授自20世纪80年代末开始研究"城市美学"，并为研究生开设"城市美学"课程，还陆续在《规划师》杂志上发表系列城市美学的学术论文。《城市美学》一书内容上包括城市美的本质及其内涵与外延；城市美的基本特征；人对城市的审美关系与审美规律；城市艺术形象的审美本质、审美价值与审美规律；以及城市的美学语义与城市特色等。

《城市美学》一书首先探讨了一些有关城市美学的理论问题，以便为有志于在该领域的理论探讨上进一步研究的同志提供一些思路；其次是希望将美学理论研究与美学评论结合起来，对我国城市规划与建设中所出现的一些现象和问题进行讨论，使城市美学的理论研究能接近于现实生活，以便达到它的初衷。为了说明问题，全书特意配了一些国内外城市景观和建筑的有关图片，其中大部分是作者所拍摄的照片。这些图片包括正反两方面的例子，有关正面的例子大部分都是国外的，而反面的例子则大多是国内的。一方面这是因为就城市规划和城市建设而言，国外成功的例子其认可率高，所谓"外来和尚好念经"；另一方面，批评是为了引出教训，为了有针对性，自然就集中在国内的城市。

随着美学与艺术问题的日益走向大众化和生活化，作为本身就是城市生活的最直接反映的城市艺术形象，城市美学的有关问题正在与我们日常生活密不可分，它必将越来越引起公众的广泛关注与兴趣。城市环境的质量与城市生活质量的提高，应是我国在推进城市化进程中城市建筑的一个重要目标。如何使自己的城市成为美的城市，将会是人们的日常话题。

最后，祝贺《城市美学》一书由中国建筑工业出版社正式出版，但愿本书能作为广大城市规划工作者、建筑设计人员、景观建筑师、建筑院校师生以及城市美学爱好者的良师益友。

构建更加完美的城市

——评《新城规划的理论与实践——田园城市思想的世纪演绎》

《新城规划的理论与实践——田园城市思想
的世纪演绎》
张 捷 赵 民 编著
中国建筑工业出版社

18世纪中期起源于欧洲的工业革命带来了生产力的大解放，与工业化相伴随的是人类历史上空前的经济增长和城市化发展。工业革命以后的城市功能及城市运行与植根于中世纪社会的城市结构的矛盾日益尖锐，城市中的病态与丑陋现象丛生，使人们几乎陷于束手无策的境地。在这种背景下，一些具有社会改革思想的先驱者们提出了种种"理想城市"的概念。他们在揭露"城市病"和批判现状城市发展模式的同时，纷纷试图勾画出新型的理想城市模式。

最早期的"理想城市"提议往往具有很大的空想成分。曾出现了诸如罗伯特·欧文（Robert Owen，1771～1858年）在新拉纳克（New Lanark）的实验，以及在美国印第安纳州的"新协和村"（Village New Harmony）事业。然而"乌托邦"（Utopia）式的尝试难免失败，其失败的主要原因之一在于以"平均、平等、自给自足"为主要内容的社会改革，在早期的资本主义条件下是不切实际的。到了19世纪末，霍华德（Ebenezer Howard，1850～1928年）汲取了"空想社会主义"（Utopia Socialism）及"理想城市"的一些理念，结合他自己的观察和信念，提出了"田园城市"（Garden City）的一整套新概念和新模式，并付诸实践。

霍华德倡导的"田园城市"，后又被称之为"社会城市"（Sociable City），试图克服工业革命以后出现的城乡对立及城市中的非人性化弊端，基于城市和农村相协调的理念、人工环境融入自然环境的规划手法，以人性化的方法来处理城市的各项功能要素，从而创造出一种新型的城市。"田园城市"的人口规模适中，以低层、低密度的建筑为特征，公园和绿地紧邻住宅；城市周边布置工业；城市外围设有永久性绿地，只供农业使用。

20世纪初期，霍华德身体力行在英国建起了2座"田园城市"，即莱奇沃思（Letchworth）和韦尔温（Welwyn）。

人们丝毫不能低估这一产生于19世纪末到20世纪初的"田园城市"的影响力。作为城市社会和规划发展史上的一次伟大的启蒙和探索运动，"田园城市"为人类提供了一种新型的、城乡融合的城市结构和发展模式，其核心理念在于把人与自然、城市和乡村结合起来考虑，走和谐发展之路。虽然"田园城市"的追求具有相当的理想主义色彩，但是它对其后一个世纪的城市发展和规划有着深刻的启迪作用。

第二次世界大战后英国的大规模新城建设运动，与英国的"田园城市"传统有着渊源关系。其他西方国家的郊外城市建设也深受"田园城市"思想的影响。二战后城市发展的新动向，实质上反映了一种摒弃旧的城市发展模式，追求理想的城市生活及崇尚自然的社会呼声。

进一步的考察可以发现，"田园城市"的传播是世界性的，许多国家的城市发展曾借鉴过"田园城市"的规划理念。在亚洲的日本、新加坡及我国香港地区都有过大规模的新城建设；我国大陆的一些大城市曾在20世纪50年代建设了一批工业卫星城，以及我国一度出现的"不搞集中城市"和企图"消灭城乡差别"的思潮等，在一定程度上也与"田园城市"的思想有着内在联系。

在"田园城市"诞生和发展了一个世纪后的今天，我国的城市化进入了快速发展阶段。名目繁多的各类园区建设、如火如荼的楼盘开发、遍地开花的大学城等各种城市建设活动席卷全国各地，"新城"这一概念似乎一夜之间成为很多开发项目的代名词，小到不足一公顷的商业广场，大到数平方公里的楼盘开发。这些大大小小的城市建设项目确实促进了城市的繁荣，推动了经济的发展，加快了郊区的城市化步伐。但冷静观察及思考之后，人们不难发现其中的弊端和隐患，概念的正确和理念的无误传递已是刻不容缓。

时至今日，欧美发达国家的外延城市化进程早已完成，新城建设也已基本成为历史；而我国是一个发展中的人口大国，经济和社会的发展水平还很低，城市化的道路还很长，还有几亿人口将从农村转向城市。在城市化的进程中，大中小城市都还要得到发展，其中，新城建设将是大都市地区优化空间结构的重要手段。新城建设在我国还是一个较新的事物，还有待深入研究和积累实践经验。在这个过程中，学习和借鉴发达国家和地区的经验是很有必要的。

本书旨在总结和传递前人及当代实践者对"理想城市"及和谐发展探索的经验，介绍了国内具有代表性的新城规划案例，对我国21世纪的大都市空间发展及新城建设具有现实的指导性意义。

厘清城市设计概念，把握城市设计发展趋势

——介绍《全球化时代的城市设计》

《全球化时代的城市设计》

时　匡　［美］加里·赫克　林中杰　著

中国建筑工业出版社

　　欣悉由全国建筑设计大师、苏州科技大学教授时匡先生、美国宾夕法尼亚大学设计学院院长加里·赫克教授、美国北卡罗来纳大学建筑学院助理教授林中杰先生三人合著的《全球化时代的城市设计》一书在中国建筑出版社正式出版了，本人怀着无比崇敬的心情研读了大师的作品，发现这是一部通过理论与实践并举，既较系统地阐述现代城市设计的一系列概念和方法，又能使读者窥察到目前国际上城市设计领域的动向和工作标准的城市设计专著。全书收集了一批最新的国际城市设计佳作，通过作者对大量的第一手资料进行研究分析，许多项目完全称得上是城市设计的经典，或代表城市设计新的潮流。读毕全书，笔者有2点深刻的感受，一是本书厘清了现代城市设计的概念；二是本书把握了现代城市设计发展的趋势。

一、厘清城市设计的概念

人类建造城市的历史可以追溯到远古，现代城市设计的理论体系在1889年奥地利建筑师卡米罗·西特出版了《城市的建造》一书后得到迅速发展，但城市设计作为一门学科和独立的职业领域要到20世纪50年代才真正确立。二战之后欧洲大量的城市重建与当时工业生产和交通技术的进步、人口的扩张，以及社会制度的变革相结合引发了在全球范围的城市建设活动，结果是产生一系列新的城市，包括首都、工业城或企业城、大型居住区，以及对原有城市大规模的更新运动。这些新城建设和城市更新给建筑师和规划师提供了前所罕见的介入大型城市建设活动的机会。他们按照现代主义的原则进行规划设计，但建成环境的质量并不尽如人意，尤其对建筑外部的公共空间的设计缺乏系统而明确的方法，不良的环境质量进而导致林林总总的社会问题。这种现状促使人们从人类的心理行为和社会文化的角度重新思考城市形态和空间设计，并认识到这个知识体系对城市的发展、保护和更新进行指导的必要性，导致城市设计作为一门独立学科的确立。在学术教育界，第一个城市设计专业是1957年美国宾夕法尼亚大学创办的市政设计专业，然后是哈佛大学1960年创办的城市设计专业。尽管只有约半个世纪的历史，城市设计在这段时期已得到迅速的发展。

对于城市设计的定义，1976年美国规划学会城市设计部出版的《城市设计评论》（Urban Design Review）杂志创刊号强调指出：城市设计不但是一种设计也是一种管理。作为一种设计，它是在一个更大尺度上，即城市形态上的三维设计；作为一种管理，它的目的是制定一套指导城市建设的政策框架，在它的基础上，建筑师和景观建筑师进行建筑单体和环境的设计。城市设计不但在设计对象和深度上与建筑设计不同，它还有其他的特点，即往往有多重业主，没有明确的任务书，而且常常需要经历多个发展阶段和更多角色的参与。

1. 城市设计与其他相关学科的关系

城市设计是从建筑和城市规划中分离出来的学科，和这两门学科有密切的联系，但涉及范畴又有所区分。

环境规划和设计的过程大体上分为区域规划（Regional Planning）、城市规划（Town Planning）、城市设计（Urban Design）、建筑设计（Building Design）4个阶段，

这4个阶段相互关联，每一个阶段的成果是下一个阶段分析的依据，而下一个阶段的成果又是对上一个阶段的执行和反馈，城市设计是这个链中的重要一环。

城市规划是对土地使用、交通和市政设施网络的组织，目的是使城市有效运作并且创造有序而宜人的环境。作为对资源的调配，规划是一种政府行为。通常规划的周期可长达20年，并涵盖大片的城市和农村区域。实施性规划相对周期较短，一般为5~10年，其范围涉及城镇的局部。区域规划是城市规划的延伸，它覆盖一个更大范围的区域，着重处理城市与城市之间、城市与周边地区之间资源调配的关系和空间发展的战略性规划。建筑学是关于建筑的设计和建造的学科，作为职业它往往有特定的业主、特定的基地且实施的周期较短。建筑学与城市规划的知识范畴彼此交叉，并没有清晰的界限，城市设计正处于这两者的交叉点上，它出自对建筑和规划之间的冲突进行协调的需要。城市设计的发展为建筑和城市规划之间提供了一个知识性桥梁，使执业者能从一个新的角度考察城市发展的问题。

城市设计具有特定的范围。城市设计着重通过建筑群体的安排使它们达成一定的秩序，往往涉及多地块、多个业主、使用者和政府部门，并要求较长的周期。除了在规模上与建筑的区别，城市设计处理的对象是公共领域的设计，包括街道、广场、公园，以及界定这些公共空间的建筑界面，建筑只有在它对公共领域产生影响时才为城市设计所考虑。较大规模的城市设计的对象可以是城市的某个城区，达到数平方公里；一般规模的城市设计处理城市中某些重点地段的形态和景观设计，既包含新建项目也包含历史街区的保护。

除了建筑与城市规划外，城市设计由于自身的复杂性，与景观建筑学、交通工程等学科也有密切的配合，特别是同样从建筑学派生出来的景观建筑学与城市设计有不少交叠的领域。

2. 城市设计的要素

城市设计的内容，借用1970年美国旧金山的城市设计规划的提法，可分为4组：1）内在的模式和意象；2）外在的模式和意象；3）交通和停车；4）环境的质量。内在的模式和意象描述的是中等尺度的城市组织特征，如天际线和整体意象等；交通指的是街道的特征，包含秩序、清晰性、指向性、移动的方便与安全性等；环境质量则包含了自然元素的存在、到达开发空间的距离、街道立面的视觉兴趣度、微气候等。

哈米德·西瓦尼在《城市设计过程》一书中把城市设计分为以下8类要素：

1）土地使用：土地使用是传统城市规划的重点，但仍是城市设计的基本因素。二维规划是决定三维空间形态的基础，土地使用确定了不同城市功能之间的关系以及密度、人工环境和自然环境之间的关系，因此也决定城市不同区域的特点。

2）建造形式和体量：传统的分区规划通过控制高度、退界和覆盖率等指标处理建造形式问题，而在当代城市设计实践中，它具有更丰富的内容，诸如高度、体量、层数、容积率、覆盖率、街道退界、风格、比例、材料、质感和颜色等元素。在城市设计中考虑建造形式和体量时应对周围环境做详细的调查，并在此基础上建立明确的框架体系，使新建建筑形式与原有形式协调。设计准则（design guidelines）的制定是贯彻这些原则和保证有序的空间环境的手段。

3）交通和停车：交通体系是创造或改造城市环境的结构性工具，利用道路、公交线路、人行道路和停车等的位置，可以塑造、引导或控制城市中的行为模式。近几年公共交通在城市设计中的作用受到更多重视，大城市往往通过交通网络的布局，达到疏散城市人口密度的目的。

4）开放空间：开放空间是城市中提供景观和休憩的场所，它包括公园、广场、城市绿地，以及这些城市空间中的景观元素如树木、植被、水体、灯光、铺地、雕塑等。

5）步行体系：城市设计的出发点是以人为本的原则，人作为主体在城市空间中的活动应得到充分的考虑，步行系统的合理安排是城市设计的重要内容。

6）对行为的支持：行为和空间形态总是相互作用的，一个场所的形态、位置和特点能吸引特定的城市功能和活动，反之，城市活动也会寻找最适合它们存在的场所。城市设计强调研究人的行为模式，使空间设计达到吸引公共活动，并加强城市公共空间特色的作用，利用空间和行为之间的互动关系是城市设计的一个关键因素。

7）标志与信号：广告标志日益成为现代城市中重要的视觉元素。从城市设计的角度，这些广告标志的设计应该有所规范，以保证城市景观的协调，并避免与公共标志或交通标志发生冲突。

8）保护：城市设计应保护现有的社区、城市场所和历史建筑，以及与这些场所所关联的行为。这种思想现在已得到广泛的认同，开发商也认识到对历史场所的保护能带来更多的人流。

从项目的类型而言，常见的城市设计项目包括市政设施设计、新城设计、城市更新（包括滨水区再开发）、园区设计（包括校园、企业园、工业园等）、郊区发展、公园和主题乐园，以及国际性盛会场地的规划设计。

3. 城市设计的评价体系

对城市设计成果的评估有多种标准，大致上分为可测量指标（measurable criteria）和不可测量指标（nonmeasurable criteria）两类。这两种指标需要结合起来考察城市设计的成效。

可测量指标是那些可以量化的指标，它包括环境指标和形态指标2组。前者是对自然因素的衡量，如城市气候、能源、城市生态、城市水文等，实现对这些自然因素的控制需要特殊的专业知识的配合。形态指标是对三维城市形态的衡量指标，如高度、体量、容积率、退界、覆盖率、密度等，通过制定这些指标城市设计能对城市形态施加直接的影响。

不可测量指标是针对城市空间视觉质量的评估标准，它和人感知环境的特性有直接关系，从不同的角度有不同的分类。1977年城市系统研究与工程公司（Urban Systems Research and Engineering, Inc.）发表了一套标准将不可测量指标分为8类：

1）对环境的适应（fit with setting）：评估所提出的设计是否在位置、密度、颜色、形式和材料能方面与它所处的城市或居住区环境相协调，在文化上是否匹配。

2）特质的表达（expression of identity）：对使用者或社区的个性、地位和形象的视觉表现，使人们能掌握城市的特征。

3）可达性和方向性（access and orientation）：所设计的入口、道路、重要的视觉目标是否明确和安全，能否指引使用者到达主要的公共空间，有没有清晰的地标。

4）对行为的支持（activity support）：行为科学上的领域性（territoriality）概念是主要的标准，即空间的划分、尺度、位置以及提供的设施是否对设想的行为提供视觉结构上的支持。

5）视野（views）：设计是否对现存有价值的景观加以保存和利用，或在建筑物和公共空间中创造新的景观视野。

6）自然元素（natural elements）：保护、结合或创造场地上重要的自然元素，如地形、植被、阳光、水体和天空的景色等。

7）视觉的舒适度（visual comfort）：使人们避免受到场地内或场地外的不舒适

的视觉因素的干扰，如眩光、烟雾、过于耀眼的灯光或标志、疾速行驶的车辆等。

8）维护（care and maintenance）：设计是否方便建成后的维护和管理。

凯文·林奇在1981年出版的书中对好的城市形态提出了以下5点标准："活力、感知、适应、可达性和控制"（Vitality, Sense, Fit, Access and Control）。活力表达城市或住区的形态支持人类生理和社会活动需求的程度，包括它促进城市活动多样性的能力。感知是对环境的形态特性认知的可能性，它涉及视觉心理的诸多方面，如场所感、结构、场所与功能的一致性以及透明度等。适应指的是环境能否与行为模式相匹配。可达性是人接近资源、服务、信息、场所、活动和其他人群的能力，还有所能达到的质量。控制表明空间的使用者能对环境进行创造、改变、修复和管理。

作为社会活动的载体和社会文化的具体体现，城市建设具有很强的公共性和政治性，提升城市的物质环境是一个和社会与权利结构紧密相连的过程。城市设计必须反映社会和经济需求。城市设计是以创造一个多元化的社会为目标，追求的是民众的福祉。

二、把握城市设计的发展趋势

城市是社会经济、政治和文化的综合体，在发展过程中必然受到许多方面因素的影响，由于人类活动的范围在扩大，交流的方式在多样化，城市更新的速度在提高，城市设计的任务有日趋复杂化的趋势。近十几年来，经济发展的模式、技术领域的进步以及社会文化心理都产生显著的变化，这必然对城市发展和城市设计实践产生重要影响。综合而言，对城市设计有突出意义的新的发展变化主要表现为以下几个趋势上：经济的全球化，城市与区域在地理上的加速融合，信息与传媒技术的飞跃，以及环境观念的变革。

1. 全球化的机遇与挑战

全球化已经深入到社会的各个角落，城市作为社会文化的载体深受其影响。这种影响一方面表现为全球城市结构体系的重组，另一方面则推动城市空间的趋同与建筑文化的国际化。

全球化给都市的概念带来新的内涵，新的都市概念代表了一种新的城市体系，这个体系就是在全球范围内对城市进行重新定位，区分轴心与从属的关系，界定功能的分工。城市与城市之间的联系通过高速交通，主要是航空来实现。美国社会学家莎斯吉尔·萨森（Saskia Sassen）在《全球化城市》一书写到，这种全球化城市结构体系以纽约、伦敦和东京为全球化城市的代表，它们是这个城市金字塔的顶端，领导一系列区域中心城市和地方性城市，这些城市在全球经济与城市化进程中充当不同的角色。这种新的体系使城市与城市之间的交流与影响跨越传统空间的制约，通过连接多种'地域'建立跨国界的地理。这种新的城市结构是一个动态的结构，随着全球化的进程和经济中心的转移不断进行调整，这就要求城市设计师在对城市的定位与发展前景上有更广阔的视野。

全球化的强大力量推动新的技术和设计思想在世界范围内更快地推广，但同时也带来城市空间趋于同质的现象，淡化了地方文化的主体性。如何面对全球化的挑战，在全球化和地方性之间取得一个平衡，是城市设计亟待研究的课题。面对文化趋同和传统文化日渐消失的危机，建筑师和规划师应更重视历史文化遗产的保护，尊重地域和地方文化，以及强调城市文脉的设计观念。

2. 城市与区域融合的趋势

除了国际城市间更密切的联系之外，城市体系的重组也表现为城市与其所处的区域之间加速融合的趋势。城市和周边地区在领域、空间形态，以及内部功能分配等各方面形成了所谓的区域城市（regional cities），即城市和郊区经过发展逐渐融为一体。

美国规划师彼得·卡尔索普（Peter Calthorpe）对区域城市有较完整的阐述。它的概念来源于近年来城市发展的3个趋势：一是区域主义（regionalism）和有机区域规划（bioregional planning）思想的出现；二是郊区发展的成熟；三是旧城区的复兴。这些趋势发展的结果是区域、郊区和城市三者之间相互依存的关系日益加深，它们共同形成了区域城市新形态，公共交通是联系这些成分的结构性要素。

区域城市的出现不但使城市与周边区域的联系变得密切，也使原有的空间等级分类体系发生重要的改变。根据卡尔索普的理论，区域城市的空间构成根据形态可分成4类：中心（centers）、特定区（districts）、保护区（preserves）和通路（corridors）。中心是区域的焦点，按照尺度的不同可以是一个社区、城镇或城市，它必定是多种功能混合的地域，提供工作机会、居住，以及服务和商业；特定区是容纳某种特定使用的地域，例如大学城或机场，功能较为单一；保护区是限定区域、保护农田和重要的生物群落的开放性空间，它可以是生产性的农田或自然栖息地；通路是区域的中心、社区或特定区之间的联系性元素，它可以是自然系统或人工的市政与交通设施。

区域城市的概念拓展了城市设计的范畴，城市开发项目不但需要规划基地与周边环境的关系，也有必要把它放置到区域发展这个更大的背景中去考虑。比如，与大型公共交通系统的关系是其中的一个重要方面，在城市发展策略上应鼓励开发项目尽量利用现有的公交系统发展，并以公交的节点作为重点发展的聚散中心。地块的开发要考虑到其在公交系统中的区位来决定项目的发展策略，在具体的设计上实现与公交系统更好的连接。

3. 技术革新的意义

新技术对城市设计的影响体现在多个不同方面，包括设计手段的更新、建筑技术和材料的进步、城市生活的多元化，以及空间观念的拓展等。全球化和区域化在很大程度上也是新技术如交通和通讯方式的革新在起重要的推动作用。

技术革新的因素中，信息技术和媒体对城市生活与空间具有尤其深远的影响，尽管这种影响往往并不是直接表现在外在形式上。电子媒体、通信技术的普及，已经构成当代社会一幅不可见的而又普遍存在的背景，美国建筑学家和信息技术专家威廉·米切尔（William J. Mitchell）的著作《伊托邦》就描绘了信息科技改变建筑和城市的巨大潜能。他认为当前正在全球兴起的数字网络，不仅仅是传输电子邮件和互联网网页的通信工具，而且已经成为一种全新的城市基础设施。数码系统建立了城市与城市之间以及城市内部的新的联系，极大地改变了城市面貌，正如过去铁路、高速公路、电网和电话给城市带来的变化一样。在这种背景下，人们的居住、人际交往、工作、经济活动的形式都将逐渐向新的社会模式转变。米切尔把这种智能化的新型城市称为"伊托邦"（e-topia）。要实现这种城市转变，建筑和城市规划的概念必须得到拓展，使其不仅包含真实的场所，而且包含虚拟的场所，场所之间的联系方式既包括传统的步行往来和交通运输系统，也包括数字网络。虽然米切尔所描述的伊托邦还未成为现实，但他的预测对于展望城市设计的发展趋势有很好的启发。

4. 生态环境观念的影响

可持续发展的定义来自于1987年世界环境与发展署的布鲁德兰德报告（the

Brundtland Report），即"能满足当代人需求的发展，但不削弱未来年代的人们满足需求的能力。"在城市设计中，可持续性发展的概念不局限在自然环境范畴上，也关系到社会资源的合理利用等社会文化范畴上，它要求发展不破坏自然与人居环境并且能促进社会和经济结构的稳定。可持续性和优良的城市环境是相互支持的两个方面，它们构成城市设计的两个支柱。

满足可持续发展目标的城市设计框架强调对自然和人工环境的保护，具体体现在以下几个原则。首先，在开发中尽可能利用已经开发过的土地，并有效地把它们改造成适宜居住和工作的场所，尽量重新利用已有的建筑、道路和市政设施，使用可循环使用的材料；其次，开发中必须保护自然资源、野生生物和自然景观；再次，在建设中以及日后的维护中要尽量减少不可再生资源的消耗，交通系统应优先考虑公共交通；最后，新的建筑物应采用较灵活的设计，以便日后在需要时可以转化成其他用途。

这些可持续发展的原则在实践中成为城市设计的规范，对城市形态有直接的影响，主要表现为紧凑城市（compact city）、混合功能（mixed uses）和公共交通为主导（transitoriented）等的特点。

"冰冻三尺非一日之寒"，《全球化时代的城市设计》一书是作者们倾注近3年的时光而写成的，在此，笔者再一次对作者的辛勤耕耘深表由衷的钦佩。《全球化时代的城市设计》一书，图文并茂，内容翔实，它不仅是广大建筑师、城市规划师、城市规划管理者的良师益友，而且也是高等建筑规划院校师生的必备参考读物。

（本文刊于《南方建筑》2008年第5期）

一座"未来之城"奇迹的创造

——读《新城规划与实践——苏州工业园区例证》有感

《新城规划与实践——苏州工业园区例证》

时 匡 刘 浩 林中杰 著

中国建筑工业出版社

    《新城规划与实践——苏州工业园区例证》一书是全国建筑设计大师、苏州科技大学教授时匡先生，苏州工业园区规划建设局副总规划师刘浩先生，美国北卡罗来纳大学建筑学院副教授林中杰先生历时10余年辛勤耕耘的丰硕成果。全书以苏州工业园区为例证，系统地阐述了新城规划的理论和实践，其内容包括现代城市规划理论的追本溯源、苏州工业园区的规划过程（1993～2010年）、苏州工业园区的编制、规划的管理、城市设计、城市综合体、建筑设计、城市景观等。

    笔者作为本书的责任编辑，有幸在第一时间通览了全书，本人发现这是一部既有理论更有实践的新城规划精品力作，它不仅是广大城市规划师、建筑师、风景园林师、城市管理者等的良师益友，而且还特别是当今国内外新城建设者们可资借鉴的一部内容尤为丰富、资料尤为翔实、题材尤为生动的理想读物。下面我谈几点学习心得。

一、全书简要概述了现代城市规划理论的渊源

本书开篇为现代城市规划理论的追本溯源，作者对近现代西方城市规划理论，诸如霍华德（Ebenezer Howard）的"田园城市"（Garden City）、勒·柯布西耶（Le Corbusier）的现代城市（Contemporary City）、弗兰克·劳埃德·赖特（Frank Lloyd Wright）的"广亩城市"理论（Broadacre City）、卫星城理论（Satellite Town）、伊利尔·沙里宁（Eliel Saarinen）的"有机疏散"理论（Theory of Organic Decentralization）、美国规划师克拉伦斯·佩里（Clarence Perry）的"邻里单位"概念（Neighborhood Unit）、帕特里克·盖迪斯（Patrick Geddes）的区域学说（Zoning）、新城市主义（New Urbanism）等都作了简明扼要、深入浅出的阐述，并指出这些理论对当代的城市规划产生了极其深远的影响，尤其是可持续发展的思想已成为当今时代的主题。

二、全书回顾了苏州工业园区的规划历程

"一座东方水城让世界读了2500年；一个现代工业园区用10年时间磨砺出超越传统的利剑；她用古典园林的技巧，布局出现代经济的版图；她用双面刺绣的绝活，实现了东西方的对接"（引自中央电视台经济频道"中国十大最具经济活力城市"评比中评委们给予苏州市的评价）。苏州工业园区的规划现已普遍地被认为引领了新城的发展，这是一个新城成功的重要例证，其井然有序的交通组织、各具特色的开放空间、多姿多彩的园林绿化、整体有序的城市框架等业已成为了整个园区规划的主要特征。

苏州工业园区的规划大致分作2个部分：一个是大的规划，也可称为总体规划，框定路网和地块属性，这部分内容一旦确立后，虽然还有调整完善的过程，但总体上不会作很大的改变；再一个是详规，也就是城市设计，随着城市的推进，它会不断地被制定与补充。这是一种大框架不变、小范围不断精细化的城市建设过程，也是苏州工业园区试验实施的一种方式。

苏州工业园区自成立以来，一直十分重视借鉴当今世界各国反映现代化社会化生产规律的先进经营和管理方式，由此获取了强劲的发展动力。其最为突出的则是对新加坡经验的自主引进。这主要体现在苏州工业园区以服务经济发展为基本出发

点，积极制定透明、可操作的法规与制度，建立统一、高效、灵活、有序、协调的运作机制，牢固秉持"亲商"理念，着力营造良好的服务体系，注重建设高素质的人才队伍，不断提升国际竞争能力等。

如今，苏州工业园区经过10多年的开发建设，业已成为中国经济发展速度最快、协调发展最好、经济效益最佳、科技含量最高的开发区之一，成为中国对外开放的一个重要窗口和国际合作的成功范例。美国《新闻周刊》、《远东经济评论》和《华尔街日报》分别载文将苏州列为全球九大新兴技术城市之一、全球经济高科技前哨城市，并突出强调了苏州工业园区所起的巨大作用。法国《信息报》称苏州工业园区为一个新硅谷。英国《企业测位》报告书中把苏州工业园区列为亚洲顶级工业区。日本《产经新闻》投资动向调查显示，拥有苏州工业园区的大苏州地区已成为日本企业生产基地外迁首选之地。台湾地区电子电机工业同业公会（TEEMA）2006年度对于大陆各大开发区的排名中将苏州工业园区位列第一。这说明苏州工业园区在综合实力、投资风险降低、投资承诺兑现、行政透明程度等方面的优势尤为突显。

三、全书详细描绘了苏州工业园区的规划编制

苏州工业园区具有相对优势的规划编制和实施环境，园区借鉴新加坡在城市规划方面的经验，结合中国国情创建了许多新的规划方法和理念，并一直指导着园区的城市建设与开发，这成了园区最大的亮点。

将近17年的苏州工业园区规划编制的发展历程大致可分为3个阶段，而这3个阶段中，3轮规划对苏州工业园区的发展又起到核心统筹的作用。这3轮规划分别是：

（1）1994年，由新加坡市区重建局、新加坡骊马（CESMA）国际私人有限公司、新加坡浴廊环境工程私人有限公司、苏州工业园区规划建设局等部门编制园区首轮总体规划、分区规划、建设指导详细规划以及各项专业规划。

1994年版的规划运用了新加坡"新镇"的编制概念，利用功能分区、邻里组团、"白地"、公共中心轴线，以及城市设计、分等级层次的路网设计和商业配套设施布局、适度超前高标准的基础设施配置等先进规划理念，有效地指导了园区的规划建设，园区17年来城市建设的实践充分证明了这是一个具有科学性、合理性、前瞻性的高水平规划。

（2）2001年，由苏州工业园区规划建设局与江苏省城乡规划设计研究院共同编制园区总体规划检讨方案。

2001年11月中国加入世界贸易组织，苏州工业园区的发展又面临新的机遇。从产业结构、城市功能和区域布局3个方面来看，苏州工业园区都需要明确规划目标并进行相应的规划调整。借鉴新加坡每5~10年对规划进行一次检讨和调整修改的经验，2001年江苏省城乡规划设计研究院在对首期规划进行检讨的基础上，对园区二三区规划提出改进、完善，并对总体规划进行调整。

规划检讨制度是新加坡规划编制体系的一大特色。新加坡的规划检讨是依据战略概念规划的目标对上一版规划制定的功能定位、发展规模、布局结构、交通系统等进行的全方位分析总结；对当前存在的实际问题和原规划的实际效果展开综合比对、论述，分析其"得与失"；最后对未来将要承担的任务和趋势进行预测。通过这些检讨，为下一步的规划编制奠定了良好的基础。

2001年版的规划强调了中心合作区与区外周边地区、乡镇的协调，同时确立园区作为苏州市现代化新城区；统一考虑园区新功能区的布局，优化布局结构，合理调整用地结构；合理安排教育研发基地及高科技产业基地，提高科技竞争力；强调建设生态用地，大幅度增加绿地面积，丰富绿化层次，营造更加优越的园区环境和层次丰富的景观空间体系；强化以"湖"为景观核心的构思；加强园区道路交通与周边大交通的衔接，在园区道路交通大框架不作大的变化的情况下对道路结构、等级适当调整，增加支路；加强市政公用设施与城市系统的衔接，实现供水、污水处理、垃圾处理等设施的全区域共享。

（3）2006年，由中国城市规划设计研究院编制苏州东部新城规划暨苏州工业园区分区规划（2007~2020年）。

苏州工业园区经过近13年的发展已经基本形成规模，面临新的发展机遇和新的发展背景，核心区内用地已经基本用完，周边乡镇也面临同样问题。土地资源瓶颈、产业升级的压力以及科技创新的要求，迫使决策者重新寻找发展定位和思路，并提出了建设苏州东部新城的目标。

2008年1月1日，新版《中华人民共和国城乡规划法》正式实施，城乡统筹、协调发展，成为城市规划关注的重点。鉴于园区进一步发展并与周边地区区镇一体化发展的需要，苏州东部新城需要在辖区范围内实现功能结构调整和基础设施整合，统筹区镇发展，使所辖镇的经济发展与整体发展相协调。

2007年版的总体规划结合苏州城市总体规划对苏州工业园区的新发展提出了具体的规划目标和策略。一是优化产业结构和空间布局，加强自主创新能力，提高核心竞争力；二是率先实现发展模式转变，建设资源节约、环境友好型城市；三是落实苏州市城市总体规划提出的"青山、清水、新天堂"的总目标，构建和谐社会。

纵观苏州工业园区历次规划编制的成果，可以发现园区的规划编制从各个层次都不同程度地吸收了新加坡的规划编制特点和建设经验。17年来，苏州工业园区在从新加坡借鉴、传承、创新而来的规划建设理念的指导下走出了一条科学规划、有序建设的典范之路。

四、全书重点刻画了苏州工业园区的城市设计

众所周知，城市设计对一个新城的建设非常重要。一个城市最吸引人们眼球并使人产生心动的往往是城市中一幕幕的场景，而这些精彩的场景需要人们去组织，去策划，这个过程就是"城市设计"。城市设计的内容涵盖了城市空间体系的构想、城市天际线及制高点的确定、城市边缘及入口的设计、历史文物的保护及利用、视觉走廊的关注、水景与绿地系统的营造等。城市设计的宗旨就是要把城市中各种物质要素，诸如地形、水体、房屋、道路、广场及绿地等进行综合设计，组成场景。有场有景，也就是人们所能感受范围内的空间景象，城市设计的实质就是要有意识地去设计城市中的这些空间。

城市是人类聚集和生活的场所，是生命体的一种聚集形式，也正是有了人的活动才构成了城市的深层结构。丹麦皇家美术学院教授扬·盖尔（Jan Gehl）在《人性化的城市》（Cities for People）一书中指出："如何对城市中人的关心是人们成功获得更加充满活力的、安全的、可持续和健康城市的关键"。所以，城市设计更应该去考虑和关注人与城市之间的互动，并为人类创造更加美好和充满活力的场所与空间。

城市设计作为城市建设中城市规划、建筑设计及其他工程设计之间的协调环节，将起着承上启下的作用。一方面，它从城市空间总体构图上引导具体项目的设计；另一方面，城市设计不仅构成城市生活的空间框架，而且还应为人类创造更为美好的城市空间环境。一个优秀的城市设计通常遵循着以人为本的原则、整体设计的原则、创造特色的原则、可持续发展的原则。

苏州工业园区的城市设计，其广度和深度体现了城市决策者的精品意识。苏州

工业园区的每一项建筑（景观）活动都是在事先相应的城市设计指导下进行的，许多重要地段还不止一次地重复进行设计比较。前期城市设计做得越细，建筑设计的管理条例也就越多，最终建成后的建筑和城市设计的"完成度"也就越高。这是一个理想的状态，也是我国目前快速城市化中一种可持续发展的模式。苏州工业园区城市设计短期见效的成果就是一个特殊的例证，其有代表性的区段设计分别体现在苏州工业园区总体空间形态规划、中央商务区城市设计、金鸡湖周边区域城市设计、李公堤国际风情水街开发建设和居住区规划设计等项目上。

五、全书系统展示了苏州工业园区的城市综合体

在全球化、信息化的时代背景下，城市空间布局发生了巨大的转变和重构。商业在这个过程中需要将分离的各种城市元素联结起来，并不断演进、转化，从而诞生了城市综合体。

城市综合体基本具备了现代城市的全部功能，因此也被称作"城中之城"。"城市综合体"就是将城市中的商业、办公、居住、酒店、展览、会议、文娱和交通等城市生活空间的3项以上进行组合，并在各部分之间建立一种相互依存、相互辅助的能动关系，从而形成一个多功能、高效率的综合体。一般来说，酒店功能或者写字楼跟购物中心功能是城市综合体最基本的组合。

随着苏州工业园区的居住人口不断增多，交通工具的普及，人们对于高层次消费、健康消费、休闲消费的要求也越来越高，于是苏州工业园区的建筑综合体乃至城市综合体的出现变得顺理成章。苏州工业园区的城市综合体具有统一规划建设、政府政策主导、完备的街区等特点，也是建筑综合体向城市空间巨型化、城市价值复合化、城市功能集约化发展的结果。

苏州工业园区印象城（In City）、苏州文化水廊、苏州工业园区新城中央商贸区等城市综合体的案例表明，其城市综合体无论从区域选择、功能定位、规模确定、交通设计，还是从空间规划、建筑设计、景观营造等方面都与传统一般商业中心存在着本质的差别。作为一种崭新的开发模式，城市综合体将极大地改变人们的生活和购物习惯，并将有效地整合城市资源，提升城市效率，推动城市建设步伐，进而为城市的发展注入活力。

城市综合体代表着未来城市发展的新境界，其建筑设计、体量、规模、功能、业态组合上代表的都是最高级的商业形态，集中体现了当今最前沿的城市发展理

念、规划设计、技术工艺以及运营管理的最高水平。可以说，一个成功的城市综合体项目就是这个城市的名片，就是这个城市的文化与灵魂的标签，就是这个城市的标志性建筑，是这个城市商业价值最大化的具体体现，是这个城市经济发展的带动者。从某种意义上来说，城市综合体就是区域经济发展的强大引擎，它对一个城市的发展有着巨大的社会效应和积极的引领作用。

六、全书营造了苏州工业园区建筑艺术之美

苏州工业园区是我国比较正式地开展城市设计并真正按照城市设计去实施建设的一个典型范例。一方面，从技术上看，通过三维设计制定了一套用于指导城市设计的框架文件，为建筑与城市空间、建筑与建筑、建筑与景观之间的相互关系提供了一套相关的指导性文件；另一方面，从实践操作上看，每一个地块在建设之前，都作了周全详尽的城市设计，基本做到每一项建设内容（红线、体量、形态、界面）都有城市设计作为指导。具体来说，可以将规划指导下的建筑设计（依据城市空间形态的总体要求）理解为是对空间比例、尺度、序列和建筑的色彩、高低、体形、质感和韵律等，遵循着统一、变化、协调的建筑美学原则，创造既统一又有变化的城市建筑艺术的美。苏州工业园区有关城市设计的指导原则，对建筑设计的边界条件、建筑外围、建筑尺度、建筑体形、步道系统、交通系统等都作了非常详细的规定与指引。以建筑界面为例：规定位于中心街道和城市开放空间四周的建筑临界面应该平直，建筑界面应100%在红线上，不允许前进也不允许后退；次干道则允许建筑界面80%压线；而支路可以不作规定，因为有了这样的"法律性"条文存在，每一位建筑师在单体建筑设计前都清楚地知道城市对其设计作品的要求和期待得到的成果，进而设计出优秀的作品，并在城市这个大的"乐章"中找到自己应有的"音符"。

苏州工业园区的城市主体（地标）建筑系统，也都是经过全面的城市设计，依托区位，既有规划又有秩序，以"可持续发展"为指导原则，并逐步建立起来的。城市离不开建筑，城市建筑是标志性建筑和背景建筑的组合；标志性建筑也离不开背景建筑，正如红花需要绿叶的衬托。园区内的城市主体（地标）建筑，以其鲜明的形象，从城市背景建筑环境中凸显出来，成为区域的核心，体现所在区域的特色，成为人们的视觉中心，也丰富了城市空间层次，活跃了区域活动的氛围。

"注重生活品质，打造人工建筑环境"，这是苏州地域文化一个十分重要的传

统。大量苏州传统园林的出现正是这种文化集中的体现。如何在苏州古城边上创建一个新城？注重建筑环境的营造将是继承苏州地域文化的一项重要内容。苏州工业园区一开始就注意了建筑和景观的一体化设计，在全国住宅小区建设中率先提出景观设计的要求，并实施了景观设计与住宅单体、总体同时报批、同步建设、同时验收的制度。在建筑环境上继承苏州地域文化的一个重要方面就是要注重建筑和环境的"亲密对话"。苏州园林的精致之处就是人、建筑和环境互为一个整体，园区在建设的过程中也非常重视建筑和环境的渗透关系，建筑设计的重要工作除了找出建筑间的关系之外，还要找到建筑和环境的关系。绿化环境为建筑所有，为市民所用，这体现在园区新城的方方面面，也反映了苏州建筑的本质特征。

苏州工业园区内的建筑多为现代风格，这与其"新城"的地位相协调。从大的空间上分析，可以发现园区的建筑空间环境设计布局体现了浓厚的苏州水乡园林地域文化特征。

苏州工业园区的新建筑代表作品有苏州工业园区新城大厦、国际大厦、苏州世纪金融大厦、苏州工业园区星海游泳馆、万科玲珑湾花园、苏州国际博览中心、苏州工业园区现代物流园综合办公楼、苏州科技文化艺术中心、中新置业商务广场（CSSD大厦）、西交利物浦行政信息大楼、东方之门、苏州现代传媒广场等。

七、全书构建了苏州工业园区城市景观的地域特色与文化内涵

城市是一个复杂的系统，城市建设是一个长期、动态的过程，这就要求城市景观的建设在结合城市自然、社会、文化条件以及使用者的基础上，认识城市各要素之间的相互关系和动态适应的特征，选择适合城市自身特征的建设途径和方式，促进城市的良性发展。

中国科学院院士、中国工程院院士、清华大学教授吴良镛先生曾将决定城市环境和舒适性的要素归为以下3点：

第一，良好的自然环境。包括美丽的河流、湖泊，一些大公园，树林，富有魅力的风景，洁净的空气，非常宜人的气候条件等。

第二，优美的人工环境。包括杰出的建筑物，清晰的城市结构，宽阔的林荫道系统，一些优美的城市广场，艺术性的街区，大量的喷泉等。

第三，丰富的文化设施。包括杰出的博物馆，负有盛名的学府，重要的历史遗迹，众多的图书馆和美妙的剧院、音乐厅，琳琅满目的商店橱窗，艺术性的街道，

满足各种游乐需求的大型游憩空间，多样化的邻里等。

苏州工业园区良好城市景观的构建就是在正确的价值取向和目标定位的指导下，经过有计划、有步骤、有特色的建设积累，借鉴国外先进城市的景观模式，并融合众多地域色彩和文化内涵，磅礴大气但又不乏苏州古城的内敛俊秀，真正做到了以点带面，实现城市景观质的飞跃。

《北京宪章》指出："新世纪的城市将走向建筑、地景、城市规划三者的融合"，"现代城市将更为讲求整体的环境艺术"。这种整体性取决于建筑、景观、城市规划三者的融合，要在城市总体规划、分区规划、城市设计等工作开展之初，就实现城市规划、建筑师和风景园林师的通力合作。

苏州工业园区作为一个"庞大"的城市系统，融合了居住、商贸、娱乐设施以及大量的工业企业。如何保护园区自然环境，继承文态环境，探索生态住区，这是苏州工业园区规划设计可持续发展的努力方向。

高标准高质量的环境绿化是苏州工业园区城市规划中最重要的特色之一。苏州工业园区的绿地规划主要是将绿地分级形成一个系统。市级公园规模大、内容全，服务于全市居民；区级公园辐射一定范围的居民，特色鲜明；邻里级公园配套邻里中心区规模的小公园。市、区、邻里三级公园的配置构成了工业园区绿地规划的一个系列。此外，还有绿化隔离带、缓冲带等各种绿化设计，它们和各级公园绿地的点、线、面相连，形成完整的绿化网络，构筑成花园式的新城。

苏州工业园区城市景观的代表性作品有金鸡湖开放空间、现代大道、沙湖生态公园、红枫林公园、园区行政中心景观以及雕塑艺术小品等。

八、结语

纵观全书，苏州工业园区的规划和实践，是21世纪初中国经济高速发展时期城市化过程中的一个重要缩影。诚如本书作者在后记中所写："这是一座具有完整城市功能的新城，产业和生活的共存使市民方便生活，自身功能的完善与平衡使城市充满人气和活力，而科学完善的公共设施配套系统使得这座新城有着与众不同的内在结构，严谨而又理性，呈现出与众不同的城市面貌。"城市和人一样，是一个生命体，既有其外观的表现，又有其内在的构成，城市的内涵应该说是其最本质的存在，这也是一个城市的灵魂之所在。

作为一座新城，苏州工业园区宽敞的街道、规划有序的建筑，可让人感到现代的气息，然而就其新城人文、历史、文化的缺失又会使人感到孤独和贫乏。因此，园区未来的规划就要有意识地去保存其地域文化、传承历史文脉，并在新城中更加注重创造自己的文化和城市特色。最后，让我们再一次领略时匡设计大师及其合作者们对规划工作的本质和意义的真知灼见："规划要极其慎重，极其具有前瞻性，极其具有科学性，要清醒地认识到城市规划领域还有许多鲜为人知的规律。要使城市变得富有弹性、富有生命，一个可持续发展的规划也必将创造出一个可持续发展的未来之城。"《新城规划与实践——苏州工业园区例证》一书的出版不正是这种超前规划理念的最好诠释么？让我们大家一同分享、一同共勉、一同祝贺吧！

研究大城市空间发展与轨道交通互动关系的佳作

——评《大城市空间发展与轨道交通》

《大城市空间发展与轨道交通》

边经卫 著

中国建筑工业出版社

　　随着社会经济的发展、产业结构的调整，我国的城市化进程已进入快速发展阶段。我国的城市，尤其是大城市正面临一系列新的问题。首先是城市人口的迅猛增加，城市范围与城市规模都在不断扩大，而且多数城市由于中心区过度开发，造成人口、产业和功能的过度集中，产生了高负荷交通需求。此外，许多大城市开始重视郊区城镇的发展，开始了郊区城市化的现象。由于城市地域结构的变化，出现了长距离、大客流量出行需求，加之郊区城镇的发展相对滞后，缺少大容量交通系统支撑，使得城市出入口逐渐成为城市发展的交通瓶颈。其次是机动车在大城市的快速发展，进一步导致城市中心区的道路阻塞、停车困难和环境污染的加剧，大城市面临着人口、就业、交通和机动化等多重压力。因此，面对我国大城市发展的特定阶段，研究大城市空间发展与轨道交通互动关系，重组以轨道交通为支撑的大城市空间结构，具有十分重要的现实意义。

作为城市基础设施的轨道交通，具有容量大、速度快、安全、准时等一系列优点，对缓解城市交通压力，引导城市发展，促进郊区城市化进程，改善城市环境可起到巨大的作用。面对我国大城市道路交通拥挤的日益加剧、城市空气污染的日趋严重、机动化的快速增长以及大城市空间不断地向外拓展，可以基本判断：我国大城市轨道交通建设的步伐不容迟缓，速度必须加快。"加快发展铁路、城市轨道交通……"已明确写入了《中共中央关于制定国民经济和社会发展第十一个五年规划的建议》（2005年10月11日），因此，"十一五"期间将是我国大城市轨道交通进入快速发展的时期。从表象看轨道交通建设主要用于缓解当前大城市的交通拥挤，但本质上应是通过轨道交通建设实现大城市空间的有序增长。目前，我国大城市经济社会发展正处在关键调整时期，同时也是大城市空间结构与交通方式的最佳调整期，城市轨道交通网络的规划建设，将对大城市空间结构的重组与交通方式的调整产生直接影响。因此，提高对大城市空间发展与轨道交通建设之间的相互依存规律认识，充分把握轨道交通建设的时机，从大城市空间结构重组与交通方式调整的"源头"入手，以实现对我国当前大城市交通拥堵的根本缓解，引导大城市空间形态迈向可持续性发展的未来。

《大城市空间发展与轨道交通》一书是厦门市城市规划管理局副局长边经卫先生在长期的城市规划设计研究与管理实践中所取得的一部研究成果。本书从认识研究层面对大城市空间发展与交通模式演变的趋势、主导交通方式的选择、大城市轨道交通建设的必要性进行了分析研究；结合国际轨道交通建设的经验启示，对城市轨道交通的建设条件、线网规模及轨道交通早期建设的必要性进行了比较研究；从整体研究层面对城市群发展与轨道交通、城市空间结构与轨道交通、城市空间布局与轨道线网结构、城市用地控制与轨道交通、城市交通系统与轨道交通之间的互动关系进行了系统研究。在理论研究的基础上，结合案例进行了实证研究，进一步深化和完善了理论研究，增强了理论研究的实务性与操作性。

本书可供城市与区域规划、城市交通规划、城市轨道交通规划、城市规划与建设管理领域的人员阅读，也可作为城市规划、城市交通规划、城市轨道交通等学科的学习参考用书。

中国的世界遗产——
人类智慧和人类杰作的结晶

——介绍《中国的世界遗产》

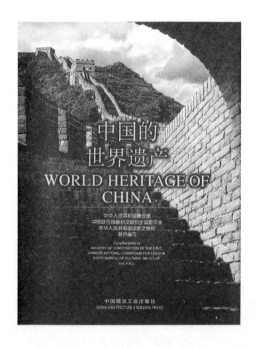

《中国的世界遗产》
中华人民共和国建设部、
中国联合国教科文组织全国委员会、
中华人民共和国国家文物局　联合编写
中国建筑工业出版社

　　大型学术画册《中国的世界遗产》（第二版）在联合国《保护世界文化和自然遗产公约通过30周年、中国开展世界遗产工作15周年之际由中国建筑工业出版社正式出版了，本书是由住房与城乡建设部、中国联合国教科文组织全国委员会、国家文物局联合编写，全书收录了被联合国教科文组织世界遗产委员会批准列入《世界遗产名录》的中国的世界遗产共28处（截止到2002年11月）。本书涵盖了世界遗产的所有类别，即文化、自然、文化与自然双重、文化景观等几方面，它展示了中国悠久的历史文化与独特的锦绣河山和自然风光。

　　《中国的世界遗产》有以下几个特点：

　　1. 弘扬中华民族悠久的历史文化，其意义深邃隽永

　　中国是举世公认的世界遗产大国，自1987年开始申报世界遗产以来，到2002年底已有28项文化和自然遗产被列入《世界遗产名录》。为了做好这些世界遗产的保

护管理以及合理的开发和利用，社会上迫切需要科学、系统、全面介绍中国的世界遗产的大型图书。因此，这本《中国的世界遗产》一书的编辑出版，不仅适应了中国的世界遗产工作的需要，而且是宣传、管理保护及合理利用我国的世界遗产的一项基础工程，对于弘扬和展示中华民族悠久的历史文化和锦绣河山，推进爱国主义教育等，也具有重要作用和积极意义。

2. 内容丰富多彩，文字简明精要且图片精美

本书采用中、英文文字介绍和图片展示相结合的形式，力求文、图互补，图文并茂。全书文字简洁，都是站在自然、历史和文化的高度，对各项遗产的历史、现状、在自然界和人类社会中的地位及价值进行了深入浅出的分析和说明。该书选用照片多达500多幅，不仅数量大、画面精美，而且大都是各遗产管理机构提供的第一手图片资料，其中不少是首次发表。这些图片，既有全景式照片，又有特写式照片；有的表现了遗产的外在形式美，有的则展示了遗产的历史和文化内涵。

3. 全书具科学性、系统性、学术性

本书作为学术画册，无论是文字的撰写还是图片的选用，在保证知识性、可读性、可视性的同时，都努力突出其科学性和学术性。该书由住房和城乡建设部、中国联合国教科文组织全国委员会、国家文物局联合组织有关专家学者编写，全书对世界遗产和我国的世界遗产进行了全面系统地论述。书中还收录了《中国的世界遗产被联合国教科文组织世界遗产委员会批准列入〈世界遗产名录〉年表》和《中国的世界遗产在国家资源管理工作中的地位》等的文章。

4. 匠心独具，特色突出，形式和内容相统一

与我国世界遗产工作的进程相一致，本书将每一项遗产作为一个单元，以28项世界遗产被《世界遗产名录》登录的时间先后为序进行编排。各单元文字和图片的编排，采用了先总体、后局部、特色描写穿插其间的方式，既利于读者对遗产整体的了解，又加深了读者对其特色的认识。每一个单元的首页，都是标注出该遗产之所在位置的中国地图简图，并有关于遗产具体所在地、登录时间和遗产性质的说明。凡此都反映出该书在编排上突出特色、方便读者的匠心，从而达到了形式和内容的有机结合和统一。

总而言之，本书是迄今为止全面宣传介绍我国的世界文化与自然遗产内容最为丰富、图片最为动人的大型学术画册，它的出版必将对我国世界遗产的保护管理工作有所裨益，对世界了解中国悠久的历史文化和独具特色的自然遗产同样有着积极的意义与作用。

一代宗师的杰作
——有感于夏昌世先生的《园林述要》

《园林述要》

夏昌世　著

华南理工大学出版社

　　夏昌世先生是我国著名的建筑学家、建筑教育家、园林学家，他信仰现代主义建筑哲学，奉行包豪斯宗旨，是岭南建筑的先驱之一。其建筑作品有华南工学院图书馆、行政办公楼、教学楼和校园规划，中山医学院医疗、教学建筑群，湛江海员俱乐部等。

　　认识夏昌世先生，是缘于我读了夏先生的《园林述要》一书（华南理工大学出版社，1995年10月第一版）。这本12开的精装图书，以其古朴典雅的包装、醒目大方的封面题字深深地吸引着我，让人爱不释手。

　　夏昌世先生的《园林述要》一书共分8章，分别是：造园说往概略；园林的类型；园林布局；景物与视觉及空间过渡；设景组景的意匠；南北造园风格及其特点；《园冶》及南巡时造园的影响；南巡与仿制各园等。夏昌世先生在对中国造园史的评述中这样写道："昔人为文，只多赞颂及艳丽辞藻，而忽视园林总体布置"。这不失为一位园林学家的真知灼见。中国的古典园林好比传统的中国山水画，它们二者的布局设计有许多共同之点。所有古典园林里的山水、亭榭、廊庑都要竭尽层叠错落之致和曲折回旋之胜，以造成一种隐约迷离、虚实变幻的视感；特别是空间的经营、建筑物的位置以及形体的组合必须在全面布局的前提下来安排。空间是园林总体布局设计的关键。园林的空间一般指室外空间，它是由建筑物、墙垣、廊庑的错综配合而形成的。园林空间的布置，不仅在于满足各项功能的需求，而且还要考虑其相互间的比例、尺度、陪衬、统一、均衡和节奏等方面。

夏昌世先生在《园林述要》一书中对园林景观与视觉及空间的过渡、设景组景的意匠进行了系统的阐述，这不禁使我想到一位与其同龄的先辈章元凤先生。章先生在其《造园八讲》一书中对中国造园艺术的基本原则作了简明扼要的概述，即虚实相剂的原则；对比和陪衬的原则；集聚和分散的原则；参差又整齐的原则；连续和阻隔的原则；明和暗的原则；平面和立体的原则；比例与谐和的原则；向和背的原则；隐和露的原则。这10项造园艺术的基本原则，不正是对夏先生园林造景理论的最好诠释么？

花木是造园的主要自然材料之一，故造园又有"美的栽植"之说。花木重色彩和姿态，正如书画靠笔意，音乐赖旋律，诗词尚音韵，有同样的意义。夏昌世先生在《园林述要》一书中这样写道："春风杨柳依依，夏暑蕉廊蔽日，秋时桂子飘香，冬日雪月梅影"。造园固然离不开花木，但种植花木，必须按其形态色彩、风韵，因地制宜发挥其特性，以构成优美的园林景观。

中国幅员广袤，由于地理环境和气候条件各地不同，影响了人们的生活习惯，以及居屋的情形，使得园林亦随而异趣。夏昌世先生在《园林述要》一书中指出："一般来说，中国园林大抵可分为北方、江南及岭南三大类，构园虽有许多相属之处，但形式方面仍各有特征。庭园在南方作为户外室的形式，北方则不太合适。南方花木北移，多数只能在室内栽培，故园中除松柏等乡土花木外，常绿阔叶树较少。就观感上的气氛来说，南北园林的布局设景，北方较稳重，岭南开朗，而江南则秀丽明快"。江南山水明秀，经济繁荣，诗人画家以及能工巧匠辈出，影响造园的发展深远，而妙尽自然之趣。

中国古典园林是具有高度艺术成就和独特风格的园林体系。它在世界园林史上占有重要地位，不仅在亚洲曾经影响了日本等国家的造园艺术，而且在18世纪后半期，对远处西欧的英国等地也有一定影响。中国工程院院士、建筑设计大师莫伯治先生在《园林述要》一书的序言中这样写道："这是夏公多年来艺海拾贝，累积成篇的，是研究夏公作为岭南新建筑拓荒者的思想及创作的珍贵资料，亦是我国园林研究的重要成果"。本书责任编辑曾昭奋先生在其编辑后记中亦由衷地感叹道："这是一本学术著作，是夏先生几十年中对中国古典园林不断探索和思考的宝贵成果，而且字里行间洋溢着对祖国、对中国园林艺术的眷恋和挚爱"。诚然，夏昌世先生的《园林述要》一书不仅是对中国园林文化的继承，而且也是对世界园林艺术的发展同样有着积极的、深远的和历史的意义。

时值夏昌世先生100周年诞辰之际，作为后生的我将怀着无比崇敬的心情，深切地缅怀一代先贤大师夏昌世先生。在此，我默默地遥祝已含笑九泉之下的夏昌世先生安息吧！

园林与文学

——评《中国风景园林文学作品选析》

《中国风景园林文学作品选析》
艾定增　梁敦睦　主编
中国建筑工业出版社

　　由艾定增、梁敦睦两先生主编的《中国风景园林文学作品选析》一书已在中国建筑工业出版社正式出版了。本书围绕中国风景园林艺术这个中心，从浩如烟海的文学作品中精选了300篇不同体裁与风景园林有关的古代文学作品（其中诗99首、词31首、曲9首、选景联62副、景名15组、骈文14篇、散文69篇、小说2篇）。全书在选编时考虑到不同时代、作家、体裁和题材的多样性，内容广博、形式多样。

一、中国风景园林与文学有着源远流长的关系

　　中国古典园林以诗情画意著称。中国的诗、画，特别是山水诗画，在我国文化体系中占有重要地位，较突出地代表了中国文化特点的两种艺术。山水诗画为风景

园林艺术借鉴，并作为造园的理论基础和蓝图。中国园林素有"形象的诗、立体的画"之称。

中国风景园林文学产生于魏晋南北朝时期。东晋大诗人陶渊明的"采菊东篱下，悠然见南山"、"云无心以出岫，鸟倦飞而知还"等佳句，淳朴自然，疏野飘逸，借景抒情，情景交融。他所开创的田园诗派，对后世影响极大。唐诗人王维、孟浩然、韦应物、柳宗元等都深受他的启发而有所发展，把山水和田园题材融合起来，成为我国抒情诗的重要力量。唐诗、宋词、元曲，尽管不全是以风景为题材，但大多都离不开写景，情、景的结合，几乎成为中国古代抒情诗最主要、最显著的特征。

南朝宋谢灵运的"池塘生春草，园柳变鸣禽"，"春晚绿野秀，岩高白云屯"诗名，清新婉约、娟秀明丽。南朝梁丘迟所写《与陈伯之书》中有"暮春三月，江南草长，杂花生树，群莺乱飞"之名句，短短十六字，却高度精练地描绘出江南春色的秀丽风光。

唐宋，是中国风景园林文学繁荣的时代。唐代风景园林文学是写意的全景，王维的"大漠孤烟直，长河落日圆"，王勃的"落霞与孤鹜齐飞，秋水共长天一色"，李白的"孤帆远影碧空尽，唯见长江天际流"，杜甫的"无边落木萧萧下，不尽长江滚滚来"，这些即是最好的例证。宋代大诗人陆游则作有"山重水复疑无路，柳暗花明又一村""小楼一夜听春雨，深巷明朝卖杏花"之名句，反映出宋诗写景的特点。宋代的风景园林文学以词为代表，其写意的佳作有晏殊的"无可奈何花落去，似曾相识燕归来"，欧阳修的"庭院深深深几许？杨柳堆烟、帘幕无重数"。

元明清，是中国风景园林文学精雕细刻的时代。元代文学的最大特点是散曲和杂剧兴起。元曲借写景来抒发叹世、隐逸、怀古、伤今的情绪。马致远的《天净沙·秋思》曲词，"枯藤老树昏鸦，小桥流水人家，古道西风瘦马；夕阳西下，断肠人在天涯"，寥寥二十八字，刻画出一幅黄昏的羁旅行役图。

明清二世，长篇游记和短篇的山水小品，如明代王世贞的《游金陵诸园记》、清代李斗的《扬州画舫录》等作品成了这一时期风景园林文学的主流，其特点是工笔细描、曲尽其态。

二、文因景成，景借文传

古人云："文因景成，景借文传"。曹雪芹在《红楼梦》一书第十七回中写道：

"偌大景致，若干亭榭，无字标题，任是花柳山水，也断不能生色"。滕王阁、黄鹤楼、岳阳楼，无不因名篇而饮誉四海，称三大名楼。昆明大观楼长联也称千古绝唱，大观楼因之扬名。唐代诗人张继的"姑苏城外寒山寺，夜半钟声到客船"一诗，使本不出名的姑苏城外枫桥和寒山寺成中外闻名的游览胜地，此诗传至日本也家喻户晓，并对日本造园产生了深远的影响。

景名是一种独特的文学形式，宅起源很早，但形成规范则以南宋为开端。南宋画院画家马致远作西湖十景图，即是柳浪闻莺、花港观鱼、三潭印月、平湖秋月、南屏晚钟、雷峰夕照、曲院风荷、断桥残雪、苏堤春晓、双峰插云。北京的陶然亭，取唐诗人白居易的"更待菊黄家酿熟，与君一醉一陶然"之诗意。我国现存最大最负盛名的宅园——拙政园主景为远香堂，其象征隐喻深意，取北宋周敦颐的《爱莲说》名句——"香远益清"（指高尚的品德，美好的声誉，恰如莲之暗香潜溢，流芳远播）。苏州耦园的山水间，则取自欧阳修作《醉翁亭记》中的"醉翁之意不在酒，在乎山水之间也"之句。这些景名赋予园林景观的文学的内涵。

对联是中国语文特点和产物，也是世界独一无二的文艺形式，诗赋对句的运用有近2000年历史，对联的正式产生在后蜀时期。对联和景名一样是抒情诗的产物，而二者配合成"匾"与"联"成套地用在风景名胜区中，起到画龙点睛的作用。苏州沧浪亭的"清风明月本无价，近水遥山皆有情"；济南大明湖的"四面荷花三面柳，一城山色半城湖"；镇江焦山郑板桥读书处的"室雅何须大，花香不在多"；林黛玉潇湘馆的"绿窗明月在，青史古人空"等。这些内容，分别表达了不同的人格和抱负，流传不朽。

《中国风景园林文学作品选析》的出版，是中国风景园林学科理论发展的一大喜事。本书的主编艾定增先生和梁敦睦先生为本书的组织、审定及校对等工作付出了极大的心血，作为责任编辑，我感到由衷的感激和钦佩。我确信，本书不仅是高等院校、中专学校风景园林专业学生的学习参考书，同时也是广大园林规划设计工作者、风景园林爱好者增长知识、启迪智慧和提高园林文学与园林艺术欣赏水平的良好读物。

品题系列美学体系的开创之作

——评介《风景园林品题美学——品题系列的研究、鉴赏与设计》

《风景园林品题美学——品题系列的研
究、鉴赏与设计》

金学智　著

中国建筑工业出版社

　　金学智先生的《风景园林品题美学——品题系列的研究、鉴赏与设计》（以下简称《品题美学》）在中国建筑工业出版社出版，这是他继国内颇有影响、至今已印了八九次之多的《中国园林美学》之后又一富于中国特色的风景园林美学开创性著作。

　　该书分理论编、鉴赏编和实践编三部分，体系宏大，内容繁复，笔者认真研读过多次，本文只准备从品题系列创作的角度，评介其最具首创意义的品题系列美学理论，兼及品题系列的设计理念和评判体系。

　　众所周知，品、品味、品题，是自古以来中国美学迥异于西方美学的重要概念。该书理论编正是以"中国特色，重品尚味"为标题，在详论了品、品味、品题及其历史发展之后，进而提出了"风景园林品题系列"这一核心概念。金先生下定义说，这是"指根据特定需要，通过品赏甚至反复酝酿，从某地或某一风景园林的众多景点中，自觉地、有意识地遴选一定数量的'景'，通过品题使其获得景名，作为某地或某一风景园林众多景点的突出代表，从而使之成为以'数'来贯穿、规范和约束的、具有整体统一性的艺术系列。"紧接着，他详尽地剖析了北宋的潇湘八景、南宋的杭州西湖十景这两个举世闻名的典型案例，从而让人们透彻地了解其诞生的历史因由、文化背景和审美特色，并对品题系列有足够的感性认识。

对品题系列这个最重要的核心概念，金先生在《品题美学》中进而多方面剖析了它的形式、内容、原则和特征，这对构建理论体系是十分必要的。

首先，该书精心梳理了品题系列的种种形式构成，认为在组合结构类型中，谨严类型优于松散类型；在品题景数类型中，八景、十景系列类型突出地体现了历史的选择，当然，景数更多的类型也有其存在的必要；在景题字数类型中，四字系列类型历来最受欢迎，三字类型其次，其他类型则效果较差。

其次，该书广泛概括了品题系列的各类题材内涵，如"地理：自然景观之美"，包括山岭水流、农林动植等；"历史：人文物艺之美"，包括文史哲理、宗教传说、建筑胜迹、古今园林等；"社会：人物活动之美"，包括舟渔樵牧、商贸工业、点景人物等；"天时：季相时景之美"，包括春夏秋冬、昼夜晨夕、烟雨风雪等，这种全方位的展示，大开了品题系列创作的眼界，为创作提供了无比广阔的空间和无限丰富的素材，还颇有利于创作灵感的孕育。

再次，该书又提炼、阐释了品题系列的组织原则，其中优选性是最重要的原则，它要求凸显重点、遴选精粹。金先生以晋祠内八景为例，指出其虽入选了"古柏齐年"、"难老泉声"，但却遗忘了圣母殿、鱼沼飞梁、宋塑侍女等全国一流的优秀景观，而将次要、较次要的充入八景之数，这就让人们懂得应该美中选美，精里求精，应该择优汰劣，而不能"拾了芝麻丢了西瓜"。此外，还提出了整体性、有序性和适时性原则。适时性也很重要，它要求人们正确对待历史发展中品题系列及其景观的兴废，懂得这也离不开推陈出新、与时俱进的规律。书中还肯定了澳门八景中入选的"镜海长虹"，羊城新八景中入选"珠水夜韵"等，而《品题美学》的鉴赏编还品赏了澳门八景中的"三巴圣迹"、"卢园探胜"，羊城新八景中的"黄花皓月"、"五环晨曦"等近、现代的风景园林景观，让人知道除了历史上传承下来的自然、文化遗产外，新的、现代的、体现时代精神、面向着未来的景观，同样可以而且也应该进入品题系列。

最后，该书还独具慧眼地阐发了品题系列的美学特征，如绘画美、诗意美、音乐美、建筑美，这更令人闻所未闻，它引导人去体味优秀品题系列所概括描写的那些山水画般的意境、朦胧多变的季相、诗一样的情怀、虚灵美丽的意象……这些正是品题系列的魅力所在，也是审美的高级层次。此外，品题系列具有抑扬顿挫的节奏、规整齐一的形式，也令人赏心悦目，娱耳动听。

金先生通过层层深入的论述，把品题系列之美的方方面面有条不紊地呈献给读者，给人以举一反三的启发，这在我国风景园林发展史上可说是开创性的。

回顾我国1000多年来，风景园林品题系列遍布各地，创作持续不断，难以数计，其中优秀之作固然如群星灿烂，但低劣之作也为数不少，它们陈陈相因，模仿抄袭，文句欠通，情趣低俗，而究其原因，如金先生书中所说，"令人遗憾的事实是，自古至今，品题系列的创作始终处于自发状态，问题确实是存在着……实践上没有专书对自古以来的品题系列多方位地广积资料，科学整理，系统解释，总结成功经验，剖析失败教训，或启发创作的灵感……"因此，今天应通过理论研究，"使品题系列的创作在普及的基础上得到提高，从而走向真正的、自觉成熟的艺术境地"。为此，《品题美学》又以较大篇幅开设了鉴赏编，它在历史上纵贯了唐、宋、元、明、清直至现代，在地域上覆盖了北京、河北、河南、山西、山东、江苏、浙江、江西、陕西、四川、云南、广东、广西、台湾、澳门等省市地区，从中选出100多个优秀品题系列景点进行品赏。金先生所标举和鉴赏的这些典范，能起到良好的示范作用，提升创作者、欣赏者的审美水平，从而在普及的基础上提高；人们通过不同时代、不同地区、不同类型、不同内涵、不同风格景观的鉴赏，确实能较好地把握风景园林的种种不同规律。

《品题美学》以理论编奠基，经过鉴赏编的过渡，最后以实践编收尾。在实践编里，金先生不但介绍了自己一系列的品题系列的设计文本，与人交流，供人参考，而且还介绍了自己从事创作实践的理念、准则等，这对当今如何进行品题系列的创作、设计、评判，也很有价值。不久前，在此书首发式学术座谈会上，他谈心得体会的发言对我们也颇有启发。

金先生首先根据时代、社会、现实的实践需要，结合自古以来品题系列创作的发展，提出了5条设计理念，这就是：以双重生态为主导，以地域文化为依托，以撷古题今为创造，以品题系列为模式，以艺术聚焦为方法。值得注意的是"双重生态"——自然生态和精神文化生态，其中"精神文化生态"的提法比较新。而他之所以要强调精神文化生态，如他在座谈会上所说，是"由于现代人过度的经济开发等原因，导致了人类生存环境的严重失衡，不但使自然异化，而且还使人性异化，如人文精神失落，信仰危机，道德滑坡、人情冷漠，人心浮躁……"而高雅的古典文化，则有可能较好地传承、发展和延伸文脉。他还说，他的设计受启发于钱学森先生的"山水城市"学说。钱先生曾建议，"把中国的山水诗词、中国古典园林建筑和中国的山水画融合在一起，创立'山水城市'的概念"；又说，"人离开自然又要返回自然，社会主义的中国，能建造山水城市式的居民区。"金先生所提出的"双重生态""回归文化"正是一种尝试，具体做法是"以撷古题今为创造"。这里可举他所设计的南海颐景园十景中的第一景为例，这是采撷了岭南文化名人韩愈"水容与天色，此处皆绿净"的诗句，题此景区为"水天绿净"，以突出当今人们迫切的生态要求——绿化与净化。此区湖边又有主体厅堂"绿净堂"，进一步强调了"绿净"的时代主题，堂前还有另一岭南文化名人康有为所书"天人一切喜，花木四时春"的名联，生动地展现了"中国传统的生存智慧和生态欣悦，呈示出万物与人交融统一的和谐愿景"。可见这类品题虽引自古代，但古今已融为一体，而其意蕴则是指向未来的。金先生在发言中概括说，通过引古入今，品题系列就可能"含茹原生态的古典诗文书画，在一定程度上体现天人相和、山水相亲、诗画相融、美善相乐的人居环境理想，从而让人们在这里洗尘涤襟，静心养性，涵文赏艺，悦志畅神，在慢生活中实现'诗意地栖居'"。

《品题美学》为了品题系列创作的质量，不但在理论编展示了品题系列无比广阔、丰富多样的题材领域，提出了优选性、整体性、有序性和适时性的组织原则，描述了绘画美、诗意美、音乐美、建筑美的艺术境界，而且还在实践编的"以品题系列为模式"一节里，总结历来品题系列创作的成败得失，联系自己的切身体会，进一步概括出"六戒六求"的律则，这就是：戒蹈袭，求创新；戒浮泛，求深实；戒雷同，求殊异；戒平俗，求雅韵；戒奇涩，求通达；戒杂多，求齐一。对这一系列律则，书中有理论，有实例，有分析，很有说服力。就这样，该书又进一步建立起品题系列创作的评价标准和评判体系，可供人们探讨、参照。

风景园林品题系列及其研究的价值意义是多方面的，它不仅能引导品题系列的创作，而且更能促进生态环境改善与精神文明建设，提高旅游文化生活的品位，整合旅游资源，拓展旅游产业，带动地方经济发展，又能弘扬地方文化，增进乡土情结，推进自然遗产与文化遗产的保护，避免现代化城市建设中的趋同化，当然，它还能启导相关学科的萌生与发展，并以其独特的美学深度和新意引领中国风景园林的美学理论研究更上一个新的台阶。

（本文刊于《苏州园林》2011年第4期）

附注1

北京大学哲学系教授、博士生导师叶朗先生为《风景园林品题美学——品题系列的研究、鉴赏与设计》申报国家图书奖的推荐函

中国建筑工业出版社于2011年出版的金学智先生的《风景园林品题美学——品题系列的研究、鉴赏与设计》（以下简称《品题美学》），是美学领域的一部引人注目的好书，值得推荐。

金先生长期来从事中国艺术美学的研究，出过《中国园林美学》、《中国书法美学》等多部专著，在业内反应良好。这部《品题美学》是在此基础上所取得的更为丰硕的成果，表现了他老骥伏枥、孜孜不倦的治学精神，而就内容看，适合于当今时代的需要；就结构形式看，在学术著作之林中，也可谓独树一帜。

此书以中、西美学的比较为出发点，突出地体现了美学的中国特色。它以品、品题、品题系列为贯穿线索，在广度和深度方面作了深入开掘，初步建立起中国风景园林品题系列的美学理论体系，这无论是对于精神文明建设还是物质性生态文明建设，或是对于中国民族特色美学的建设，都是有益的。

从高校学科建设角度看，《品题美学》有助于风景园林作为一级学科的基础理论建设，也有助于带动建筑学、城市规划学的发展，对美学、艺术、旅游等学科也有特定的意义。

此书以学科交叉、理论联系实际的方法进行研究，不但广泛综合了诸多学科，引用文献遍及古今中外、经史子集，从而能使内容广博厚重，推陈出新，而且又使理论、鉴赏和实践有分有合，三位一体，既具理论价值，又有实际应用价值，其方法论也有创新借鉴意义。

此书图文并茂，插图量多质高，装帧精美大方，阅读赏心悦目，如此彩色版、文字篇幅又丰的专著尚不多见，它不但避免了流于画报模式，而且尤能保持其学术品位。

还应一提，书后所附"分级分类索引"也是有价值的，这一尝试具有科学性、独创性，使该书在学术品位上提升了一个档次。

统观该书，颇为欣然，是以荐之。

附注2

中国社会科学院外国文学研究所研究员、博士生导师叶廷芳先生为《风景园林品题美学——品题系列的研究、鉴赏与设计》申报国家图书奖推荐函

尽管我国园林艺术水平极高，资源极为丰富，但理论遗产却相对欠缺。除明代计成的《园冶》，值得一提的不多。而今金学智先生以两度"十年磨一剑"的努力，继频频再版的《中国园林美学》之后，又完成《风景园林品题美学——品题系列的研究、鉴赏与设计》（以下简称《品题美学》）这一鸿篇巨制，其学术含量很高，堪称在这个领域填补了一个空白。

通览《品题美学》全书，第一个印象是作者的学术功底深厚而扎实。他一生从事园林美学和书法美学的研究，手脑并用，艺术视野开阔，知识渊博，史料翔实，艺术评论与鉴赏能力老到，表现出高水平的学术论著的写作能力。

第二个印象是，本书具有原创价值。它从历史深处钩沉出"品题"这一久被忽视了的传统美学范畴及其大量的有关书证，并以历时悠久、国内外影响较大的"燕京八景"、"西湖十景"为主轴，选择大量品位上乘的景点组成"品题系列"，同时给予理论关照，从而不仅继承了而且有力地丰富了我国传统园林美学，使"品题美学"成为一门独立的学科。

第三个印象是作者以敏锐的审美灵犀对我国大量有价值的风景园林景点进行全方位的扫描，在对具体景点进行点评时，善于以富有鉴赏性的口吻循循善诱，评点中肯，使读者心领神会，有滋有味，读后甚觉收获良多。

第四个印象是作者不仅是学养深厚的美学理论家，而且是经验颇丰

的园林设计师。因此他的论述既不高深艰涩，也不空洞枯燥，而是有血有肉，鲜活生动。这使本书既有学术性，又具可读性，从而取得雅俗共赏的品格。

第五个印象是本书由理论篇、鉴赏篇和实践篇三部分构建而成，内容相当完备：既有宏观的理论统摄，又有微观的条分缕析；既有抽象的再思考余地，又有具体的可借鉴的实例，是一部结构精当、专业知识与鉴赏价值配置合理的力作。

第六个印象是本书配有大量插图，看来多为专家所摄，有的甚至是作者委托有关专家去实地拍摄所得，不仅图片成为文字论述的恰当佐证，而且图片本身亦具有欣赏价值，因而使本书真正成为一部图文并茂的著作。

此外本书编辑严谨、规范，图文编排得体，审校缜密，印制亦相当考究，装帧精美。

总之，金学智先生这部《风景园林品题美学》不失为一部具有理论创新价值的开拓性学术论著，特此推荐给有关部门予以奖励。

中国古典园林的生态学、文化学、未来学的意义和价值

——《中国园林美学》（第二版）读后感

《中国园林美学》（第二版）
金学智　著
中国建筑工业出版社

中国园林艺术源远流长。苏州教育学院中文系教授金学智先生撰写的《中国园林美学》（第二版）是一部研究中国园林艺术哲学的学术著作。全书以生态美学作为主要线索，探究了中国古典园林美的发展历程和中国古典园林艺术的建构、意境、规律以及审美文化心理等。全书论点鲜明，论据充分，论证周密，资料丰富，并做到图文结合。其内容包括：中国古典园林的当代价值与未来价值；中国古典园林美的历史行程；中国古典园林的真善美；园林美的物质生态和精神生态建构序列；园林审美意境的整体生成；园林品赏与审美文化心理等。全书以对中国思想史上"天人合一"观的辨析、梳理、阐发来落笔开篇，进而在反思西方工业文明的负面影响和探讨东方"天人合一"的生存智慧这两个层面上展开论述，最后集中于中国古典园林作为天人合一的生态艺术典范的研究，并深入阐述了中国古典园林所蕴

含的生态学、文化学、未来学的意义和价值取向。

一、中国古典园林的思想渊源

金先生在《中国园林美学》(第二版)一书中指出:在中国思想史上,以老庄为代表的道家学派,以《周易》为代表的儒家经典,董仲舒有较完整体系的《春秋繁露》,以及茹含着佛家智慧的零散语录……它们关于天人合一的论述虽互有异同,却构成了一条互为补充、互为深化的重要的思想发展线索,影响了整个古代中国的文化史、哲学史、美学史和造园史。

众所周知,董仲舒是汉代大思想家,是儒家哲学在汉代的重要代表。其"天人合一"观强调——

天地之生万物也,以养人。(《服制象》)

取天地之美以养其身。(《循天之道》)

为人者,天也。人之(脱一"为"字)人,本于天。(《为人者天》)

身犹天也……故命与之相连也。(《人副天数》)

人之居天地之间,其犹鱼之离(离,即"附")水,一也。(《天地阴阳》,苏舆《义证》:"人在天地之间,犹鱼在水中。")

与人相副,以类合之,天人一也。(《阴阳义》)

天人之际(际,交会),合而为一。(《深察名号》)

天地人,万物之本也。天生之,地养之,人成之……不可一无也。(《立元神》)

和者,天地之所生成也。(《循天之道》)

与天同者,大治;与天异者,大乱。(《阴阳义》)

这是中国思想史上较早出现并最早建立在初步完整体系基础上的"天人合一"论。它的合理内核令人想到:天地自然作为人的生存环境,它生长万物以供养人,人可以"取天地之美以养其身";人是由天生成的,一刻也离不开天;人必须依靠自然,"循天之道","与天地同节"(《循天之道》),和谐合同是天地之道,天、人应该相连相和,合而为一,否则就会酿成灾乱……。

在儒家学派中,《周易》的"天人合一"观强调——

夫大人者,与天地合其德……也四时合其序……先天而天弗违,后天而奉天时。(《乾卦·文言》)

与天地相依（一作"似"），故不违。(《系辞上》)

天地感而万物化生，圣人感人心而天下和平。(《咸卦·象辞》)

这本质上都是要求人与天地相感相类，相依相合，而不应违反天时规律，其含义是极其深刻的。

在道家学派中，天人合一的观点更为突出，如——

道大，天大，地大，人亦大……人法地，地法天，天法道，道法自然。(《老子·二十五章》)

道之尊，德之贵，夫莫之命而常自然……生而不有，为而不恃，长而不为，是为"玄德"。(《老子·五十一章》)

四时得节，万物不伤，群生不夭……莫之为而常自然。(《庄子·缮性》)

天地与我并生，而万物与我为一。(《庄子·齐物论》)

与天为徒，天与人不相胜也。(《庄子·大宗师》)

人与天一也。(《庄子·山木》)

人仅仅是"四大"之一，应该尊重和效法更为重要的天道自然；不应横加干涉万物的自然生长，致使其受到伤害或夭折；不占有，不自恃，不主宰，这才是深层的"道"与"德"；必须顺应四时的自然规律，人不应与自然争优胜，而应消除对立，进而与天地万物合而为一……这些理论，均极有价值。《庄子》还说："贤者伏处大山堪岩之下"（《在宥》）；"山林与，皋壤与，使我欣欣然而乐与！"（《知北游》）这对于尔后中国的隐逸文化和崇尚自然的园林美学思想等也产生了深远的影响。

至于佛家特别是禅宗，对天人关系很少从理性上论证阐释，而是以意象感悟方式，直指本心。见于语录载体的，如——

天上地下，云自水由。(《永平广录》卷十)

日移花上石，云破月来池。(《中峰语录》卷十七)

天地与我同根，万物与我一体。(《五灯会元》卷一)

清风与明月，野老笑相亲。(《五灯会元》卷十二)

常忆江南三月里，鹧鸪啼外百花香。(《五灯会元》卷十二)

数片白云笼古寺，一条绿水绕青山。(《普灯录》卷二)

上引第三条，与《庄子》观点略同。除此之外，基本上都是禅意盎然的"无人之境"，呈示了天地间的白云幽石、青山绿水、鸟语花香、清风明月、池泉古寺等自由清静的形象，其中隐隐然皆有佛在，可说是以佛对山水，以禅悟天地，亦即所谓"青青翠竹，总是法身；郁郁黄花，无非般若"（《大殊禅师语录》卷下），而其景象又酷似园林美的境界，这正是佛家作为"像教"的一种"天人同一"观。

二、中国园林是天人合一的生态艺术典范

从20世纪中叶开始，人们鉴于环境对人类生存愈来愈严重的威胁，并通过对300年来历史的深刻反思，不断发出了"拯救地球"、"拯救人类"的急切呼吁，表达了"回归自然"、"返璞归真"的由衷渴慕；在反对当"自然之敌"的同时，竭力主张做"自然之子"、"自然之友"，并提出"生态工业"、"生态科技"、"生态城市"等的倡议；人们不但以生态文明批判"人类中心主义"，而且积极提出了"人地系统论"、"人地共荣论"、"人与自然协调论"、"人与动物平等论"、"可持续发展论"……于是，一系列与这些新理念相应的新学科也迅速发展起来，如环境科学、生态社会学、生态经济学、城市生态学、生态建筑学、生态哲学、生态现象学、生态伦理学、生态文艺学、生态美学……还把我们的时代称为环境时代或生态学时代。相对于现代非生态的传统工业文明的主流科学，生态又被称为后现代科学，并被奉为后工业社会交叉性和黏合力最强的领先科学。同时，人们又呼唤和企盼着生态批评和生态艺术，重视创作和研究生态艺术。而中国古典园林，正是最具典范性的生态艺术，最能充分体现天人合一精神和东方生存智慧的生态艺术。它虽然产生和发展于古代，却能以其"绿色启示"极大地发挥影响于后现代……

早在20世纪80年代，著名美学家李泽厚先生为金先生的《中国园林美学》（第一版）所撰写的序言中就指出：

现代建筑艺术界似乎在进入另一个新的讨论热潮或趋向某种新的风貌，即不满现代建筑那世界性的千篇一律、极端功能主义、人与自然的隔绝……等等，从而中国园林——例如金学智同志所在地的苏州园林，便颇为他们所欣赏。以前弗兰克·劳埃德·赖特（F.Wright）曾从日本建筑和园林中吸取了不少东西，创作了有名作品；如今在更大规模的范围内展现的这种"后现代"倾向，是不是将预示生活世界和艺术世界在下世纪可能会有重要的转折和崭新的变化呢？……如何在极其发达的大工业生产

的社会里，自觉培育人类的心理世界——其中包括人与大自然的交往、融合、天人合一等，是不是会迟早将作为"后现代"的主要课题之一而提上日程上来呢？也许，就在下一个世纪。

这段言简意赅、带有前瞻性的短论，敏锐地预见了生活世界和艺术世界在20世纪末至21世纪初的重要转折和变化，预见了人类史上崭新的生态文明时代的即将到来，突出地说明了中国古典园林天人合一、人与自然交往的取向，是符合于时代未来发展的趋势的，它有助于研究"后现代"的主要课题——广义深层生态学的课题。再往前看，整个21世纪，人类亟须解决的一个重大课题，正是有效地加强环境保护，消除传统工业文明带来的严重负面影响，真正促进人与大自然交往、融合，保证人类在地球上的"可持续发展——永续生存"……而中国古典园林及其美学对于这一课题的研究甚至解决，有着多方面的启发意义。

三、中国古典园林的文化学未来学价值

中国古典园林的文化学价值，最突出的体现在其中多处代表性园林被批准列入《世界遗产名录》，这是中国园林发展史上值得大书特书的事。1972年，联合国教科文组织（UNESCO）正式通过了《保护世界文化和自然遗产公约》，中国政府于1985年加入《公约》。截至2014年，中国已有47处胜迹被列为世界遗产，从而成为名列前茅的遗产大国。世界遗产主要可分为文化遗产和自然遗产两大类。中国的多处古典园林，均被世界遗产委员会以文化遗产列入《世界遗产名录》。历年批准情况如下：

1994年，承德避暑山庄及周围寺庙以文化遗产列入《世界遗产名录》；

1997年，苏州古典园林的典型例证——拙政园、留园、网师园、环秀山庄共4处以文化遗产列入《世界遗产名录》；

1998年，北京颐和园以文化遗产列入《世界遗产名录》；

1998年，北京天坛以文化遗产列入《世界遗产名录》；

2000年，苏州沧浪亭、狮子林、艺圃、耦园及吴江退思园等5处作为苏州古典园林扩展地以文化遗产列入《世界遗产名录》；

2001年，拉萨的罗布林卡作为布达拉宫扩展地以文化遗产列入《世界遗产名录》。

2011年，杭州西湖作为文化景观列入《世界遗产名录》。

以上多处先后被荣耀地列为世界文化遗产的中国古典园林代表物，既是自然的

赐予，更是历史文化的积淀；既是中华民族的艺术瑰宝，更是全人类共同的珍贵财富。它们不但在全人类面前提升了自身的文化形象，而且提升了作为世界园林重要源流之一的中国古典园林整体的文化形象。此外，苏州的昆曲也被联合国教科文组织列入首批"人类口述和非物质遗产代表作"。

2004年6月28日至7月7日，第28届世界遗产大会在中国的一个遗产地——苏州召开，世界各国，嘉宾云集，这是意义非凡的全球性盛会。中国古典园林通过这些代表物，在全人类面前进一步确确实实地显示了自己美轮美奂、格高韵雅的风采和生态学、文化学的价值以及世界性的意义。

金先生在《中国园林美学》（第二版）一书中再次指出：从这一视角扩展开来看，中国古典园林已整体地显示出了它那独一无二的优异性，其中既包括已入《世界遗产名录》的，又包括未入《世界遗产名录》的；既包括现今实存的，又包括历史上已消失、仅见于文献的……它们统统都是现实的或书面文化遗产。中国园林美学不但有必要全力研究其优异的自然生态性，而且也有必要全力研究其优异的、浓郁而隽永的精神文化生态性。

综上所述，中国古典园林以其优越的自然生态与丰饶的精神文化生态之和谐结合辐射于当代，指向着未来。它除了具有生态学、文化学、未来学价值而外，还具有哲学、美学、艺术学、养生学、历史学、文博学、建筑学、园艺学、工艺学、技术科学等多种价值。因此，我们不但应认真保护祖国这一文化遗产瑰宝，在继承的基础上进一步充分发挥其多种价值潜能，而且还应深入研究其多方面的价值意义及其结构、规律……使之上升为系统理论。金先生的《中国园林美学》（第二版）作为园林美学专著，它以园林美学研究为主，同时，根据时代特点和未来需要，糅合生态学、文化学以及其他方面价值研究，力求建立一个完整的，既有学术自律性，又能体现时代走向和创新特色的中国园林美学理论体系。本书不但可作为广大园林艺术爱好者、园林旅游工作者的良师益友，而且也是园林美学以及美学、艺术理论研究人员极具参考价值的理论读物。

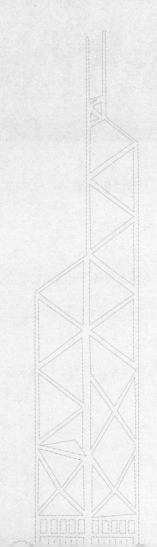

中篇｜建筑文化随笔

走向人类社会新纪元的建筑文化学

《历史城市和历史建筑保护国际学术讨论会论文集》
杨鸿勋　主编　柳　肃　副主编
湖南大学出版社

一、20世纪回眸

"文明，如果它只是自发地而不是自觉地发展，那么，留给自己的将是荒漠。"

——马克思

"人类不能陶醉于大自然的胜利，因为每次胜利之后，都将是大自然的报复。"

——恩格斯

未来始于今天，今天又从历史中走来。回眸20世纪，国际政治风云极其变幻，意识形态领域起伏跌宕，价值观念又多元纷呈。20世纪的前50年，人类几乎是在战争中度过的，而且两次世界大战的炮火使得人类几千年的文明几乎毁于一旦。时至今日，人类仍然未能免除战争的威胁。而20世纪的后50年，人类才开始并理智地医治这场战争的创伤。特别值得一提的是，建筑师在战后的重建工作中发挥了重要的、积极的和深远的作用。

20世纪，人类以其跃进的技术、完善的功能、转变的观念、进步的设计和创新的艺术等独特方式丰富了建设史。这诸如大规模的工业技术和艺术创新，它造就了大量而又丰富的建筑设计作品。此外，一些新的建筑类型，如航空港、超级市场等也不断地出现和发展，可以说建筑设计的领域也因此而大大地扩展了。

然而，自20世纪60年代开始，也就是工业革命之后，人类在利用自然、改造自然，并取得骄人的成就的同时，也付出了高昂的代价：人口爆炸；农田被吞噬；空气、水和土地资源的退化等。到了20世纪70年代，人类才开始认识到生态危机，并把对自然环境与人文环境的保护提到了重要的议事日程上来。可以说，20世纪的环境恶化是前所未有的，它不仅严重地制约着人类的发展，而且也正在威胁着人类赖以生存的环境。

众所周知，环境问题也是制约建筑发展、关系建筑发展方向的重大问题。20世纪的建筑学在"走向新建筑"的口号中开始，然后又在"对建筑学的重新思考"中结束。1898年，霍华德（E. Howard）发表了《明日：一条通向真正改革的和平道路》（Tomorrow: A peaceful Path to Real Reform）；1933年，现代建筑国际会议（CIAM）提出了"雅典宪章"（Charter of Athens）。1972年，联合国人类环境大会在瑞典首都斯德哥尔摩发表了"人类环境宣言"；1977年，现代建筑国际会议（CIAM）通过了"马丘比丘宪章"（Charter of Machu Pichu）；1992年，联合国"环境与发展"大会在巴西的里约热内卢发表了"21世纪议程"；1996年，联合国"人居二"（Habitat Ⅱ）会议发表了"伊斯坦布尔宣言"。联合国教科文组织（UNESCO）对人类文化遗产的保护（ICCOM）也作出了极大的努力。国际建协（UIA）自1948年成立以来就一直努力地寻求并关注城市重建、城市住宅以及人与环境等的关系问题。此外，其他类似的组织，如国际城市与区域规划家协会（Isocarp）、世界人居协会（WSE）等也都面对同样的问题，并做不懈地工作。以上均表明了一些思想敏锐的先驱者和创新者，他们已经走在了时代的前列。所有这些都让我们欣慰地看到，人类的环境意识已经觉醒，并正在谋求共识。我们相信，人类良好居住环境的获得将是任重而又道远的。

二、21世纪——人类社会的新纪元

21世纪是人类社会的一个新纪元。在这个新的纪元里，全球化与多样化的矛盾将更加尖锐。一方面，生产、金融和技术的全球化趋势日渐明显，全球意识已成为人们共同的取向；另一方面，地域差异又客观存在，地区之间的冲突和全球经济动荡如阴云笼罩。总之，这是一个前所未有的变革时代；一个令人瞩目的政治、经济和社会改革的时代；一个技术发展和思想文化活跃的时代。我们有理由相信，在21世纪的新纪元里，社会的变化进程将会更快，整个世界也将变得更加地捉摸不定。

1. 21世纪所面临的复杂问题

（1）城市化与城市问题　在20世纪，大都市的光彩璀璨夺目。而在作为新纪元的21世纪，城市居民的数量将首次超过农村居民，这将是一个城市的时代，或者说是一个城市的世纪。城市已是人类共同的选择与趋向。然而城市化同时又带来了诸多的难题和困扰。工业革命之后，特别是现代城市化的兴起，城市问题开始日益困扰着人们的生活。自20世纪中叶以来，城市问题变得更加地严峻。联合国环境规划署把"混乱的城市化"，即人口爆炸、农用土地退化、贫穷等，均看作是威胁人类环境的祸患之一。据悉，现在的城市正在消耗着3/4的世界能源，并生成3/4的世界污染。大城市的生存条件已在不断地恶化。在新的纪元里，大城市的人口与规模还将继续而又迅速地膨胀着。为此，我们将不得不思索21世纪的城市化与城市问题，即现行的城市化道路是否可行？我们的城市还能否继续存在下去？当城市的住区开始影响我们的时候，该如何应对城市问题？传统的建筑观念是否适应城市化发展的需要？

（2）现代科技的力量与挑战　人类经过数千年的实践、探索与积累，终于使得科技在近百年来释放出了空前的能量。一方面，现代科技的发展，新材料、新结构和新设备的广泛应用，创造了20世纪特有的建筑文化和建筑形式。以计算机为代表的高新技术产业正方兴未艾，它必然直接或间接地对建筑的发展产生巨大的影响。此外，凭借现代的交通与通信工具，纷彩的文化传统将变得更加地息息相关和紧密相连。另一方面，现代科技的发展及其力量又改变了人类固有的生活，也改变了人和自然的关系，并进而向传统的价值观发起挑战。面对现代科技的双重性，在新的纪元里我们该如何正确地对待与合理地利用现代科技，并更好地为人类造福，这又是我们需要思索与考虑的一个问题。

（3）城市文化和建筑文化的失落　文化是历史的积淀，它存留于城市和建筑之中，并融会和体现在人们的生活里。一方面，文化对城市的营造和市民的行为起着潜移默化的作用和影响，可以说它是城市和建筑的灵魂。另一方面，技术和生产方式的全球化带来了人与传统地域空间的分离，地域文化的多样性和特色将逐渐地衰微与消失；城市和建筑物的标准化和商品化使得建筑的特色逐渐地隐退；城市文化和建筑文化出现了趋同的现象和特色危机等。因此，在21世纪经济大潮和国际建筑文化洪流的冲击与交融中，建筑师该如何面对挑战与变化？如何捍卫自己的文化，并发挥自己的文化特色？如何使得城市和建筑的文化又重新回到人们的生活中来，这也是我们需要思索与亟待解决的一个根本的和灵魂的问题。

2. 人类共同的选择——走可持续发展之路

各类全球性的问题和相互联系的危机正日益尖锐，这已引起了各国政府和全社会公众的广泛关注，人们开始对工业革命以来所形成的传统的发展观念、模式、道路等进行反思。经过较长时间的实践与探索，联合国环境规划署在1989年明确提出了人类发展的选择，即走"可持续发展"之路。如今，可持续发展的思想已逐渐地成为了人类社会的共识、追求与抉择。

可持续发展的含义极其广泛，它涉及政治、经济、社会、技术、文化和美学等的各个方面。可持续发展的真谛与宗旨，就是综合各个方面的因素，用整合的办法去解决问题。走可持续发展之路必然带来一个全新的建筑运动，这包括在可持续发展的思想指导下，一些重要的规划设计思想、原则和方法得到了发展；而且可持续发展的思想推动了建筑与城市规划的实践，并丰富了建筑领域的内容；再者，可持续发展的思想还促进了建筑科学的进步，并推动新建筑艺术形式的创造。总之，走可持续发展之路，这是21世纪人类的共同选择。

3. 21世纪建筑学的观念

"建筑师作为协调者，其工作是统筹各种与建筑物相关的形式、技术、社会和经济问题。……新的建筑学将驾驭远比当今单体建筑物更加综合的范围；我们将逐步地把单个的技术进步结合到更宽广、更为深远和有机的整体设计概念中去。"

——（W.Gropius）格罗庇乌斯

（1）生态观 人类需要与自然相互依存。人类保护生物的多样性，人类创造和保持良好的生态环境，归根到底，就是为了保护人类自身。21世纪的建筑生态观，就是以生态的发展为基础，加强社会、经济、环境和文化的整体协整，加强区域、城乡发展的整体协调，维持区域范围内的生态完整性；促进土地的综合利用与规划，形成土地利用的空间体系，制定分区系统以调节和限制建设及旅游等的活动，防止自然敏感地区及物种富集地区等由于外围污染所带来的生态退化，并提供必需的缓冲区和景观水平的保护，确保规划的持续性和保护的有效性；建立区域空间协调发展的规划机制与管理机制，加强法制意识和普及教育，加强当地人民的参与，从整体的协调中取得城乡之间的可持续发展；提倡生态建筑，尽量减少建筑活动对自然界产生的不良影响等。

21世纪的生态建筑，还要求充分利用太阳能等的可再生能源；注重自然通风、自然采光与遮阳；为改善小气候采用多种绿化手段；为增强空间适应性采用大跨度轻型结构；重视水的循环利用；做好垃圾分类、处理以及充分利用建筑废弃物等。

（2）经济观　据报道，在我国的国民经济中，土建与城乡建设的活动量约占我国国民生产总值（GNP）的28.94%，也就是接近三成。由此可见，建筑业已成为我国国民经济基础重要组成部分。

21世纪的建筑经济观，就是要做到决策的科学化，这是因为基本建设决策的失误就是最大的失误和最大的浪费。为此，我们要做好工程与设计任务的研究和策划，切实按科学规律办事，以便节约大量的人力、财力和物力；要明确建设和经济时空观，即在浩大的建设活动中，要综合地分析其成本与效益。在立足于现实的可能条件下，在各个环节上最大限度地提高系统的生产力，并节约资源；建筑业需要大发展，而好的建筑师更应是建筑业发展的组织者。

（3）科技观　邓小平同志指出："科学技术是生产力，而且是第一生产力"。科学技术对人类社会的发展有着巨大的推动作用，它们对社会生活，以至对建筑、城市和区域发展都有着积极的、能动的作用。科技给人类社会带来的变化，可以说是一个全新的文化转折点。《马丘比丘》宪章也指出："技术惊人地影响着我们的城市及城市规划和建筑的实践。"因此，我们迫切需要从社会、文化和哲学等方面综合考虑技术的作用，妥善地运用科技的成果，将科学技术转换为生产力。建筑的发展同样也不例外。以N·福斯特和R·皮亚诺为代表的一批建筑师及其作品，诸如N·福斯特的休斯敦尼姆卡里艺术中心（Carred'Art）、R·皮亚诺的曼尼尔博物馆（Menil Museum）、保罗·安德鲁的戴高乐国际机场（Charles DeGaulle Airport）等都说明了高技派建筑已经由单纯重视建筑功能的灵活性和显示高科技转向重视环境、文化传统与生态平衡。N·福斯特的柏林国会大厦更是这方面的突出代表。

由于地区的差异、经济社会发展不平衡以及技术自身的缺陷等，21世纪的建筑技术观，一方面既要保持人类生活方式的多样化，另一方面也要根据现实的需要与可能，积极地运用和融合多种技术去推动理念、方法和形象的创造。

（4）社会观　21世纪人类社会的发展将面临从以经济增长为核心的社会观向社会的全面发展转变。人类社会的全面发展，就是指把生产和分配、人类能力的扩展和使用结合起来的发展观。在21世纪，人类将更多地关注经济增长过程中的自身发展和自我选择，并重视对个人的生活质量的关怀。

21世纪的社会观，就是要创造一个良好的、有人情味的文明居住环境，为幼儿、青少年、成年人、老年人、残疾人等构建多种多样的、满足不同需要的室内外生活的游憩空间。包豪斯（Bauhaus）的奠基人、20世纪伟大建筑教育家之一的W·格罗庇乌斯（Walter Gropius）认为："最好的建筑、公园或城市，就是最准确地满足了许多不同的功能；提供了最丰富的连续印象或宜人的体验，以及将一切要素结合为一个富有表现力的整体。总之，这就是一切有灵感的设计的特征。"美国著名城市规划师伊利尔·沙里列也指出："城市社区的家园气息越深，则健康的社会秩序的根基越深。"21世纪的建筑社会观，还要求加强防灾规划与管理，发展以社会的和谐为目的的人本主义精神，尽量减少人民生命财产的损失；重视社会发展自下而上的创造力，开展"社区"研究，进行社会建设；合理地组建人居社会，促进包括家庭内部、不同家庭之间、不同年龄之间、不同阶层之间、居民和外来居民之间以至整个社会的和谐幸福。

（5）文化观　文化内容广泛，它既包括知识与知识活动，又涵盖学问技能的创造、运作与享用等。在积极发展经济、技术的同时，强调文化的发展，这就是要为广大人民群众创造一个丰富多彩的生活环境以及各种不同的生活空间。

21世纪的建筑文化观，就是要发挥各地区建筑文化的独创性，继往开来，融合创新，建设一个富有健康、积极和深厚的文化内涵的居住地域；要科学与艺术、理性与诗意、秩序与情趣的交汇与融合。科学的追求与艺术的创新、理性的分析与诗人的想象相交融，其目的就在于提高人类生活环境的质量，并赋予人类社会以情趣和秩序，而这不正是人类寻觅、追求、憧憬与向往的"诗意地栖息在大地之上"的理想境地么？

综上所述，建筑的生态观、经济观、科技观、社会观和文化观，这正是21世纪建筑学发展的基本战略与原则。新时代、新纪元的建筑学，就要根据特定的时间和地点等的因素，去统筹兼顾人类社会活动的一切方面，并全面地优化人类的生存环境的质量以及自然的和人文的因素等。

三、面向21世纪的建筑文化学

新时代、新世纪还要求我们扩大建筑学专业的视野与职业的范围，强调"整体的观念"、分析与综合辩证地统一，将传统建筑学展扩为全面的发展、兼容并包的、开放的"广义建筑学"。这就是说，21世纪的建筑学发展方面，就是要运用系统的思想，整合近现代建筑学的理论，探究广义的建筑学，并致力于建筑学向广度与深度发展。面向21世纪的建筑文化学，就是为人类创造更加美好宜人的生活环境，弘扬建筑文化的特色与自尊，并不断地丰富建筑文化的内涵与意境。

1. 广义建筑学的内涵

"广义建筑学"（A General Theory of Architecture）一词是中国科学院院士、中国工程院院士、清华大学建筑学院吴良镛教授最先提出来的。广义建筑学的涵义，就是指通过城市设计的核心作用，把建筑学、大地景观、城市规划学等学科的精髓与要旨整合为一体。也就是说，广义的建筑学是"建筑——大地景观——城市"三位一体的综合创造。我们知道，建筑学与大千世界的辩证关系，归根到底，它主要集中在建筑的空间组合与形式的创造上。建筑学的任务就是要综合社会的、经济的、技术的因素，为人的发展创造合适的形式与理想的空间。

国际建协（UIA）在1981年的《华沙宣言》中指出："规划、建筑和设计不应把城市当作一系列的组成要素，而应努力创造一个整合的多功能的环境。城市化追求建筑环境的连续性，这个新观念意味着每一幢建筑不再是孤立的，而是连续体的一个组成元素。重点不在容器上，而在内容上，不在孤立的建筑物上，无论它是多么复杂、多么美丽，而在于城市肌理的连续性。"芬兰建筑师阿尔瓦·阿尔托（Alvar Aalto）也指出："建筑永远不能脱离自然和人类要素，相反，它的功能应当是让我们贴近自然。"国际建协副主席、清华大学国家人居环境中心主任吴良镛教授在《广义建筑学》一书中则呼吁："要将建筑、大地景观、城市规划相融合，要把建筑环境与自然环境加以整体地考虑。"众所周知，中国历史上有名的城市，诸如北京、南京、西安、杭州、洛阳、开封、苏州、扬州等，它们从都市城址的选择、城市结构、建筑群的组合到场所意境的创造和建筑文化精神的追求，都涵盖了建筑、大地景观、城市等的统一与整合。可以说，这正是中国建筑体系的特色与精华之所在。

在21世纪人类新纪元的发展过程中，建设的规模与尺度将日益扩大，而建设的周期又将日益缩短，这为建筑师们视建筑、大地景观和城市规划为一体提出了更迫切而又现实的要求，也给建筑师的实践活动以更大的机遇。新世纪、新时代需要大手笔，让我们更加高瞻远瞩、高屋建瓴地把建筑、大地景观和城市规划等的学科融为一体，并精心地构建和综合地创造。

2. 根植于文化土壤的21世纪高新技术

充分发挥技术对人类社会文明进步的促进作用，是新世纪的重要使命。在当今各种技术并存、世界区域差异显著的时代，一方面，在理论上我们要重视高新技术的开拓在建筑学发展中所起的作用，积极地把国际先进技术与国家或地区的实际相结合，推动技术的进步。比如设计结合自然、设计结合气候、建筑和城市规划中太阳能的应用、现代乡土建筑的倡导等。我们还要因地制宜地采取多层次的技术结构，综合利用高新技术（hi-tech）、中间技术（intermediate technology）、适宜技术（appropriate technology）、传统技术（traditional technology）等，以解决人居环境的建设问题，并满足建筑在经济、实用和美观方面的要求。另一方面，在技术应用上，要结合生态的、经济的、地区的观点等，进行不同程度的革新，以推动新的建筑艺术的创造。这方面，埃及建筑师法赛（H·Fathy）、印度建筑师柯里亚（C·Correa）、马来西亚的杨经文（K. Yeang）、英国建筑师福斯特（N.Forster）、法国建筑师保罗·安德鲁（Paul Andreu）等做出了表率。

我们知道，文化包括了科学与技术，科学技术的发展又必须考虑人的因素，即看它是否符合人类文明的可持续发展的需要。阿尔瓦·阿尔托（Alvar Aalto）曾指出："只有把技术功能的内涵加以扩展，直至覆盖心理的范畴，这样才能真正使建筑成其为人的建筑。这也是实现建筑人性化的唯一途径。"这就是说，只有根植于文化土壤的技术，这才是21世纪的高新技术；只有将技术与人文相结合，这才是21世纪建筑的科技观与文化观。

3. 21世纪的建筑文化学将面向全球与多元化的共生，面向民族性、地区性与世界性的交融，面向东方建筑哲理与西方建筑哲理的相得益彰。

（1）全球化与多元化的共生　全球化就是指人类的社会、经济、科技和文化等各个层面，突破彼此分割的多中心状态，走向世界范围的同步化和一体化过程。全球化的现象，是人类社会的经济基础和生产生活方式发展到一定历史阶段的产物。马克思在《共产党宣言》中指出："资产阶级，由于开拓了世界市场，使一切国家的生产和消费都成为世界性的了。……过去那种地方的和民族的自给自足的闭关自守状态，被各民族的各方面的互相往来和各方面的互相信赖所代替了。物质生产是如此，精神生产也是如此。各民族的精神产品成了公共的财富。"

多元化则是指世界格局的多极化、经济与社会生活方式的多样化以及世界文化的多元构成等。在工业时代，标准化和同一性是提高经济效益的必要条件。而在知识经济的新纪元时代，多元化与差异性则创造出了更大的经济价值。文化的地区性与民族性深刻地影响建筑的创作。

众所周知，建筑文化的全球化与多元化是一体之两面，建筑文化的全球化推动着地区的迅速变化与发展：另一方面，建筑文化和当时当地的生活方式结合得最为密切，随着全球各文化之间同质性的增加，发掘地域文化精华也愈显迫切。广大的建筑师在社会的实践与创作中，逐渐地认识到了建筑师自身的使命，这就是要保护城市的历史文化遗产，创造具有地区特色的建筑与城市，建设一个温馨、舒康而又文明的人居环境。

（2）民族性、地区性与世界性的交融　建筑文化的全球化与多元化，同样还面临着这样的问题，即如何使民族、地区仍旧保持凝聚力和活力，开为全球的文明作出新的贡献，同时又使全球文明的发展有益于民族文化的发展。建筑是经济、技术、艺术、哲学、历史等各种要素的有机综合体。作为一种文化，建筑具有时空和地区的特性，这是不同的社会生活方式在建筑中的反映。同时，这种文化的特性又与同时期社会的发展水平是相关的。

国际建协（UIA）在1981年的《华沙宣言》中指出："当今世界丰富多彩，人们的生活状况各不相同，他们生活在各种各样的地理环境中，气候、社会经济体制、文化背景、生活习惯的价值观念不一致。因此，他们进一步发展的方式也理应不同。人居环境规划必须充分尊重地方文化的社会需要，寻求人的生活质量提高。"

一方面，全球不同地区的文化智慧、价值观念丰富了人类的社会生活；另一方面，我们又要立足于地方，结合本国本地区的实际情况，融合、发扬不同的文化，为人类创造一个美好的未来。

众所周知，各地区固有的传统文化与世界的全球化、一致化的冲突是客观存在的，但并非绝对排斥。建筑的地区性是各地区人民在长期相对封闭的状态下形成的。因此，有其封闭的、保守的一面，但它却丰富了全球建筑文化和多样化。国际化强调建筑的功能与当代技术的结合，这是非常积极、进步的，而技术的通用性，其雷同、僵化、反传统的缺陷也是显而易见的。过分钟情于全球化的科技文明，这并不符合世界民族文明——人类文化的"生物多样性"这一多元共存的可持续发展的新生态伦理观。因此，过分地强调地区性、国际式两者中的一者都是不对的，都有其存在的局限性。有鉴于此，我们应当辩证地分析，并能够准确地把握世界文明的多元化与地区建筑文化的扬弃、继续与发展的有机统一。

建筑是地区的产物，其形式的意义来源于地方的文脉，并使地方文脉发扬光大。但这并不意味着地区建筑仅仅是地区历史的产物。恰恰相反，地区的建筑更应与地区未来相连。建筑学的意义就在于以创造性的设计联系历史与未来。不同国家与地区之间的交流，并不是方法与手段的简单转让，而是激发各自想像力的一种途径。

中国科学院院士、中国工程院院士、清华大学建筑学院吴良镛教授在《世纪的凝思：建筑学的未来》一书中指出："现代建筑的地区化、乡土建筑的现代化，殊途同归，共同推动世界和地区的进步与丰富多彩。"

（3）东方建筑哲理与西方建筑哲理的相得益彰　人文主义精神和复萌是当代世界建筑发展的主要趋势之一。西班牙建筑师莫尼斯（R.f.eIM.nes）的梅里达罗马艺术博物馆等设计作品就堪称这方面的典范。国际建协（UIA）评价莫尼斯的设计作品的特点是："尊重城市文化，保护并尊重现有的环境；其作品交织于城市的肌理之中，并成为城市居民日常生活空间的完整部分；在结构与创新方面努力创造平衡，并发掘文化的内涵，从而提高创作之品质。"

在当今世界文化的范围内，建筑师的发展一方面要认识到其固有的历史特性，另一方面又要从其他文化中寻找新的理念。为此，我们就必须以现代的哲学、思想为理论基础，深入地研究东西方的历史与现状，并从东西的多元文化中吸取营养。

众所周知，东西方美学各具理论特色。以"天人和谐"为例，东西方美学对"和谐"的不同起源、不同基本特征，对和谐的美学表现等各有不同的意向。西方美学认为，整个宇宙是一个按预定规划和谐地构成并有秩序地运转的体系，这个规则的核心是"数"，有完善比例的数构成宇宙和谐的节和律。而人按照数的原则在寻找体形的比例，并发现了黄金比、人体比例、柱式等的几何规则，又将形式美的规律表述为比例、尺度、对称、均衡、节奏、韵律、对比、秩序、变化、统一、序列、重点，然后总归于和谐。古典盛期的希腊雕刻与建筑是人类和谐的最高典范。与西方美学不同，东方美学则更偏向于寻求意境美的内心的宁静与和谐，将神韵美的表达形容得出神入化：大音希声、大象无形；计白为黑、虚处传神；超以象外、得其环中；逸笔草草、不求形似；弦外之音、言外之意；羚羊挂角、无迹可求；不着一字、尽得风流。东方美学最后寻求的亦是和谐。中国的儒家文化，提倡中和美，从人际关系到艺术的形式，都要求以和为贵。古代中国人的"天人合一"、"天、地、人"三位一体的哲理，这在中国的住宅、园林、村庄和城市空间的布局上表现为与大自然和高度和谐。而西方人在建筑哲理上提出的"设计结合自然"（Design with nature）、"设计必须为人"（Design must be for People）；在城市规划、建筑与环境设计方面提出的新的土地使用模式——建立更多的社会活动、文化活动和商业活动场所，这诸如城市广场、游乐场、博览会、公园、市场等，以便满足城市居民娱乐、游憩、购物等的共享活动需要；在城市街区及小块土地上开辟更多的配置有良好的街道小品设施的街心花园，并特别强调居住区要富于家园气息等。所有这些建筑、规划设计的理念对于当今我国的城市规划与环境设计，对于面向21世纪的建筑文化学的创造，都将有着深远的、积极的和现实的借鉴作用。

东西方建筑哲学的融合和各自文化的持续创造，将开拓建筑文化艺术新未来。方克立先生在《21世纪与东西方文化》一文中指出："就我们来说，东方文化复兴的过程也是加速东方文化交流融合，并加速全球文化整合的前进过程"。美国世界观察研究所在一篇题为《世界情况报告——面对中国的极限（Facing China Limits）》的文章中这样写道："数千年来，中国文化和哲学对当今世界产生重大影响的主题是：与自然的和谐发展和对家庭的承诺。中国的传统及其哲学与可持续发展的社会和现代的概念是一致的，即在尽可能选择不损害子孙后代和自然健康环境的情况下去满足现代人的需求。"由此可见，对中国传统文化的扬弃（批判与继承）同样是非常必要的。

中国传统文化的继承和西方文化的吸收要"和而不同"。《国语·郑语》云："和实生物，同则不继"；《论语·子路》云："君子和而不同，小人同而不和。"我们不仅要看到事物的多样性，要注意不同事物的不同特性，而且还要看到它们之间的相辅相成、相生相长。只有同一，事物是不会发展的；只有提倡不同特性事物间的相互取长补短，事物才能得到发展。因此，东西方不同的文化要相互理解，要善于吸取对方的优点，只有这样，东西方文化才能相互交流、补充和丰富，东西方建筑哲理才能够相得益彰。

综上所述，作为中国的建筑师和建筑学者，我们将有能力、有义务去科学地发展与整理本土的建筑文化精神，不断地汲取外来建筑文化的精华，并加以整合与集成，从而更好地创造出面向21世纪的建筑文化学。

参考文献：

[1] 吴良镛. 广义建筑学 [M]. 北京：清华大学出版社，1989.

[2] 吴良镛. 国际建协《北京宪章》：建筑学的未来 [M]. 北京：清华大学出版社，2002.

[3] 吴良镛. 人居环境科学导论 [M]. 北京：中国建筑工业出版社，2001.

[4]（美）刘易斯·芒福德. 城市文化 [M]. 宋俊岭，李翔宁等译. 北京：中国建筑工业出版社，2009.

[5]（英）彼得·霍尔. 明日之城：一部关于20世纪城市规划与设计的思想史 [M]. 童明译. 上海：同济大学出版社，2009.

[6]（美）刘易斯·芒福德. 城市发展史——起源、演变和前景 [M]. 倪文彦，宋俊岭译. 北京：中国建筑工业出版社，1989.

[7]（古罗马）维特鲁威. 建筑十书 [M]. 高履泰译. 北京：中国建筑工业出版社，1986.

（本文入选全国首届历史城市与历史建筑保护国际学术讨论会论文集）

植根于岭南大地的建筑创作与创新思维

——写在莫伯治大师100周年诞辰之际

《莫伯治大师建筑创作实践与理念》

吴宇江　莫　旭　主编

中国建筑工业出版社

一、莫伯治大师的学养

古人云："读万卷书，行万里路"。莫伯治大师就是这样一位身体力行、令人景仰的先贤。莫大师在《建筑创作的实践与思维》一文中曾这样写道："在学生时代，比我年岁高很多的堂兄，拥有一座藏书丰富的图书馆，也就是有名的'五十万卷楼'，这使我有可能对我国诸多文化典籍进行广泛的涉猎，并成为我转入建筑创作的文化基础。"莫伯治大师一生爱书、读书、买书。他涉猎广泛，建筑、美术、文学、史地，以至现代科学与工程技术的最新发展，都饶有兴趣地关注，特别是他晚年以后，思路更加开阔，钻研日益深远，古至线装的史籍府志、原始岩画，远至非洲考古、埃及文明，均在其阅读与思考的范畴之内。莫伯治大师的弟子许迪在《和大师在一起的日子》一文中这样回忆道："在他古香古色的会客厅里，除了花儿草儿什么的，到处都摆满了书籍，长几上还有放大镜、老粗老粗的大师铅笔和卷成卷的黄色草图纸等几样文具，零乱之中却透着一股书卷气。印象最深的是这些书大部分都夹着或新或旧的书签或纸条，显然人家是老经常翻阅的。这些书的门类十分庞杂，除了几本与建筑有关的书外，大部分是有关历史文化、民族风俗、文物考古等大部头的典籍。"

莫伯治大师不但学养有素，而且待人真诚、祥和。他从不以长辈自居，无论是位居要职的领导、专家，还是刚刚入行的青年学生，莫大师都一视同仁、平等对待，从没摆出高人一等的姿态。他以渊博的知识、高尚的文化修养和过人的品德团结了所有的人。

天地有大美而不言。这是一种气概，更是学识和人格兼备方能达到的思想境界。大的学问，要有如山的人格作为支撑，我们从莫大师身上感受到了这种出神入化的境界。

二、莫伯治大师与岭南园林

提到岭南园林，我们都不会忘记莫伯治大师的挚友夏昌世先生。夏昌世先生是我国著名的建筑学家、建筑教育家、园林学家，他信仰现代主义建筑哲学，奉行包豪斯宗旨，是岭南建筑的先驱之一。夏昌世先生的建筑作品有华南工学院图书馆、行政办公楼、教学楼和校园规划，中山医学院医疗、教学建筑群，湛江海员俱乐部等。自20世纪50年代中期起，夏昌世先生就与莫伯治大师一道开展岭南庭园的调查研究，并且硕果累累。夏昌世先生著有《园林述要》一书，与莫伯治大师合著有《岭南庭园》一书，他们还共同发表了《中国古代造园与组景》、《漫谈岭南庭园》等的文章。

莫伯治大师解放初期从香港回到广州，就参与了广州的恢复建设工作，并开展岭南庭园与民间建筑的调查研究，特别是与夏昌世先生的合作，使得莫伯治大师的建筑创作首先是从园林设计开始的。

1957年，莫伯治大师完成了岭南庭园与岭南建筑相结合的第一个建筑设计作品——广州北园酒家。广州北园酒家的设计，吸收了岭南传统园林的手法，将具有浓郁岭南文化特色的装修材料运用到餐饮建筑中，使建筑与园林环境融为一体，且又有强烈的地方风格。

继广州北园酒家之后，莫伯治大师又设计出广州泮溪酒家（1960年）、广州南园酒家（1962年）等的岭南建筑佳作。诚如莫伯治大师自己所讲："在这几个设计中，我把岭南庭园中的山、水、植物诸要素，以及在农村陆续搜索、选购到的那些拆旧房时留下的建筑和装修构件（主要是雕饰、窗扇、屏风和门扇等木构件，当时多被村民用作燃料），运用、组织到新建筑中，既及时抢救了传统岭南建筑中的文物精华，又形成岭南建筑与岭南园林的有机结合。"莫伯治大师的创作实践得到了领导和广大人民群众的一致好评。这之后，莫伯治大师又创作了广州白云山庄旅舍（1962年）、广州白云山双溪别墅（1963年）和广州矿泉别墅（1974年）等的园林建筑。

广州白云山双溪别墅和广州白云山庄旅舍的创作特点是把建筑融合于山林环境中，而广州矿泉别墅虽处市区，也同样创造了一种林木苍郁、水波荡漾的园林境界。莫伯治大师的建筑创作，注重与历史和环境的对话与沟通，其建筑造型、建筑环境既保持地方特色，又赋予新意，体现了新时代的审美意趣。他追求岭南建筑与岭南庭园的完美结合，旨在创造出"令居之者忘老，寓之者忘归，游之者忘倦"的理想境界。

三、莫伯治大师的建筑创作与创新思维

莫伯治大师在2000年回首自己将近半个世纪之内所走过的建筑创作道路时，把自己的建筑创作实践与理论思考过程划分为3个阶级，这就是：（一）岭南庭园与岭南建筑的结合，推进了岭南建筑与庭园的同步发展，其代表作品有广州北园酒家（1958年）、广州泮溪酒家（1960年）、广州南园酒家（1962年）、广州白云山双溪别墅（1963年）等；（二）现代主义与岭南建筑的结合，其代表作品有广州白云山山庄旅舍（1962年）、广州宾馆（1968年）、广州矿泉别墅（1974年）、广州白云宾馆（1976年）、广州白天鹅宾馆（1983年）等；（三）表现主义的新探索，其代表作品有广州西汉南越王墓博物馆（1991年）、广州岭南画派纪念馆（1992年）、广州地铁控制中心（1998年）和广州红线女艺术中心（1999年）等。

1. 现代主义与岭南建筑的有机结合

众所周知，现代主义建筑注重功能，主张新技术、新材料的应用。在广州宾馆、广州白云宾馆、广州白天鹅宾馆等设计中，莫伯治大师明确引进了现代主义的

理念。现代主义强调现代生活、功能、技术在建筑中的主导作用，努力摆脱学院派和复古主义思想的影响，力求建筑功能的合理性和投资的经济性，同时也更加重视由于地区气候和人民生活习惯的不同而形成的岭南建筑的地方特色和地方传统，体现岭南地方风格与现代主义的有机结合。

广州白云宾馆是全国第一幢超高层旅游建筑，高33层，建筑面积5.86万m²，是为广州的外事活动和广交会的特殊需要而设计的。这是一座现代建筑，在环境设计、室内公共空间设计中十分注意对原有环境的保留与美化，注意室内外活动空间的民主性与群众性，在保证其功能适用的同时还尽量节约投资，为超高层宾馆的设计和建设积累了有用的经验。

广州白天鹅宾馆，高33层，建筑面积10万m²，是全国第一个引进外资的5星级宾馆。它的设计和管理都已经达到国际上同类宾馆的水准，而它的单方造价在当时全国同等标准的宾馆中是最节省的。尤其在室内外环境设计中强调了与所在环境的联系与沟通，其室内大堂中以"故乡水"点题的庭园，再现了祖国绮丽的山水景色，令归来的海外游子顿生"天涯归来意，祖国正风流"之叹，并深受广州市民的欢迎，成为市民们有口皆碑的一个旅游点。现代主义、地方特色与生活情趣的有机结合，是广州白天鹅宾馆创作成功的关键。

进入20世纪90年代以后，莫伯治大师在广州中华广场、中国工商银行珠海软件开发中心、昆明邦克饭店、沈阳嘉阳广场（购物中心、公寓）、沈阳嘉阳协和广场（购物中心）、汕头市中级人民法院等若干新建筑的创作中，仍然继续着对有中国特色的现代主义的探索。

2. 新的表现主义的探索与尝试

建筑领域中表现主义的最初浪潮出现在20世纪初期的北欧，它的特点是通过夸张的建筑造型和构图手法，塑造超常的、动感的或怪诞的建筑形象，并表现了建筑师希望赋予建筑物的某些情绪和心里体验，从而引起人们对建筑形象及其含义的欣赏、猜想与联想。当时所出现的表现主义作品有密斯·凡·德·罗所做的柏林费里德利希大街办公楼方案（1921年）、汉斯·口尔齐格的柏林剧场（1919年）、格罗皮乌斯三月革命死难者纪念碑（1926年）等。近百年来，表现主义建筑的代表作品有法国朗香教堂（1950～1955年）、美国纽约肯尼迪机场TWA航站楼（1961年）、澳大利亚悉尼歌剧院（1973年）和印度大同教莲花教堂（1986年）等。

莫伯治大师的建筑创作不但强调地域的特色，而且更加注重现代主义的引进。特别是他在建筑艺术表现上进行了全新的探索，并对表现主义做了重新地审视和思考。

莫伯治大师在广州西汉南越王墓博物馆（1990～1993年）、广州岭南画派纪念馆（1992年）、广州地铁控制中心（1998年）和广州红线女艺术中心（1999年）的创作和思考中，为了强调它们的个性，表现它们的特有内涵，分别采用了特殊的造型和夸张的构图手法。

广州西汉南越王墓博物馆设计，以汉代石阙和古埃及阙门形式变体为主体，面向城市街道，其巨大的实（石）墙和墙上的浮雕及门口的动物雕塑展现了建筑的特殊内涵，并与墓室、场地、展览馆共同组成一个有较多表现层次的群体；广州岭南画派纪念馆，则以不规则的外墙和抽象雕塑的门廊，突出表现了对岭南画派的革新精神和艺术风格的回顾与阐扬；广州地铁控制中心，采用大尺度的简单几何体块，其体型组合自由活泼，色调反差明显，整体上具有强烈的动感和尺度感，表现出改革开放新时期的气势、激情和艺术效果；广州红线女艺术中心，力求一种富有感动的建筑造型和空间来表现建筑的主题，即在门厅（展厅）与排练厅（观众厅）的过渡带上空插入天窗，以丰富其室内空间，并使建筑在正面墙体上不开窗，从而保证了整个建筑雕塑造型的完整性；广州艺术博物馆，是将岭南建筑与岭南园林，传统与现代，以至表现主义熔于一炉。这既有地方风格，又有表现主义手法润色其中，形成一个轮廓丰富、塔楼矗立、庭园山水、雕饰精雅的建筑群体，自然地融合在公园绿地和城郊的自然景观之中。它表明建筑艺术创作的多样性和适应性，以及当代岭南建筑的活力和继续发展及创新的可行性。

半个多世纪以来，莫伯治大师在建筑创作和岭南建筑新风格的探索中，走在时代的前列，设计了一批有影响的建筑作品，形成了独特的个人风格。他的作品体现出强烈的时代性、地域性和文化性。

莫伯治大师的建筑作品多为精品，常属开风气之先，引领建筑新潮之作，因而多次获得住房和城乡建设部、中国建筑学会、教育部、广东省、云南省和广州市的各类奖项。特别是1993年，中国建筑学会在成立40周年之际，对全国1953～1988年的62个建筑项目授予"优秀建筑创作奖"，对1988～1992年的8个建筑项目授予"建筑创作奖"。在上述一共70个获奖项目中，有6个是莫伯治大师主持设计的，有一个（广州白天鹅宾馆）是与佘畯南大师合作主持设计的。这7个作品分别是：广州泮溪酒家（1953～1988年）；广州白云山山庄旅舍（1953～1988年）；广州白云山双溪别墅（1953～1988年）；广州矿泉别墅（1953～1988年）；广州白云宾馆（1953～1988年）；广州白天鹅宾馆（1953～1988年）（与佘畯南大师合作主持设计）；广州西汉南越王墓博物馆（1988～1992年）。其中莫伯治大师荣获奖项竟占1/10（其中有一项是与佘畯南大师合作完成的），全国尚无第2位建筑师有这么多作品获此殊荣。这表明莫伯治大师在中国建筑作中的重要地位，他不愧是中国最杰出的建筑大师。

莫伯治先生在去世前的上半月还在思考着中国建筑现代化的问题，这就是在研究中国建筑自身特点和文化内涵的同时，更应当探索当今世界建筑的不同理念、不同审美观和创作理论，结合自身特有的地域和文化环境，形成新的现代中国建筑风格。诚如《世界建筑》前主编曾昭奋教授所讲："莫伯治是一位既从事建筑创作，又重视理论探索，而且成绩卓著的建筑大师。"的确，莫伯治先生一生的建筑创作与思维不正是他植根于岭南大地硕果累累的光辉写照么？我们从莫伯治大师身上看到了一个建筑师所应具备的职业道德、学养和创新精神，而这种职业道德、学养和创新精神，正是今天我们每一个建筑师成功的基石。

参考文献：

[1]岭南建筑丛书编辑委员会. 莫伯治集［M］. 广州：华南理工大学出版社，1994.

[2]曾昭奋. 岭南建筑艺术之光——解读莫伯治［M］. 广州：暨南大学出版社，2004.

[3]夏昌世，莫伯治. 岭南庭园［M］. 北京：中国建筑工业出版社，2008.

[4]曾昭奋. 莫伯治文集［M］. 北京：中国建筑工业出版社，2012.

（本文引自《莫伯治大师建筑创作实践与理念》一书，

并入选全国第14次建筑与文化学术研讨会论文集）

北涧桥——中国木拱廊桥的千古绝唱

一、中国古代桥梁渊薮

人类生活离不开水。人用水以作食、洗涤，以种五谷，以养六畜，一日不能无之。所以不论穴居巢处，仍需聚于水侧，先是傍泉靠河，后或凿井开渠。《中兴永安桥记》："水行乎地中，大为江河淮济，小为溪涧井泉。汲而取之，引而导之，可以充灌溉、具食饮、资涤濯、备涂泽。然可用而不可犯。使犯之而不溺，履之而不陷（冰），去其害而就其利者，盖有道焉。于水之直流而远者，作舟航以行之。横流而近者，造桥梁以通之。"自然界有天生的石梁石拱、溪涧落石、横流睡木、悬谷藤萝。这些不假人力的天然桥梁，使得原始人类扩大其活动范围，而不至隔绝。

我们的祖先，由原始游牧进入定点聚居，随着他们生活、生产资料的日臻繁盛，便逐渐完整地创建了宅室坛台、城郭道路、车舆舟楫。早期的建筑群，便成为部落聚居经营的场所。桥梁亦初具规模，并日益成为生活中不可或缺的重要建筑。最早出现的人工建筑可能是踏步桥，然后是梁、桥、梁桥、桥梁。

（一）矼

甲骨文中有▽/△或▽/字是指抛石水中，踏步成桥，后来称之为矼。《广韵》、《集韵》、《韵会》注"矼"为："古双切，音江，聚石为渡水也，通作杠"。这就是今天所谓的汀（或作碇、矴）步（或作埠），俗称石踏步、跳墩子。矼，严格地说也不能称桥，然而是梁或桥的起步。

（二）浮桥

过河称渡。《说文》："渡，济也。"凡是摆渡过河的地方都称为津。《说文》：

"津，水渡也，从水，聿声。"《水经注·河水五》："自黄河泛舟而渡者皆为津也。"所有河道上的渡口都称津，合称津渡。南方称摆渡的地方为埠或埠头。《青箱杂录》记："岭南谓水津为步（通埠），故船步即人渡船处。"

《诗·谷风》道："就其深矣，方之舟之；就其浅矣，泳之游之。"意即说，比较浅的地主，可以游过；相当深的地方，只能用小的竹或木筏，或用船渡过去。船的发明年代较早。《易·系辞下》有："黄帝尧舜，垂衣裳而天下治。……刳木为舟，剡木为楫，舟楫之利，以通不济。"

福建省寿宁县平溪镇碇步

浮梁（浮桥）多数用舟，也即舟梁（舟桥），亦称桥航。舟桥自然以船为浮体，规模可大可小，少至三五小艇，多至"连舰千艘。"除较小的浮桥，船只单独分列。一般浮桥至少以两条船并列，用横木联成一个单元体，称为"方舟"，即"航"。航也通杭或桁。所以浮桥也称浮航或浮桁。

浮桥的记载，最早见之于《诗·大明》："……文王初载，天作之合……倪天之妹，文定厥祥。亲迎于渭、造舟为梁。"周文王娶有莘氏之女，在渭水上架浮桥。其时间公元前1229～1227年。唐代诗人王昌龄在《灞桥赋》中写道"圣人以美利天下，作舟。禹乃开凿，百川纡余，舟不可以无水，水不可以通舆。遂各丽于所得，非其安而不居。横浮梁于极浦，会有迹于通墟。"可见顺河而行可以用舟，横河而渡亦能用舟。较早的古代桥梁，不是木梁柱桥，便是浮桥。

（三）梁、桥

梁和桥梁是异名同义的两个单词。汉、许慎《说文解字》释梁"梁，水桥也。从木、水，刃声。"段注为："梁之字，用木跨水，则今之桥也"；而"桥"则是："桥，水梁也。从木，乔声，高而曲也。桥之为言趫也（善缘木走），矫然也。"

梁、桥都从木，原意都是木梁桥。可是梁字早而桥字晚。梁古文作，即水上立柱（或墩）而架木。桥字从木从乔，乔在从声之外，形象上还像一座上建桥亭、下面通船只的驼峰式木梁桥。秦以前，称梁或桥多半是梁桥。西汉以后，桥梁结构形式增多，桥梁是各种桥式的总称，梁桥不过是桥梁的一种。

（四）木拱廊桥

拱桥是中国古桥中遍及全国的一种桥式。拱字的意义，不是从拱桥的构造，而是以拱桥的形象从其他事物中假借而来。《说文》拱："敛手也。"抱拳敛手谓之拱。环绕合执、隆起弯曲都称为拱。《徐霞客游记》以巩作拱。《说文》巩："以韦（皮带）束也，《易》曰：'巩用黄牛之革'"，便是以环绕合执的形象，因巩借作拱。

拱桥按类别分，大致有石拱桥、砖拱桥、竹拱桥、木拱桥等，这里我们着重谈编木拱桥。

中国桥梁，有一类十分别致，即在世界桥梁史中绝无仅有的木拱桥，这就是编木拱桥。

《清明上河图》是北宋画家张择端的一幅名画，现藏故宫博物院。画为高25.5cm、长525cm的长卷，描绘了北宋·汴京（今河南开封）东南城及城郊清明时节的景象。画面由宁静的郊外，引入繁华热闹的汴河岸边的市桥，再转入整齐平静的街道。汴京的桥梁为数极多，图上虹桥便是代表性的一座，画家为我们留下了这座桥珍贵的形象，表现出高度的创作概括能力和写实表现的手法。

张择端，北宋人。《清明上河图》原无作者署名，原来画后金代张著为其题跋文："翰林张择端，字正道，东武（今山东诸城）人也。幼读书，游于京师。后习绘事，本工其界面，尤嗜舟车、市桥、郭径，别成家数也"。张择端生卒年月无考。《清明上河图》所绘乃北宋晚期政和、宣和（1111~1125年）时的宋都汴京的景象。

开封在春秋时期是梁国的都城，所以又称大梁。战国时为魏都，五代的后周和北宋都于此。这里曾是极繁华的地方。流经开封的汴水，禹贡称漓水，春秋为郏水，秦汉时为鸿沟、浪荡渠，之后一直名叫汴水。隋炀帝开通运河后，龙舟由洛水入黄河，转汴河、泗水，直到扬州。汴水经过开封时穿城而过。《东京梦华录》记汴水："自西京洛口分水入京城，东去至泗州入淮，运东南之粮，凡东南方物，由

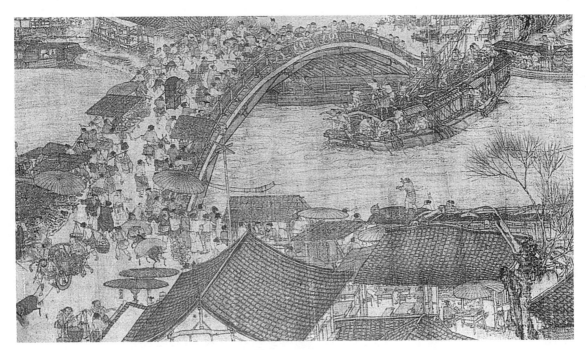

清明上河图卷（局部）

此入京城，公私仰给焉。"又说："自东水门外七里，至西水门外，河上有桥十三。自东水门外七里，曰虹桥。其桥无柱，皆以巨木虚架，饰以丹艧，宛如长虹，其上下土桥亦如之。次曰顺成仓桥。入水门里曰便桥，次曰下土桥，次曰上土桥。投西角子门曰相国寺桥，次曰州桥（又名天汉桥）……"上述记录和《宋史·地理志》与《清明上河图》所绘十分合拍。张择端长卷所绘汴京景象虽只表现了汴京繁华的一小部分，却是万像俱全的当年一幅生动的生活风俗画。画的中心部分取的是汴水虹桥。同样的桥式，还有上土桥和下土桥，但具在画外。

从《清明上河图》的汴水虹桥，再回到我们生活中的廊桥来。廊桥，又称屋桥、亭桥、瓦桥，顾名思义，就是桥上有顶或桥上架屋。我国侗族地区富有民族特色的长廊式木梁桥，就是廊桥的一种，因可避风雨，称为风雨桥。因为桥上的建筑华丽，内部装饰考究，闽东和侗族一带也把它称为花桥，还有的地方称之为风水桥或福桥。廊桥不仅是交通设施，还具有社交、标志、观赏、祭祀等多种政治、经济、文化、民俗方面的功能。

交通功能应是廊桥最主要的功能。廊桥以它独特的风姿，横跨在河流、溪水、山谷之上，方便了村民之间的交往，促进了村寨之间的联系，沟通了山区与外界的

骖车过桥，汉画像砖

交流。福建屏南万安桥有一副楹联写道："过客勿惊难去马，行人且喜有长虹。"廊桥主要见于我国的南方地区。南方的雨水多、日照强，在木桥上加盖廊屋，可以保护木材建造的桥梁免受风雨和烈日的侵蚀，同时可以增加桥身的重量，以免洪水把桥冲掉，起到了延长桥梁使用寿命的作用。廊桥内两侧一般都有栏杆，沿着栏杆大多设置固定坐凳，桥头建有门屋，有的桥屋还有供人暂住的房间，为过往行人提供了落脚歇息的场所。风雨来临时，它是行人避风躲雨的保护伞；天气炎热时，它是行人避暑乘凉的好地方。由于受到当时生产力水平和木结构的限制，廊桥的交通性主要表现为人畜为主体的步行交通。

廊桥除了起到组织交通、遮日避雨的作用，还为乡民们提供了重要的社交和娱乐空间。地处交通要道的桥梁，常常被人们自发地用来摆摊设店做买卖，甚至兼作集市使用。这种集市古称为"桥市"。在村落附近的廊桥，常常成为群众聚会交游的场所。平时老人在这里谈古论今，儿童在这里嬉戏玩耍，青年男女在这里谈情说爱。每逢节假日，这里更是熙熙攘攘，热闹非凡。

廊桥还是桥梁和廊、屋、亭的巧妙结合，那极富特色的外部造型，作为一种重要的景观和地标，具有强烈的标志功能。在堪舆风水说十分盛行的古代，人们认为流水会带走一个地方的吉祥之气，而桥却能锁水，使风水变好。因此，位于部落中的廊桥还可作为村落水口建筑。

桥与庙的紧密结合也是廊桥的一大特色。廊桥中大部分设有神龛供乡民祭祀。

神龛多设在桥屋当中，也有的偏居在桥屋的一旁；有的则在桥头路冲独立建庙。有楼阁的廊桥，便将神龛设在楼上。神龛祭祀的对象主要有观世音菩萨、关公、文昌君、土地公婆、临水夫人等，还有一些是只有当地人才知晓的神灵，如闽东一带的黄三公、马仙姑等。每年的正月是祭祀最隆重的时候，虔诚的乡民们从四面八方聚集到桥上，依次进行祭祀。隆重的摆上整只猪头，奉上茶、酒，一般的带来几盘菜肴、水果，插上几炷香，便可磕头作揖，祷告祈福，既祷告廊桥的平安，又祷念合家团圆、老少平安，祈求来年风调雨顺、财源广进。每月的初一、十五也常有善男信女前来行祀，甚至连廊桥的命名也带有宗教色彩，如福建寿宁的"仙宫桥"等。廊桥按其结构大体可分为木拱廊桥、石拱廊桥、平梁木廊桥等，这里主要是讲木拱廊桥。

在各类廊桥中，木拱廊桥的结构最为特殊。木拱廊桥，也称叠梁式风雨桥，因形似彩虹，又称虹梁式木构廊屋桥、"编木拱桥"等。由于对木拱廊桥外形和作用的理解不同，各地有不同的叫法。如在闽浙交界的山区，福建寿宁称之为"厝桥"，浙江泰顺称"蜈蚣桥"，福建周宁称"虾蛄桥"，浙江庆元称"鹊巢桥"，福建松溪称"饭筷桥"。木拱廊桥不仅在中国木构桥梁中技术含量最高，而且是桥梁史上绝无仅有的一个品种。如今在我国保存下来的木拱廊桥也只有100余座，它主要分布在福建、浙江两省交界处，即闽东和闽北的寿宁县、屏南县、周宁县、古田县、福安市、柘荣县、武夷山市、浦城县、政和县、松溪县和浙南的庆元县、景宁县、泰顺县、青田县一带。

木拱廊桥的结构基本一致。这种结构不用钉铆，只需要相同规格的杆件，别压穿插，搭接而成。整座桥梁结构全由大小均匀的巨大圆木纵横交织，交叉搭配，互相承托，逐节伸展，形成完整的木架式主拱骨架。木拱桥有很好的受压性能，只要拱架两端固定，就能很好地承受向下的荷载。在木拱廊桥上加盖廊屋的做法，可以有利于廊桥的稳定。

木拱廊桥通常建在河床宽大、水深流急之处，建筑材料多采用经得起风雨侵蚀的杉木。整座桥不费寸钉片铁，只靠榫卯连接，衔接严密，结构稳固。其建筑工艺巧夺天工、独具匠心，充分体现了我国古代桥梁匠师的聪明才智和高超技艺。清朝的周亮工在《闽小记》中这样描写木拱廊桥："闽中桥梁，最为巨丽，桥上建屋，翼翼楚楚，无处不堪图画。"典型的木拱廊桥有浙江庆元县的如龙桥，福建屏南县的万安桥、千乘桥，浙江泰顺县的三条桥、北涧桥等。

二、北涧桥——中国木拱廊桥的千古绝唱

（一）泰顺古廊桥生成的自然环境和人文地理

泰顺县位于浙江南部，百里岩疆。县境处北纬27°17′36″~27°48′34″，东经119°37′9″~120°14′56″之间。东邻浙江苍南县，西南与福建福鼎市、柘荣县、福安市、寿宁县相连，西北界浙江景宁县，东北接浙江文成县，总面积1761.5km²，总人口35万多人，素有"九山半水半分田"之称。

泰顺县地处华夏古陆东南部的一级隆起带上，洞宫山脉呈西北——东南走向入境，南雁荡山的支脉则自东北边境向西南延伸，双脉十字交叉，剧烈切割，形成崇山峻岭、旷谷幽回的中山地貌，世称"浙南屋脊"。县境地势由西北向东南倾斜。西北部是洞宫山脉的延伸，东南部属南雁荡山脉。大小山峰星罗棋布，谷峰连绵起伏，山间小谷众多。千米以上的山峰有179座，与浙江景宁畲族自治县交界的白云尖，为泰顺县的最高峰。

泰顺县境内大小河流百余条，纵横交错，汊坑密布，呈多干树枝状，分属飞云

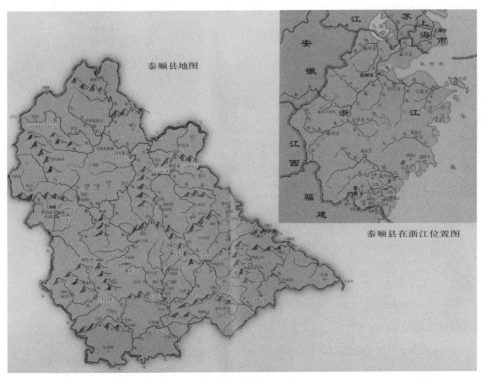

泰顺县区位图

江、交溪、沙埕港、鳌江四水系。水域面积86.6km²，占全县土地总面积的4.9%，与"九山半水半分田"的俗语不谋而合。因受地质构造运动和地势影响，溪谷狭窄，河床峻陡，河道落差大，源短湍急，溪水暴涨暴落，均属山间溪流，处处飞暴处处滩，因此县境内以百丈命名的地方尤其多。

泰顺县境属亚热带海洋型季风气候区，四季分明，气候温和，雨量充沛。春夏水热同步，秋冬光热互补。高山云雾弥漫，丘陵温和湿润。以平均气温划分四季：低于10℃为冬季，高于22℃为夏季，介于两者之间为春、秋两季。

泰顺是桥梁的故乡，素有"古桥博物馆"的美称。泰顺的薛宅桥、溪东桥、北涧桥、仙居桥和三条桥等木拱廊桥在中国古代桥梁建筑史上占有重要的地位，可称是泰顺乡土建筑之瑰宝，也是泰顺先民为后世留存的一份宝贵文化遗产。

泰顺民间桥梁不仅数量众多，而且其结构类型也多种多样。据《泰顺县交通志》记载，到1987年底，泰顺共有桥梁958座，总长19829多米，其中新中国成立前修建的476座，长7923m，所有的桥梁按结构类型可分为木拱桥、木平桥、石拱桥、石平桥等类型。

泰顺全县有木拱桥6座半，分别是泗溪镇的溪东桥、北涧桥；三魁镇的薛宅桥；仙稔乡的仙居桥；洲岭乡的三条桥；还有筱村镇的文兴桥等，它们建于明清两代。石拱桥是泰顺的主要桥梁类型，历史悠久，数量是所有桥梁中最多的，毓文桥和回澜桥是其杰出代表。石平桥（石板桥）数量仅次于石拱桥。木平桥是泰顺古桥类型之一，以刘宅桥年代最古。这里我们将重点介绍作为木拱廊桥典范之作的北涧桥。

（二）北涧桥——中国木拱桥的典范之作

如果说中国虹桥最美的要属泰顺木拱廊桥的话，那么，我们是不是可以说泰顺木拱廊桥最美的又当属泗溪镇的北涧桥呢？北涧桥又称北溪桥，位于泗溪镇下桥村的东、南、北三溪汇合处的古渡口，横跨北溪。建于清康熙十三年（1674年），嘉庆八年（1803年）重建，道光二十九年（1849年）重修，1987年又重修。桥长51.7m，宽5.37m，高11.22m，单跨29m。桥面呈曲拱状，桥面上建桥屋29间，计88柱。上履青瓦屋顶，两端山花为歇山造型。桥的正中三间突起，为重檐歇山顶，斜脊的起翘很高，呈大鹏展翅之状，显得十分轻盈。为防止风雨侵蚀，结构部分用漆成红色的木板封住。桥头两侧各建厢房数间。整个桥体结构合理，比例匀称，灰瓦红身，与青山碧水相辉映，就像一幅风情画卷。

古朴典雅、风景如画的北涧桥

廊桥与民居、古树、老街的自然结合，是北涧桥的最大特色。桥头的一条石板小街是整个村子的中心。一边是廊桥，一边是民居。廊桥上的飞檐与民宅的屋檐犬牙相错在小街之上，自然形成了风雨街道。过去这座桥上曾经住了12户人家，现在也还有6户人家住在这里。桥头及屋檐下设置了一些石凳、木椅，供村民在桥头休憩、闲谈、交易等。北涧桥的周围环境幽美。两条溪水在桥边汇合。沿着溪岸，一条小路将人引向桥头和村子。两棵古树立于桥头，一棵是樟树，另一棵是乌桕树，茂密的树冠遮天蔽日，衬托着北涧桥分外古朴典雅。

北涧桥头原是下桥村的商贸中心，以廊桥为中心建有许多商业店铺，底层是一爿爿铺子，二层供主人居住。老店铺以前主要是药材店、南货店、布

环境幽美的北涧桥田园风光

店等，还有茶铺。桥头的茶铺让过往行人深深感受到主人的盛情和朴实的民风。

北涧桥的东边原建有戏台，每年的年底是演戏最多的时候。因为年初时，乡民们都要到陈十四夫人宫、陈在翁宫里许愿，保佑五谷丰登，合家美满。陈十四夫人，原名陈婧姑，也称临水夫人、顺懿夫人。陈大翁相传是在泰顺百丈口渡船的船夫，心肠非常好，救过不少人。有一仙人听说陈大翁如此心善，便欲一试。仙人坐陈大翁的船渡到对岸后，谎称物件忘在了原岸，让陈大翁再渡回去。如此反复了7次，陈在翁都非常耐心地摆渡，仙人确认此人的心肠好到家了，便让他做了佛。泰顺县内许多陈姓居住地大都有祭祀陈大翁的习俗。此外，泰顺县木偶戏在浙南、闽东一带乡村享有很高的声誉，其从业人员之多、演技水平之高，均属全省之首。

三、泰顺古廊桥旅游开发的战略思考

（一）泰顺县独特的旅游资源

众所周知，遍布于泰顺丘壑溪涧的众多古廊桥正是泰顺县独具特色的旅游资源，其知名度亦逐渐为世人所知，并正吸引来无数慕名乘兴而来的旅游者。

（二）泰顺古廊桥旅游开发的切入点

泰顺古廊桥至今保存下来的共有30余座，本人认为，最具旅游开发价值的惟有泗溪镇的北涧桥，因为他不仅有古朴飘逸的北涧桥，近千年古龄的樟树和乌桕树、宁静祥和的古村落，而且还有开阔的河滩地、潺潺的流水、弥漫着泥土芬芳的田野。

泰顺廊桥名闻遐迩，游客慕名而来为的是一睹廊桥之景致，现在我们泰顺的领导和同志恨不得让每一个游客都把泰顺的古廊桥给看个遍，或是在一天的时间里面让游客多看几座古廊桥，这种善待游客的心情是可以理解的，但实在是没有必要，因为来旅游的人士绝大多数不是古建筑、古民居、古桥梁方面的专家。游客既然来到了我们的泰顺，这说明我们的古廊桥宣传工作做到家了，那么，怎样才能不让我们的游客扫兴而去呢？本人认为，关键之所在是把北涧桥的文章做实、做足、做透。

首先，要大力开发北涧桥的文化内涵，特别是它的楹联文化与祭祀的功能。

目前，北涧桥自身空荡荡的，既没有祭祀神龛的氛围，也没有廊桥楹联、景

联、对联的文化气息。我们知道，楹联具有咏景抒怀、画龙点睛之功效，楹联与廊桥融为一体，相映成趣。北涧桥的楹联文化有待我们去进一步挖掘、丰富和升华。

祭祀是廊桥的功能之一。大多廊桥都设有神龛供乡民做祭祀之用。神龛多设在桥屋当中，也有的偏居在桥屋的一旁，有的将神龛设在廊桥的楼阁上，有的则在桥头路冲建庙。祭祀的对象有人们熟知的观音菩萨、关公、文昌君、土地公婆、临水夫人等神灵。祭祀神灵是当地乡民精神生活的重要组成部分，他们祈求来年风调雨顺、财源广进、老少平安。时下，北涧桥为防火起见，断绝一切祭祀活动，这样，对旅游者来说就缺了一道亮丽的民俗文化景观。云南丽江古城的四方街就有一个火盆舞，每当夜幕降临之际，游客们就手舞足蹈地投入到其东巴文化的活动中来。大众参与已是现代旅游业的一项重大的活动。北涧桥必须恢复乡民祭祀神龛的活动，这不仅是在桥屋的中间，而且在桥头亦应设置神龛以供虔诚的乡民和游客进行祭祀和祈祷。让最广大的乡民和旅游者积极参与进来，从而把祭祀神龛活动的氛围做得天天像新春正月一样的热闹和隆重。

其次，着力修缮与开发北涧桥周边的古村落。

北涧桥周边的古村落已是破烂不堪，有的已是危房，这方面必须请古建筑、古民居保护方面的专家来做整体的规划与保护。北涧桥周边的古村落应开发出具有泰顺古廊桥博物馆（中国廊桥博物馆）、泰顺老街、泰顺茶社、泰顺旅游工艺品商店、泰顺小吃店、泰顺书城、泰顺客栈等旅游设施的场所，以便来北涧桥景区观光的中外游客有更多的自主选择余地。泰顺廊桥博物馆将集泰顺各地廊桥的实物图片、建造技术、民俗文化等融为一体，向到访的四海宾客展示其博大恢宏的中国古廊桥文化与造桥技术。廊桥博物馆内还可进行有地方特色的民俗表演，诸如木偶戏等。这方面的旅游资源还有待进一步的开发、挖掘与研究，我们相信，泰顺廊桥必将光彩照人。

（三）基础设施的建设

基础设施的建设是泰顺廊桥旅游可持续发展的前提和基础，没有一个良好的旅游环境和过硬的基础设施，泰顺旅游就将是无源之水、无本之木。基础设施建设包括供水、供电、燃气、光缆、防洪、消防、交通、宾馆、饭店、餐饮、购物等。目前，来泰顺旅游的大巴，行驶困难，易发生交通事故，按大巴司机的说法，泰顺的路适合南京依维柯，而大巴车来回两趟准得爆胎，由此可见，我们的交通基础设施亟待改进。此外，停车场也是一个大问题，北涧桥景区还不具备最起码的停车要求，所以，当务之急，我们必须花大力气，加大投入，做好旅游基础设施的规划与建设，只有这样，我们才能以优质的服务去迎得游客的良好口碑，要知道，最好的口碑就是最有效的品牌宣传。

（四）北涧桥旅游景区的收费

北涧桥旅游景区的开发在条件成熟的时候，不妨在景区入口处设立售票处，并收取一定数额的门票。建议所有到北涧桥旅游的游客，都将得到一份由泰顺旅游管委会授予的泰顺廊桥旅游证书，以示纪念。这方面的经验许多地方都已有成效，比方，云南世博园的世界各国旅游护照；北京天安门的登城纪念；北京长城、故宫的游览证书等，不胜枚举。

（五）成立北涧桥旅游景区管委会

北涧桥旅游景区是泰顺旅游的关键与核心之所在，它应被看作是泰顺的旅游经济特区。组建北涧桥旅游管委会是振兴泰顺旅游业的活水源头与组织保障，建议由一名县委常委担任其管委会主任，下设常务机构。在北涧桥旅游的基础上，未来再考虑发展泰顺廊桥主题公园游、泰顺生态旅游等，并做出泰顺暨周边地区旅游发展的远景规划。

（六）组建泰顺县人民政府专家顾问委员会

政府必须借助外脑才能更有效地发展当地经济。泰顺县政府有必要成立专家顾问委员会，邀请政治、经济、文化、科技等方方面面的专家做自己的智囊。这方面，也应有专门的人去做，真正把有真才实学的、愿为泰顺贡献自己聪明才智的人纳入到自己的智囊团中，这将是我们一笔宝贵的精神财富，也是泰顺旅游业超常现发展之思想源泉。

（七）继续加大泰顺廊桥的宣传力度

泰顺廊桥如何在"景宁、泰顺、寿宁、庆元"众多的廊桥中鹤立鸡群、出类拔萃呢？我们认为，泰顺廊桥应打造北宋清明上河图再现的品牌，也可以打造中国廊桥博物馆之美誉。此外，泰顺廊桥还可以开展多样化的国际学术活动、申报世界文化遗产活动、民间祭祀活动以及各种公益事业活动等，总之，不惜抓住一切机会进行广泛的营销和宣传，让泰顺廊桥之美誉真正做到家喻户晓、名闻遐迩。

（八）积极做好防灾减灾工作

防灾减灾是当前国际社会经济发展和社会稳定的重要因素之一。随着政府首长问责制的实施和《国家突发公共事件总体应急预案》的出台，安全问题显得尤为突出。北涧桥景区的旅游开发，自然离不开防火与防洪的减灾工作。这方面，我们也必须有防洪规划、防火措施，"凡事预则立"，只要我们的各项工作都做到位，那么，北涧桥景区的旅游发展就会有充分的保障。

泰顺旅游方兴未艾，作为"世界廊桥之乡"的泰顺必将"以廊为文，以廊作桥，以廊兴泰"。泰顺也将以其别具一格的北涧桥旅游景区吸引着越来越多的中外人士前来观光、游览、休闲。我们相信，泰顺的明天一定会更加美好，泰顺的旅游业也必将像璀璨的明珠一样在世界旅游之林熠熠发光。

参考文献：

［1］翦伯赞．先秦史[M]．北京：北京大学出版社，1990.

［2］唐寰澄．中国科学技术史：桥梁卷［M］．北京：科学出版社，2000.

［3］刘杰，沈为平．泰顺廊桥［M］．上海：上海人民美术出版社，2005.

［4］戴志坚．中国廊桥［M］．福州：福建人民出版社，2005.

［5］刘杰，李玉祥．乡土中国：泰顺［M］．北京：生活·读书·新知三联书店，2001.

（本文入选第二届中国廊桥国际学术研讨会论文集）

让哥本哈根托起人类更加美好的未来

——从国际社会应对气候变化的共识与行动想到

2009年未，作为全人类举世瞩目的哥本哈根联合国气候变化大会，经过为期13天的艰难曲折的谈判终于落下了帷幕。《哥本哈根协议》体现并锁定了国际社会在长期目标、资金、技术转让、减排和行动透明度等重要问题的基本共识，为未来合作指明了方向，奠定了基础，创造了条件。

一、普遍共识，意义重大

科学研究表明，气候变化对自然生态系统和人类社会会造成重大影响，甚至威胁人类社会的生存和发展，是全球面临的共同挑战。而引起气候变化的主要人为因素是西方发达国家自工业革命以来长期无节制地使用化石燃料和排放大量温室气体。据世界银行统计，在20世纪的100年当中，人类共消耗煤炭2650亿t，消耗石油1420亿t，消耗钢铁380亿t，消耗铝7.6亿t，消耗铜4.8亿t，同时排放出大量的温室气体，使大气中的CO_2浓度在20世纪初不到300ppm（百万分率）上升到目前接近400ppm的水平，并且明显地威胁到全球的生态平衡。据预测，到2050年世界经济规模比现在要高出3~4倍，而目前全球能源消费结构中，碳基能源（煤炭、石油、天然气）在总能源中所占的比重高达87%，未来的发展如仍旧采用高碳模式，到21世纪中期地球将不堪重负。

如何积极应对全球气候变暖所带来的严峻挑战，这是当前世界各国广泛关注的热点问题。基于科学发现和对科学结论的正确理解，应对气候变化国际合作不断克服重重阻力，并形成新的共识。从1992年通过的《联合国气候变化框架公约》，确立了应对气候变化国际合作的基本原则，特别是"共同但有区别的责任"原则，承认消除贫困、发展经济是发展中国家的优先需要，明确了发达国家应承担率先减排和向发展中国家提供资金、技术和能力建设支持的责任和义务；到1997年通过的《京都议定书》，对发达国家减排指标、清洁发展机制等"灵活履约机制"和温室气体种类等作出了具体规定；再到2007年底制订了"巴厘路线图"，启动了双轨谈判进程，明确了发达国家必须承担"可比的"强制减排义务，而发展中国家需在可持续发展框架下，在得到发达国家提供"可测量、可报告、可核实"的资金、技术和能力建设支持的情况下，采取"可测量、可报告、可核实"的适当国内减缓行动。最后是2009年哥本哈根会议上发表了《哥本哈根协议》，并通过了若干决定，进一步确认了《联合国气候变化框架公约》和《京都议定书》的主渠道地位，坚持了"巴厘路线图"的双轨进程，提出了发达国家和发展中国家各自的减排目标和减缓行动，就发达国家提供资金和技术转让等作出相关安排，并重申了"共同但有区别的责任"原则。

二、国际合作，形成合力

面对气候变化这一复杂而严峻的挑战，没有任何国家可以独善其身，而只有通过国际合作，形成合力，才能打开成功应对气候变化的大门。诚如温家宝总理在哥本哈根气候变化会议领导人会议上的讲话所指出的："气候变化是当今全球面临的重大挑战。遏制气候变暖，拯救地球家园，是全人类共同的使命，每个国家和民族，每个企业和个人，都应当责无旁贷地行动起来。"

第一，要以最经济的方法实现减排和促进可持续发展。《京都议定书》规定了若干"灵活履约机制"，帮助发达国家以最经济的方法取得更大的减排效果。特别是清洁发展机制，发达国家通过资金和技术投入，与发展中国家合作实施提高能效、开发可再生能源等项目，降低碳排放而获得减排额，即以较低成本实现了发达国家的减排义务，又支持了发展中国家的可持续发展，还增强了发展中国家应对气候变化的能力。可以说，清洁发展机制是一种难得的双赢机制，它是促进发展中国家和发达国家加强应对气候变化合作的重要纽带。在后哥本哈根时代，我们理应进一步加强和完善这一机制。

第二，不断推动国家间双边关系的发展。我们知道，国家间关系错综复杂，而应对气候变化是各国的共同利益和长远利益所在，是"非零和"博弈的新范例，为在新形势下推动国家间合作关系提供了良好的切入点和利益汇合点。只要各国本着积极务实、互惠互利的精神，气候变化合作应是国家间合作的新亮点，而不应是分歧和冲突的焦点。以中美和中欧关系为例，中美两国均重视通过提高能源效率、开发新能源和可再生能源作为应对气候变化的基础工作和主要手段。美国总统奥巴马在访华期间与中方共同发表了《中美联合声明》，双方确认了在气候变化问题上的原则共识，确定了在应对气候变化方面的重点合作领域和项目，并签署了关于加强气候变化、能源和环境合作的谅解备忘录。中欧在2005年就建立了气候变化伙伴关系和气候变化定期磋商机制，在2006年又制定了中欧气候变化滚动工作计划。2009年11月，第12次中欧领导人会晤发表了《联合声明》，同意提升气候变化伙伴关系，强化中欧气候变化政策对话和务实合作。中国同欧盟各成员国之间也开展了从气候变化政策对话、技术开发、能力建设到清洁发展机制项目的全方位务实合作。可以说，应对气候变化的合作为中美、中欧关系健康、稳定发展创立了新平台，注入了新动力。

第三，应对气候变化与发展经济并行不悖。随着国际社会认识的提高，各国普遍意识到应对气候变化不仅不应也不会牺牲本地经济的发展，而且通过推动研发、普及和使用先进技术、发展低碳产业，培育新的经济增长点，可以促进应对气候变化和经济发展的双赢。即使面对严重的国际金融危机，包括中国在内的许多国家在制订经济刺激方案时，仍加大了应对气候变化、保护环境方案的投资。实践证明，这些投入对促进全球经济复苏发挥了明显作用。

反思国际合作所取得成效的同时，我们也应正视国际合作的局限性，更不能忽视其所面临的诸多不利因素，特别是一些发达国家力图否定已经达成的协议和作出的承诺，尤其是在减排和为发展中国家提供资金、技术和能力建设支持等方面的义务。

这次《哥本哈根协议》为国际合作提供了良好的契机。首先，《哥本哈根协议》将长期游离于《京都议定书》框架之外的美国纳入了进程，形成了真正意义上的、全球参与的国际合作，这无疑是一大进步。将发达国家2012年之后的减排计划也列入协议附表，这是对发达国家继续率先减排的安排。其次，发达国家在发展中国家普遍关心的资金问题上也作出了具体承诺，即明确在2010～2012年间提供300亿美元的资金，并承诺到2020年每年提供1000亿美元。尽管这些资金数额与发展中国家的需求有较大差距，但发达国家在资金问题上作出量化的、可预期的目标承诺还是头一次，这也是《联合国气候变化框架公约》进程中的一次突破。再次，发展中国家也首次同意将自主减缓行动列入国际协议，并同意自主减缓行动可接受在尊重国家主权前提下的国际磋商与分析。这将大大提高了发展中国家减缓行动的透明度，并促进行动目标的实现，这也充分显示了发展中国家推进国际合作的真心诚意。

三、挑战极限，任重道远

2009年11月中国政府明确表态，到2020年我国单位国内生产总值（GDP）二氧化碳排放比2005年下降40%~45%，作为约束性指标纳入"十二五"及其后的国民经济和社会发展中长期规划，并制定相应的国内统计、监测、考核办法。2009年12月，温家宝总理在哥本哈根气候变化会议领导人会议上发表了题为《凝聚共识，加强合作，推进应对气候变化历史进程》的重要讲话，重申了这一目标，并表示中国政府确定减缓温室气体排放的目标是根据自身国情采取的自主行动，不附加任何条件，不与任何国家的减排目标相挂钩。

1. 挑战极限

我国的国情和发展阶段的特征，决定了在应对气候变化领域比发达国家面临更为严峻的挑战。全球减缓气候变化的核心是减少温室气体的排放，其中主要是与能源相关的二氧化碳排放。我国正处于工业化和城镇化快速发展阶段，为满足经济社会发展需求，能源消费和相应的二氧化碳排放仍会合理增长。我国人口多、经济总量大，当前二氧化碳排放总量已与美国相当，均占全世界二氧化碳排放量的20%左右，成为全世界最大的2个二氧化碳排放国之一。就人均二氧化碳排放而言，1990年我国为世界平均的50%，2000年为60%，当前已与世界水平相当。我国二氧化碳排放的增长趋势越来越受到国际社会的密切关注。

众所周知，发达国家的人口只有全球的20%，却以全球60%以上的资源消费、80%左右的累积二氧化碳排放为支撑完成了现代化的建设。我国13亿人口大国要实现现代化，已不具备发达国家历史上的资源和环境条件，必须探索出一条低消耗、低排放的新型现代化道路，通过大幅度提高能源利用的效率和产出效益，支撑经济社会的可持续发展。

由于国情和发展阶段的不同，我国发展低碳经济的内涵与发达国家有着本质性的差别。我国强调发展的过程和途径，通过低碳能源技术的开发和经济发展方式的转变，减缓由于经济快速增长带来新增能源需求所引起的碳排放增长，以相对较低的碳排放水平，实现现代化建设的目标。发达国家二氧化碳排放的2/3来自消费领域，而我国70%以上来自生产领域。我国发展低碳经济的主要表现形式是引导和控制发展排放，而发达国家则是减少消费排放。对中国而言，发展仍旧是第一要务，低碳是实现发展的根本途径和手段，也是未来可持续发展的重要特征和标志。

在全球保护气候的长期目标下，碳排放空间将成为比劳动力、资本、土地等其他自然资源更为紧缺的生产要素。协调经济发展和保护气候关系的根本途径在于大幅度提高碳生产率，也就是大幅度降低国内生产总值的碳强度。到2050年，世界国内生产总值增长大约将达到当前的4~5倍，而二氧化碳却需减少50%左右，如果同时实现上述2个目标，则需要全球国内生产总值的碳强度下降80%~90%。因此国内生产总值的碳强度反映了一个国家应对气候变化的努力和成效。

与发达国家相比，当前我国国内生产总值的碳强度仍然较高，这与我国的国情和发展阶段的特征密切相关。一是我国产业结构中第二产业的比重高，约为50%，而第三产业比重仅为40%；二是制造业产品的增加值率低；三是我国能源转换和利用技术效率较低；四是我国能源消费品种构成的高排放特征显著。

2. 任重道远

面对艰难挑战，需要付出巨大代价。中国控制温室气体排放措施的力度是许多发达国家所不及的。这里需要指出的是，尽管实现单位GDP二氧化碳排放下降目标面临着艰难的挑战，需要付出巨大的代价，中国政府都将始终坚持可持续发展道路，采取积极、强有力措施，控制温室气体排放。这些措施的力度也是许多发达国家所不及的。例如我国2006~2009年上半年淘汰单机容量10万kW以下小机组5400多万kW，相当于英国总装机容量的70%。"十一五"期间，我国为实现GDP能源强度下降20%左右目标的附加投资将超过1万亿元，如果要实现再下降20%的目标，还需要附加投资3.4万亿元。据汇丰银行统计，在政府应对国际金融危机的投入中用于绿色投资的部分我国占了34%，仅次于韩国位居世界第二。

我们知道，主要发达国家从1990~2005年的15年间，单位GDP二氧化碳强度仅下降26%。根据目前发达国家所承诺的减排目标，若只考虑其与能源相关的二氧化碳减排，折合成GDP的二氧化碳强度下降目标测算，从2005~2020年，其GDP的二氧化碳强度下降约为30%~40%，其中美国与能源消费相关的单位GDP二氧化碳排放强度下降约32%。单位GDP二氧化碳强度下降的速度反映了一个国家单位碳排放所创造的经济效益的改进程度，也反映了一个国家在可持续发展框架下应对气候变化的努力程度和效果。从这个角度分析，我国在工业化发展过程中所作的努力大大超过了许多发达国家相同发展阶段的措施，体现了我国应对气候变化的自觉意识、负责态度和坚定行动。我国制定的到2020年单位GDP二氧化碳排放比2005年下降40%~45%的目标是符合中国国情的，这一目标不仅对国内调整经济结构、促进可持续发展有重要意义，也是我国为应对全球气候变化所作的积极努力和重要贡献。

我国要把应对气候变化与可持续发展战略相结合，长远减排目标与中近期对策相结合，努力开创低碳发展的路径。当前我们要努力做好以下几方面工作。

第一，统一思想，明确实现低碳发展的指导思想和战略目标。中近期以大幅度降低国内生产总值的碳排放强度为核心，促进经济发展方式的转变，长期实现经济社会发展与碳排放脱钩，形成低碳发展的经济和社会形态，控制并逐渐降低二氧化碳排放总量，与全球控制温升不超过2℃的长期减排目标相适应。同时要统筹国际和国内两个大局，把发展低碳经济与国内已践行的"循环经济"、"生态经济"、"绿色经济"等的理念、政策和试点相结合，突出以"低碳"为主要特征的生态文明建设。

第二，明确发展低碳经济、减缓二氧化碳排放的重点领域，落实措施，大力推进，努力转变经济发展方式，推进产业结构的战略性调整。大力发展高新技术产业和现代服务业，进一步加强出口政策导向，控制高耗能产业的过快增长。大力推进技术创新，加强新能源和可再生能源先进技术研发和产业化步伐，优化能源结构。大力推进节能，提高能源效率，继续加大对落后产能的淘汰，抓紧抓好重点高耗能行业的节能和能效标准的制定。

第三，建立完善的减缓二氧化碳排放的统计、监测和考核体系，改善减排信息的披露方式，做到公开透明。做好基础工作，保证数据的准确性、可靠性，以利于在国际社会增信释疑，并在国际社会应对气候变化合作行动中占据主动地位。

第四，健全法律、法规和政策保障体系，建立激励机制。加大先进低碳技术的研发与投入，以技术创新和产业升级为实现低碳发展提供支撑。

第五，积极开展发展低碳经济的试点工作。发展低碳经济，需要有良好的政策环境和支撑条件，需要政府的引导和全社会的积极参与。不妨以试点地区为窗口，积极开展国际合作，在联合国气候变化公约框架下的技术转让和资金机制下，争取相应的国际支持和援助。

总而言之，哥本哈根协议是全球应对气候变化合作行动的新起点，它必将促进全球应对气候变化的进程，也会加速以低碳为特征的新的国际经济、贸易、技术竞争格局的变化，同时又会带来新的国际合作机遇和促进低碳技术创新和发展的国际环境。我们确信，举世瞩目的哥本哈根低碳之路必将引领与开创人类迈向更加美好的明天。

参考文献：

［1］温家宝．凝聚共识，加强合作，推进应对气候变化历史进程——在哥本哈根气候变化会议领导人会议上的讲话［N］．人民日报，2009-12-19．

［2］易先良．气候变化国际合作不进则退［N］．人民日报，2010-01-04．

［3］何建坤．发展低碳经济，应对气候变化［N］．光明日报，2010-02-15．

［4］解振华．中国挑战控制排放极限［N］．人民日报，2010-01-06．

［5］冯之浚，金涌，牛文元，徐锭明．关于推行低碳经济促进科学发展的若干思考［N］．光明日报，2009-04-21．

［6］汪光焘．积极应对气候变化，促进城乡规划理念转变［J］．城市规划，2010，1．

［7］仇保兴．应对机遇与挑战——中国城镇化战略研究主要问题与对策（第二版）［M］．北京：中国建筑工业出版社，2009．

［8］仇保兴．追求繁荣与舒适——中国典型城市规划、建设与管理的策略（第二版）［M］．北京：中国建筑工业出版社，2009．

［9］何建坤．打造低碳竞争优势［N］．人民日报，2010-04-12．

［10］潘家华．走低碳之路提高国际竞争力［N］．人民日报，2010-04-12．

［11］张雁，杨志，郭兆晖，郝建峰．中国：用行动告诉哥本哈根——我国碳减排及低碳经济发展状况调查［N］．光明日报，2009-12-10．

［12］秦大河．中国气候与环境演变［N］．光明日报，2007-07-05．

［13］张蕾．我们该如何应对全球气候变化——访中国工程院院士、中国气象局国家气候中心研究员丁一汇［N］．光明日报，2009-11-09．

［14］汪汀．转变发展模式，建设低碳城市——住房和城乡建设部副部长仇保兴谈抑制三大领域刚性碳排放［N］．中国建设报，2009-12-07．

［15］Sue Roaf David Crichton, Fergus Nicol. Adapting Buildings and Cities for Climate Change：Azist Century Survival Guide［M］. Architec ture Press, Second edition 2009.

"山水城市"概念探析

《钱学森论山水城市》

鲍世行　吴宇江　编

中国建筑工业出版社

一、"山水城市"概念的提出

"山水城市"的概念是杰出科学家钱学森先生1990年7月31日给清华大学教授吴良镛先生的信中首先提出来的。钱学森先生在信中这样写道："我近年来一直在想一个问题：能不能把中国的山水诗词、中国古典园林建筑和中国的山水画融合在一起，创立"山水城市"的概念？人离开自然又要返回自然。社会主义的中国，能建造山水城市式的居民区。"1992年3月14日，钱学森先生给合肥市副市长吴翼先生的信中写道："近年来我还有个想法：在社会主义中国有没有可能发扬光大祖国传统园林，把一个现代化城市建成一大座园林？高楼也可以建得错落有致，并在高层用树木点缀，整个城市是'山水城市'。"

1993年2月，钱学森先生在《城市科学》（新疆）杂志上发表"社会主义中国应该建山水城市"的学术论文。钱学森先生在论文中这样写道："我想既然是社会主义中国的城市，就应该：第一，有中国的文化风格；第二，美；第三，科学地组织市民生活、工作、学习和娱乐，所谓中国的文化风格就是吸取传统中的优秀建筑经验。如果说现在高度集中的工作和生活要求高楼大厦，那就只有'方盒子'一条出路吗？为什么不能把中国古代园林建筑的手法借鉴过来，让高楼也有台阶，中间布置些高层露天树木花卉？不要让高楼中人，向外一望，只见一片灰黄，楼群也应参差有致，其中有楼上绿地园林，这样一个小区就可以是城市的一级组成，生活在小区，工作在小区，有学校，有商场，有饮食店，有娱乐场所，日常生活工作都可以步行来往，又有绿地园林可以休息，这是把古代帝王所享受的建筑、园林，让现代中国的居民百姓也享受到。这也是苏扬一家一户园林构筑的扩大，是皇家园林的提高。中国唐代李思训的金碧山水就要实现了！这样的山水城市将在社会主义中国建起来！以上讲的还是一个城市小区，在小区与小区之间呢？城市的规划设计者可以布置大片森林，让小区的居民可以去散步、游憩。如果每个居民平均有70多m^{2}的林地，那就可以与今天乌克兰的基铺、波兰的华沙、奥地利的维也纳、澳大利亚的堪培垃相比了，称得上是森林城市了。所以，山水城市的设想是中外文化的有机结合，是城市园林与城市森林的结合。山水城市不该是21世纪的社会主义中国城市构筑的模型吗？"

　　1993年10月6日，钱学森先生关于21世纪的中国城市给中国城市科学研究会鲍世行秘书长的信中写道："我想中国城市科学研究会不但要研究在今天中国的城市，而且要考虑到21世纪的中国的城市该是什么样的城市。所谓21世纪，那是信息革命的时代了，由于信息技术、机器人技术，以及多媒体技术、灵境技术和遥作技术（belescience）的发展，人可以坐在居室通过信息电子网络工作。这样住地也是工作地，因此，城市的组织结构将会大改变：一家人可以生活、工作、购物，让孩子上学等都在一座摩天大厦，不用坐车跑了。在一座座容有上万人的大楼之间，则建成大片园林，供人民游憩。这不也是'山水城市'吗？"1994年12月4日，钱学森先生关于对"轿车文明"的讨论给鲍世行秘书长的信中又写道："我看这实关系到我们21世纪要建什么样的城市：（一）城市如实现'山水城市'，则在一个建筑小区中，住家、中小学校、商店、服务设施、医疗中心、文化场所等日常文明设施都具备，人走路可达，不用坐车。（二）由于"高速信息公路"信息革命，多数人可以在家通过信息网络上班，不用奔跑了。（三）建筑小区之间有大片森林花木，是公园，居民可以游憩或做运动锻炼身体。（四）人们当然也会要远离小区访亲友、游览等，那又有高效的城市公共交通可供使用。（五）再远就用民航、高速铁路、水路船航等。所以社会主义中国完全有可能避开'轿车文明'，但这是城市学的一个大课题。"

1995年10月22日，钱学森先生关于山水城市的看法给《华中建筑》主编高介华先生的信中写道："建设山水城市要靠现代科学技术，例如现在正兴起的信息革命就可以大大减少人们的往来活动，坐在家里就能办公，因此有可能在下个世纪解决交通堵塞、空气噪声污染，从而大大改进生态环境。山水城市是更高层次的概念，山水城市必须有意境美！何谓意境美？意境是精神文明的境界，在文艺理论中有许多论述讲意境。这是中国文化的精华！"同年11月14日，钱学森先生关于山水城市为人民的社会主义内涵给高介华先生的信再次写道："我们的山水城市还有一个内涵，这和国内同志要多讲，即其为人民的社会主义内涵——要让大家安居乐业，不是少数人快乐而多数人贫困。在资本主义国家就不是这样：例如美国大资本家都独居于他们各自的庄园，是'山水城市'了，而一般人民大众呢？却是另一样景象！所以说透了，山水城市是社会主义的、中国社会主义的，我们把我国传统文化和社会主义结合起来了。"

1996年3月15日，钱学森先生关于重庆市建设山水园林城市给重庆市城市科学研究会李宏林秘书长的信中写道："我设想的山水城市是把我国传统园林思想与整个城市结合起来，同整个城市的自然山水条件结合起来。要让每个市民生活在园林之中，而不是要市民去找园林绿地、风景名胜。所以我不用'山水园林城市'而用'山水城市'。建山水城市就要运用城市科学、建筑学、传统园林建造的理论和经验，运用高新技术（包括生物技术）以及群众的创造，如重庆市的屋顶平台绿化。所以建'山水城市'将是社会主义中国的世纪性创造，它不是建造中国过去有钱人的园林，也不是今日国内外大资本家的庄园！"

1996年9月29日，钱学森先生关于21世纪社会主义中国给鲍世行秘书长的信这样写道："山水城市是21世纪的城市。那么21世纪的社会主义中国将是什么样的国家？首先是消灭贫困，人民进入共同富裕；然后要考虑到两个产业革命的巨大影响：一是信息革命，即第五次产业革命，绝大多数人不用天天上班劳动，可以'在家上班'。二是农业产业化，即第六次产业革命，使古老的第一产业消失了，成为第二产业，这也就是您信中说的农村转化集中成为小城镇。这样我国人民将都住在城市：全国大多数人住在小城镇，大城市是少数。上千万人口的特大城市，全中国有几个而已。中国的城市科学工作者面临的就是这样一幅全景，他们要把每一个这样的城镇、城市建成为山水城市！Carden City、Broadacre City，'现代城市'（勒·柯布西耶）、'园林城市'、'山水园林城市'等都将为未来21世纪的山水城市提供参考。"

杰出科学家钱学森先生为什么会有"山水城市"的构想呢？笔者在钱学森先生关于为什么对中国古代建筑感兴趣给中国建筑工业出版社的信中找到了答复。钱学森先生在信中这样写道："你们也许会问，我为什么对中国古代建筑感兴趣。这说来话长：我自3岁到北京，直到高中毕业离开，1914～1929年，在旧北京呆过15年。中山公园、颐和园、故宫，以至明陵都是旧游之地，日常也走进走出宣武门，北京的胡同更是家居之所，所以对北京的旧建筑很习惯，从而产生感情。1955年在美国20年后重返旧游，觉得新北京作为社会主义新中国的国都，气象千万！的确令人振奋！但也慢慢感到旧城没有了，城楼昏鸦看不到了，也有所失！后来在中国科学院学部委员会议上遇到梁思成教授，谈得很投机。对梁教授爬上旧城墙，抢在城墙被拆除前抱回几块大城砖，我深有感触。中国古代的建筑文化不能丢啊！20世纪70年代末，我游过苏州园林，与同济大学陈从周教授有书信交往，更加深了我对中国建筑文化的认识。这一思想渐渐发展，所以在20世纪80年代我就提出城市建设要全面考虑，要有整体规划，每个城市都要有自己的特色，要在继承的基础上现代化。我认为这是一门专门的学问，叫'城市学'，是指导城市规划的。再后来读到刘敦桢教授的文集2卷，结合我对园林艺术的领会，在头脑中慢慢形成要把城市同园林结合起来的想法，要建有中国特色的城市。到1990年初就提出'山水城市'的概念。"其实，早在1958年，钱学森先生就在《人民日报》上发表"不到园林，怎知春色如许——谈园林学"的文章。1983年6月，钱学森先生在《园林与花卉》（1983年第一期）上又发表了"再谈园林学"的文章。同年10月29日，钱学森先生在第一期市长研究班上还专门作了"园林艺术是我国创立的独特艺术部门"的学术演说。不难看出，钱学森先生对中国园林艺术的兴趣是浓厚的，情感是深远的，造诣也是极高的，这不得不让人油然起敬，深表钦佩。

二、国内外众多专家对"山水城市"概念的理解与见地

两院院士、清华大学教授吴良镛先生在畅谈山水城市与21世纪中国城市发展

时指出："山水城市"这一命题的核心是如何处理好城市与自然的关系。中国传统城市山水常作为构成城市的要素，因势利导，形成各个富有特色的城市构图。如能将城市依山水而构图，把联结的大城市化成为若干组团，形成保持有机尺度的"山——水——城"群体，则城市将重现山水景观的活力。"山水城市"——这"山水"泛指自然环境（natural environment）；这"城市"泛指人工环境（human environment）。"山水城市"是提倡人工环境与自然环境相协调发展，其最终目的在于"建立人工环境"（以"城市"为代表）与"自然环境"（以"山水"为代表）相融合的人类聚居环境。"山——水——城"三者是相互起作用的。"山得水而活"、"水得山而壮"、"城得水而灵"。城市有了山水而增添了活力，丰富了城市环境美。

　　著名古建文保专家郑孝燮先生在谈到山水城市的文态环境时指出："山水城市"首先在于把握"中国特色"这个灵魂，同时既需达到良好的生态环境，又要塑造（包含创造与保护）完美的文态环境。这里的文态环境，着重指静态的人文环境，即那些经过规划设计后建的，以建筑群体为主，以山、水、林、园密切烘托着且位于城区或郊区的某些环境，以及平地起家的某些新城环境等。"山水城市"一般宜小不宜大，人口、用地及建筑高度、建筑密度都要严格控制。环境要无污染。城址的条件，首先要取决于有无吸引人的自然风景，然后再看其他。总体布局以相对分离的集团式为宜。个别的也不排除采用功能分区。产业选择主要面向第三产业，包括教、科、文、卫、旅游业及某些工业等在内。山水城市城区的绿地、空地应多，以利于塑造宽松、疏朗、幽雅的文态环境空间和气质。布局虚中有实、虚实结合，通过绿地、空地引进自然。比如中国山水画不把画面涂得满满的，而要留些"空白"，所谓"知白守黑"。这样可以出韵味、出灵气、出意境。山水城市虽非山水画，但道理相通。此外，布局还要体现动静分离，静多动少，它和闹市口、繁华拥挤的气氛截然不同。高层建筑、高密度建筑都不相宜。当今发达国家人们的工作虽然是快节奏，但有钱人却住到郊区乡村式环境里，去呼吸自然空气，去寻找自然天地。总之，山水城市代表着一种先进的思想方向，它的意义是广泛的、长远的。

　　著名园林学家、北京林业大学教授孙晓翔先生在"居城市须有山林之乐"一文中指出：世界上，在以农业经济为基础的封建制或半封建、半殖民地的国家，农村人口总是不断涌向城市。城市是政治、文化、工业和经济的中心，所以城市人口集中，熙熙攘攘，拥挤不堪，乡下人都想挤到城市里来升官发财。大家认为"城市"是"美"的化身，城市是人间天堂。虽然城市里都是高大的楼房，都是噪声，水是脏的，天是灰的，没有鸟的歌唱，但大家觉得仍然很美，大家都要挤进来，这种状况，全世界已经存在几千年了。那些即使是居住在山环水抱、佳木秀而繁荫、野芳发而幽香的山村中的农民，他们也抛弃了牧歌式的田园风光，投奔到毫无生趣的大城市里来了。"居城市须有山林之乐"，是中国城市景观规划和居住环境设计的传统美学理想，它包含这样的两层涵义：一是既要享受城市的物质文明，又要享受大自然的美，人工构筑物和建筑物与风景园林绿地，要成适当的比例，使人工的美与自然的美相辉映。城市的中心应该是园林，它的外围也是园林，城市中间也应均匀分布园林（The city in the park as well as a city of parks）；二是城市和居住区的规划设计，要扬弃中轴对称的几何模式，而采用因地制宜的自然式布局。

中国工程院院士、中国园林学科的奠基人汪菊渊先生在"大地园林化和园林（化）城市"一文中指出：作为城市首先要环境清洁、空气清新，适宜于人的居住和身心健康。每个城市总有它的地理、地貌特点，要充分运用有山有水、有森林田野等自然条件，使建筑与自然环境相协调，突出自然景色的美。一个城市的建筑格局，……如果街道与建筑之间、建筑与建筑之间缺乏绿地也就缺乏生气，因而也不可能是美的。一个城市的个性、特性还取决于城市的体形结构和社会特征。因此，一切有历史、科学、艺术价值的能说明社会和民族特性的文物、大建筑、历史园林，不仅要保存和保护好，而且要组织到城市规划中，在重新使用上与城市建设结合起来。一个城市只有充分绿化了并构成系统，才能维护和改善城市环境和生态的质量。只有绿地分布均匀才能方便群众和改善人民的生活。只有自然景色、建筑与园林相互结合、相互渗透、相互统一，才能成为一个优美的城市。

杰出的建筑教育家、清华大学教授朱畅中先生在"风景环境与山水城市"一文中写道："山水城市"是在城市历经几千年发展到20世纪末，针对今天城市发展中的形形色色问题和人类追求理想生活环境的现实基础上提出来的。"山水城市"的倡议是完全道出了广大城市居民的心愿，人们有理由要求把自己以及子子孙孙赖以生存的环境建设好，希望城市是一个适宜于人们健康生活而没有任何污染的生态环境；是一个现代化、高效率、管理科学化、规范化的城市；是一个充满绿色、充满阳光的城市；是一个安全宁静的城市；是一个有文化文明的城市；是一个美的城市。在城市规划建设工作中，对每一分土地、每一个空间环境都需要我们给予科学合理的安排，有分寸地设计建设；而对于城市的风景环境更需要城市建设的决策者和规划者特别重视和珍惜。所谓风景环境，简单地说就是指有山、有水、有林木的地段或地区。我国众多的城镇，绝大部分依山傍水，或枕流，或林木葱郁之地。水是生命之源，山可挡风，森林为蓄水供氧之处。这是城市的风水宝地，是建设"山水城市"最有利的基础。城市的风景环境是城市最美最好的自然环境。造成城市特色最难得的地段，应该是建设城市"花园"或"客厅"的用地，是旅游者流连忘返、居民休憩活动的地方。

美籍华裔著名城市规划师卢伟民先生在"山水人情城市——再创东方气质城市"一文中对山水城市未来的景象作了富有创意的勾勒：

首先，山水城市是"可持续的城市"，是"天人合一"的城市。这里山水之自然美被增进，生态被恢复。山水城市在规划中遵从道家哲学思想，在发展中把握山水之灵魂，如同在"清明上河图"中所描绘的汴梁人享受他们的城市生活一般。山水城市遵循生态的规律，明了自然的变化过程，如同圣保罗的街区在瑞典谷中所尝试的那样。山水城市了解土地的承载容量。它保护山地而非破坏它，在山坡上的任何开发中，它遵守严格的准则以免土壤流失。山水城市鼓励墓地的更优设计，使它们因此不破坏山地，而能够创造更多的公园一般的环境。山水城市保持河水的清洁，不侵蚀洪泛平原，保护而不是破坏聚居地。它提倡城市再造森林，将植物和野生动物社区带回城市。山水城市鼓励主动和被动太阳能的利用。建筑设计适应地方气候，并达到节约能源的目标。建筑布局确保相邻的建筑和开敞空间都充满阳光。山水城市鼓励水和其他资源的循环利用，有效性地处理城市垃圾的问题，因此城市的资源可以被广泛地使用。山水城市也鼓励城市农耕，避免撂荒土地。市民也可以享用新鲜的蔬菜和花朵。山水城市总是在公共设施规划中处处预防自然灾害：不论是洪水、台风还是地震，因此城市的"生命线"不会被中断。在公众教育中，也加强防灾意识，市民也时刻准备着抵御灾害。

其次，山水城市是具有人情味的城市。这里是生气勃勃的城市，有许多的机会和工作的选择。有富有生气的街道和热闹的夜生活，在这里人们可以相会、轻松地休闲，并享受相互的陪伴。这是人性尺度的城市，人们喜爱各自的工作和生活环境。这里拥有为全民服务的清洁、安全和可负担得起的住宅。这是一个绿色的城市，大大小小的花园遍布全城，所有的人都可以方便地进入，给人们带来绿意与清新。这是洋溢着古老而熟悉的街区，社区邻里守望相助。这是一个和谐的社区，不同背景的族群都可以相互融合，愉快地生活与工作。这是人情丰富的城市，追求"四海一家"的理想。这是"书香世界"，不仅拥有许多书店、咖啡店和餐馆，还有博物馆、音乐厅、剧院，艺术和文化在此繁荣。温斯顿·丘吉尔（Winston Churchill）曾说过："人造建筑，建筑塑人"。在许多方面，行为科学家证实了这个观点。尽管物质规划并不能保证社区的形成，实体设计也不应被忽略。重视行为科学，也将对建立人情味的城市大有裨益。

再次，山水城市是具东方气质的城市。这里珍视历史肌理，保护地标，并尽力整修这些地标使它们适应于新的高效使用，并热诚地学习本土建筑，同时寻找新的途径去表达它。这里的地方政府鼓励本土建筑传统在新的公共建筑中得以充分体现。在这里公众艺术日新月异，艺术家和城市设计者之间通力合作，百花齐放。每一个街景都被改善，每一个街灯、垃圾箱、凳子、人行道都经过精心的设计，十分安全、舒适并符合地方风格。市内招牌经过合理的管理，对于需要更多招牌的场所，也有设置霓虹灯、广告板的地方。对于招牌需要得到限制的地方，不但商业所需的数量最少的标志得以设置，同时对居民的干扰达到最小。精美的中国和日本书法也受到喜爱并得以发扬。总之，这是重新发现自身历史、重新聚焦于它的未来的城市，东方与西方、新与旧在这里交融的城市。

三、"山水城市"概念与中国传统园林艺术

钱学森先生在1958年3月1日写的"不到园林怎知春色如许——谈园林学"一文指出："我国园林的特点是建筑物有规则的形状和山岩、树木等不规则的形状的对比；在布置里有疏有密，有对称也有不对称，但是总的来看却又是调和的，也可以说是平衡中有变化，而变化中又有平衡，是一种动的平衡。在这一方面，我们也可以用我国的园林比我国传统的山水画或花卉画，其妙在像自然又不像自然，比自然有更进一层的加工，是在提炼自然美的基础上又加以创造。"

1983年6月，钱学森先生又在《再谈园林学》一文中写道："先说园林的空间。园林可以有若干不同观赏层次：从小的说起，第一层是我国的盆景艺术，观赏尺度仅几十个厘米；第二层是园林里的窗景，如苏州园林的漏窗外小空间的布景，观赏尺度是几米；第三层次是庭院园林，像苏州拙政园、网师园那样的庭园，观赏尺度是几十米到几百米；第四层是像北京颐和园、北海那样的园林，观赏尺度是几公里；第五层次是风景名胜区，像太湖、黄山那样的风景区，观赏尺度是几十公里。还有没有第六层次？也就是几百公里范围大的风景游览区？像美国的所谓'国家公园'？从第一层次的园林到第六层次的园林，从大自然的缩景到大自然的名山大

川，空间尺度跨过了6个数量级，但也有共性。从科学理论上讲，都是园林学，都统一于园林艺术的理论中。""不同层次的园林，也有不同之处：'游'盆景，大概是神游了，可以坐着不动去观看、静赏；游窗景，要站起来，移步换景；游庭园，要漫步，闲庭信步；游颐和园，就得走走路，划划船，花上大半天甚至一整天的时间；游一个风景区就要有交通工具了，骑毛驴，坐汽车，乘游艇、汽轮，开摩托车等；更大的风景区，将来也许要用直升机，鸟瞰全景。所以，第五层次的园林，要布置公路，而第六层次的园林，除公路外，还要有直升机场。这算是不同层次园林的个性吧！园林大小尺度可能有上述6个层次。当然，小可以喻大，大也可以喻小，这就是园林学的学问了。""现代建筑技术和现代建设材料也为园林学带来一个新因素，如立体高层结构。我想，城市规划应该有园林学的专家参加。为什么不能搞一些高低层次布局？为什么不能'立体绿化'？不是简单地用攀缘植物，而是在建筑物的不同高度设置适宜种花草树木的地方和垫面层，与建筑设计同时考虑。让古松侧出高楼，把黄山、峨眉山的自然景色模拟到城市中来。这里是讲现代科学技术和园林学的结合的问题，也是园林如何现代化的一个方面。"

1992年钱学森先生给美术界王仲先生的一封信中又写道："所谓'山水城市'即将我国山水画移植到中国现在已经开始、将来更应发展的、把中国园林构筑艺术应用到城市大区域建设，我称之为'山水城市'。这种图画在中国从前的'金碧山水'已见端倪，我们现在更应注入社会主义中国的时代精神，开始一种新风格为'山水城市'。艺术家的'城市山水'也能促进现代中国的'山水城市'建设，有中国特色的城市建设——颐和园的人民化！"后来他在给中国建筑学会顾孟潮先生的信中又提出："要发扬中国园林建筑，特别是皇帝的大规模园林，如颐和园、承德避暑山庄等把整个城市建成为一座超大型园林。"由此可见，钱学森先生的"山水城市"概念表明了中国传统园林艺术与城市规划和建设的关系源远流长、相得益彰。"山水城市"概念也正是融合了中国山水诗、山水画、园林艺术等深邃的文化内涵，从而有着诗情画意、园林美和建筑意。

参考文献：

[1] 鲍世行，顾孟潮. 杰出科学家钱学森论城市学与山水城市. 第二版 [M]. 北京：
      中国建筑工业出版社，1996.

［2］鲍世行，顾孟潮. 杰出科学家钱学森论山水城市与建筑科学. 第一版［M］. 北京：中国建筑工业出版社，1999.

［3］佟裕哲. 中国景园建筑图解. 第一版［M］. 北京：中国建筑工业出版社，2001.

［4］江三戈，吴采薇. 世界园艺博览园景观规划设计. 第一版［M］. 北京：中国建筑工业出版社，2002.

［5］金学智. 中国园林美学. 第二版［M］. 北京：中国建筑工业出版社，2005.

［6］张祖刚. 世界园林发展概论——走向自然的世界园林史图说. 第一版［M］. 北京：中国建筑工业出版社，2003.

［7］吴宇江. 中国名园导游指南. 第一版［M］. 北京：中国建筑工业出版社，1999.

（本文刊于《中国园林》2010年第2期，并获中国风景园林学会2009年年会优秀论文奖）

构建天津滨海经济特区的设想

中共中央关于制定国民经济和社会发展第十一个五年规划的建议指出："推进天津滨海新区等条件较好地区的开发开放，带动区域经济发展。"加快天津滨海新区开发开放是环渤海区域及全国发展战略布局中的重要的一步棋，走好这步棋，不仅对天津的长远发展具有重大意义，而且对于促进区域经济发展、实施全国总体发展战略部署、实现全面建设小康社会和现代化宏伟目标，都具有重大意义。

环渤海经济区是一个复合的经济区，它由3个次级的经济区组成，即京津冀圈、山东半岛圈和辽宁半岛圈。以京津冀为核心，以辽东半岛和山东半岛为两翼的环渤海经济区域主要包括北京、天津、河北、山东、辽宁，也就是三省两市的"3+2"经济区域，其面积54.8万km^2，人口2.3亿，占全国17.5%；地区生产总值达到3.8万亿元，占全国28.2%。而地处京津冀都市圈和环渤海经济带交汇点的天津滨海新区，面积达183km^2，它覆盖天津塘沽、汉沽、大港3个行政区以及东丽、津南两区的部分乡镇。这里聚集着天津港、国家级开发区、保税区、海洋高新技术开发区、出口加工区、保税物流区等外向型功能区以及正在崛起的石化、冶金工业基地。天津滨海新区以其良好的基础、创新的机制和已经显现出的实力，它将成为京津联合的联结点和环渤海经济振兴的引擎，也将是带动环渤海地区乃至更大范围经济发展新的增长极。

一、天津滨海新区开发开放的战略意义

党的十六届五中全会通过的《中共中央关于制定国民经济和社会发展第十一个五年规划的建议》明确指出："继续发挥经济特区、上海浦东新区的作用，推进天津滨海新区等条件较好的地区的开发开放，带动区域经济发展。"把滨海新区纳入

国家总体发展战略布局，是党中央、国务院审时度势，深思熟虑，从全局和战略的高度作出的一项重大决策。

天津滨海新区处于环渤海地区的中心位置，是联系南北方、沟通东西部的一个重要枢纽，是我国对外开放的一个重要通道，其战略地位重要，综合优势突出，发展潜力巨大。在新的发展阶段，随着珠江三角洲、长江三角洲的迅速崛起和国家发展战略的不断完善，加快天津滨海新区建设、振兴环渤海区域经济的时机已经成熟。加快推进天津滨海新区的开发开放，是实现天津更大规模和更好发展的必然要求，是促进环渤海区域经济实现新飞跃的迫切需要，是贯彻全国区域协调发展总体战略部署的一大举措，也是我国进一步扩大对外开放的重要步骤，它不仅对于天津的长远发展具有重大意义，而且对于促进区域经济发展，实施全国总体发展战略部署，实现全面建设小康社会和现代化宏伟目标，都具有重大而深远的意义。

二、天津滨海新区开发开放的指导思想

天津滨海新区开发开放的指导思想是以邓小平理论和"三个代表"重要思想为指导，深入贯彻党的十六大和十六届五中全会精神，全面落实科学发展观和构建社会主义和谐社会的重大战略思想，进一步解放思想，进一步改革开放，进一步发挥优势，用新思路、新体制、新机制推动天津滨海新区不断提高综合实力、创新能力、服务能力和国际竞争力，在促进天津发展和服务环渤海区域经济振兴中发挥更大的作用。

三、天津滨海新区的功能定位

天津滨海新区的功能定位是：立足天津、依托京冀、服务环渤海、辐射"三北"、面向东北亚，努力建设成为高水平的现代制造和研发转化基地、北方国际航运中心和国际物流中心、适宜的生态城区。

四、天津滨海新区发展的优势和潜力

1. 区位优势：天津滨海新区地处当今世界经济发展最活跃的东北亚地区的中心地带和欧亚大陆桥的东起点，是中国与蒙古国签约的出海口岸，也是哈萨克斯坦等内陆国家可利用的出海口，拥有"三北"辽阔的辐射空间。

2. 交通优势：天津滨海新区海、陆、空立体交通网络发达，是连接海内外、

辐射"三北"的重要枢纽。同时拥有跻身世界20强深水大港的天津港，是中西部重要的海上大通道。天津滨海国际机场是我国重要的干线机场和北方航空货运中心。

3. 资源优势：在天津滨海地区有1199km²可供开发建设的荒地、滩涂和少量低产农田。渤海海域石油资源总量98亿t，其中已探明石油地质储量32亿t、天然气近2000亿m³。

4. 工业基础优势：天津滨海新区是我国重要的石油开采与加工基地。电子信息业名列全国前茅。海洋化工历史悠久，生产规模和产品质量世界知名、全国领先。石油套管产量跃身世界四强。

5. 体制创新优势：天津滨海新区拥有国家级开发区、保税区、海洋高新区、出口加工区等一批功能经济区，已经建立了适应经济快速发展的政府管理体制和与世界经济接轨的市场经济运行机制，在利用国际国内两种资源和两个市场方面积累了丰富经验，培养了一批掌握国际先进技术和通晓现代管理的外向型人才。

五、天津滨海新区开发开放的战略举措

当前，经济全球化趋势深入发展，科技进步日新月异，国际产业重组和生产要素转移加快，区域经济一体化蓬勃发展，综合国力竞争日趋激烈。我国已进入全面建设小康社会、加快推进社会主义现代化的新的发展阶段。天津滨海新区既面临着难得的机遇，也面临着严峻的挑战，任务光荣而艰巨，必须站在新起点，再创新优势，实现新跨越。

2005年11月10日中国共产党天津市第八届委员会第八次全体会议通过的《中共天津市委关于加快推进滨海新区开发发放的意见》明确指明了天津滨海新区开发开放的战略举措：构建高层次的产业结构，提升滨海新区经济发展的整体水平；加快基础设施建设，增强滨海新区的载体功能和服务能力；深化改革、扩大开放，不断提高体制创新、制度创新以及国际竞争的能力；实施科教兴区和人才强区的战略，为新区经济社会发展提供强有力的保障；节约资源、保护环境，不断增强可持续发展的能力；推进社会主义和谐社会建设，营造经济社会发展的良好氛围；加大宣传力度，提高滨海新区在国际、国内的知名度和影响力。

六、构建天津滨海新区作为国家经济特区的设想

众所周知，环渤海地区和长江三角洲、珠江三角洲相比，它不仅在经济总量，

而且在其他许多方面也存在着明显的差距。

就经营环境而言，市场配置资源的能力相对较弱，致使其在体制创新上，环渤海与珠江三角洲、长江三角洲有一定差距。

就企业结构而言，环渤海经济区虽然不乏优秀企业，但大型企业比重偏高，中小企业相对较少，缺乏活力，环渤海地区国有企业比重不仅高于长江三角洲、珠江三角洲，而且高于全国平均水平。

总之，由于环渤海地区行政区域利益主体地方意识较强，条块分割严重，导致地区间经济协调成本高、市场化程度低，资金、人才、技术等要素流动也不够畅通。例如，沿京津交通干线上分布着中关村、亦庄、廊坊开发、天津武清开发区、天津新技术产业园区、塘沽海洋高新技术开发区、天津经济技术开发区和天津港保税区等共8个有一定规模的产业区，使这一天然的高科技产业带断裂，未能发挥出更大的辐射和带动作用。有鉴于此，为提升京津冀和环渤海区域整体经济的实力，为使得京津冀乃至整个环渤海区域的经济合作迈上一个新的台阶，更为了进一步扩大天津滨海新区在国际、国内的知名度和影响力，笔者认为，构建天津滨海新区作为国家经济特区的重大决定，这将是人民的期待、时代的召唤、历史的抉择。

参考文献：

［1］陈杰．天津滨海新区—环渤海经济新引擎［N］．北京：人民日报，2005-06-30．

［2］中共天津市委关于加快推进滨海新区开发开放的意见（2005年11月10日中国共产党天津市第八届委员会第八次全体会议通过）．（滨海新区网）

［3］滨海新区区域介绍．（滨海新区网）

（本文2006年获国家发展和改革委员会"十一五"规划建言献策活动二等奖）

论中国古典园林的起源

1. 狩猎与苑囿

在早期旧石器时代，即整个有巢氏时代，原始的人群流浪于蒙古高原。在那荒旷的原野里，既有冻寒积冰、雪雹霜霰的威胁，又有成群的"猛兽食颛民、鸷鸟攫老弱。"当时的人类为了回避这些猛兽的袭击，大半都结巢住在树上。《庄子·盗跖》云："古者禽兽多而人民少，于是民皆巢居以避之，……故命之曰有巢氏之民。"《韩非子·五蠹》亦云："上古之世，人民少而禽兽众，人民不胜禽兽虫蛇……构木为巢，以避群害。"这就是有巢氏时代人类"昼拾橡栗，暮栖木上"的生活写照。到后来，因为严寒气候之逼迫，原始人群便渐渐地走向了洞穴。《礼记·礼运》谓"冬则居营窟，夏则居巢穴"。

云南沧源巢居岩画

人类最初从兽类中分离出来，是因为人类知道制造工具、使用工具并开始了劳动创造。有巢氏时代的人类拥有的是石块和木棍这样幼稚的劳动工具，因此，当时的人类还不能猎取较大的动物，他们或则在原野和山坡上发掘球根，采集果实以为生。《淮南子·修务训》云："古者，民茹草饮水，采树木之实，食蠃蠃之肉。"[1]25

原始人群经历了若干万年的采集和狩猎生活，不畏艰辛与危难，与大自然的压

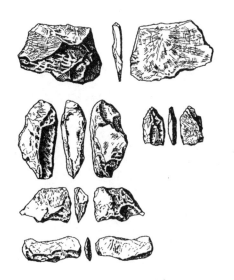

公元前15000年的旧石器 [11]3

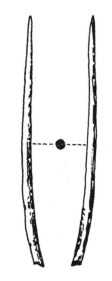

北京周口店山顶洞文化的骨针 [1]35

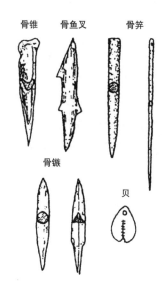

骨锥　骨鱼叉　　骨笄

骨镞

贝

河南洛阳偃师县二里头遗址出土骨器及海贝 [3]130

迫作斗争，争得了人类的生存与发展，并逐渐提高了对战斗工具和生产工具的制作技术，扩大了对自然的占有范围，也发达了其自身肉体型之构造，于是中国的历史从蒙昧早期的有巢氏时代进入到了蒙昧中期的燧人氏时代。

燧人氏时代，随着石器制作技术的发达，人类便有了进行狩猎活动之锋利武器并开始狩猎的生活。人类进入狩猎生活，才能获得野兽的骨角齿牙，并把这些东西当作制造生产工具的材料。因此，骨角器物的出现，表明了石器制作技术之更大的进步，也表明了狩猎活动在这一时期人类经济生活中所具有的重大意义。[1]29

内蒙古阴山岩画 [7]371

火的发现与应用，是这一时代最主要的特征。传说中也说燧人氏是中国最初发明用火的神人。例如《韩非子·五蠹》云："有圣人作，钻燧取火，以化腥臊，而民说之，使王天下，号之曰燧人氏。"《礼纬·含文嘉》云："燧人始钻木取火，炮生为熟。"有了火的应用，人类才开始了熟食的生活，从而也引起人类生理上的变革，使人类最终地从动物中分离出来。

传说中的燧人氏时代，人类的生活便不是完全地依靠着采集，同时也依靠着狩猎。狩猎，在燧人氏时代的人类生活中，已经占领了很重要的地位。当时的人群，已经不再是拘束于内海周围之可怜的采集者，而是已变为英勇的猎人。他们拿着鹿角制成的匕首，或是有柄的投枪，在蒙古高原，在河北平原，在鄂尔多斯，在陕甘北部，到处展开了"烧山林，破增薮，焚沛泽"的大规模狩猎活动。处处的森林都烧起了熊熊大火，所有的猎人都发出了雄壮的呼声，于是，在胜利的呼号中，大批的野兽被抬进了洞穴。与此同时，在内海的周围，在易水流域，在萨拉乌苏河，在黄河的沿岸，到处也都布满了渔捞的人群。而在这一带的山坡和原野上，则有着成群的女子在进行采集，这正是燧人氏时代采集狩猎生活的写真。[1]32

　　地质学上的后冰期时代，也就是中国历史的蒙昧上期，即旧石器时代中晚期，而这在传说中便是伏羲氏的时代。在这一时代，原始人群已逐渐在海岸、湖沼的周围、河流的沿岸及草原森林地带，展开了相对安定的生活。这一时代的文化，一般地说来，是石器制作技术之更加精巧；同时，骨器已经达到了更大的完备。这一时

内蒙古阿拉善岩画[7]100　　　　　　　　　　内蒙古阴山岩画猎羊图[7]424

战国青铜器上的《狩猎纹图》[9]28

  建筑书评与建筑文化随笔

《采桑》(《战国燕乐狩猎水陆攻战纹壶》局部)[9]27

代的人类已经进入到了一个大规模的狩猎时代。传说中谓伏羲氏作结绳而为网罟，又谓伏羲氏教民以畋以渔。总之，到传说中之伏羲氏时代，采集狩猎的经济得到了高度的发展。在这一时代之末，人类甚至开始有了植物栽培和动物驯养的农业、畜牧的经济。

大约在今日以前9000年乃至10000年的时代，随着旧石器文化向新石器文化的转化，中国的历史便从蒙昧时代走进了野蛮时代，过去的氏族制以前的社会到现在便发展成为氏族社会。这一时代，在中国历史上正是传说中之神农、黄帝、尧、舜、禹以至夏代之全时期。[1]67

传说中谓神农是中国最初发明斧斤的神人。《周书》云："（神农）作斧斤。"又传说神农是中国最初发明农具的神人。《易系辞》下云："神农氏作，斲木为耜，揉木为耒，耒耨之利，以教天下。"上引《周书》云："神农为耒耜鉏耨，以垦草莽，然后五谷兴教，百果藏实。"《太平御览》七八引《礼纬·含文嘉》云："（神农）始作耒耜，教民耕，其德浓厚若神，故为神农也。"[1]83

传说中谓黄帝时，已有宫室，"上栋下宇，以待风雨。"又传说黄帝"弦木为弧，剡木为矢，弧矢之利，以威天下。"因为弓矢与网罟的普遍应用，当时的人类才得以有了构兽以为畜的可能。他们建筑了许多村落，开始了"时播百谷草木，化鸟兽昆虫"的植物栽培与动物驯养的定住生活。在他们的手中，不再是拿着粗糙的打制石器，而是拥有了研磨的石斧与石镰；再不是原始的掘土棒，而是进步的鹤嘴锄。他们就用这种研磨石斧与石镰斩伐森林、芟夷草莱，开辟耕地，建筑房屋。用鹤嘴锄掘开土壤，试种植物，于是在他们村落的周围，已不再是一片榛莽的丛莽，而是枝叶茂盛的谷物和果树了。[1]84

植物的栽培，是从采集经济中发展出来的，而动物的驯养，则是狩猎经济发展的结果。由于罔罟、陷阱、栏栅等在狩猎中的广泛应用，人类便能捕捉到活的动物，并发明了驯养的方法。《淮南子·本经训》中就有"焚林而猎"的文字记载，它也正是原始农业发生的渊薮。

中国的古人，在野蛮下期又不知生活了多少年代，才进入到野蛮中期，这就是中国历史上传说中的尧、舜时代。

据考古学家的报告，尧、舜时代，陶器制作技术已大有进步，形式亦已多样化，如瓮、钵、瓶、鼎、鬲、盘、盂、碗、碟之属，无不应有尽有。陶器的应用，已极普遍，它已成为家常日用的器皿。

彩陶距今有6000～7000年的历史，它多用作祭器。《韩非子·十过》云："禹作为祭器，墨染其外而朱画其内"。彩陶除作殉葬之冥器之外，也还应用于家用器物上，如施以富丽彩绘的斜纹、纵纹、横纹、斜长椭圆形三角纹、之字纹、多纹以及人形花纹等。我国新石器时代的仰韶、马家窑、大汶口等文化中，均发现有彩绘花纹的陶器。

在这一时代，磨制石器及骨器的制作，也已经达到高度发展的阶段。此外，铜器的出现，土砖的房屋建筑以及由此引导出来之农耕与畜牧生产也得到了更高的发展。

总之，到传说中的尧、舜、禹时代，人类便进入大规模的焚烧农业与有组织的畜牧生活。

人类在野蛮中期，又不知经过了若干时代才进入野蛮上期，这就是夏时代。野蛮

仰韶文化彩陶盆绘饰人面鱼网纹（半坡出土）[6]46

仰韶文化彩陶盆内壁绘饰鱼蟾蜍图（陕西临潼姜寨出土）6[98]

仰韶文化庙底沟型彩陶（植物纹，河南陕县庙底沟出土）[8]43

仰韶文化彩陶（几何形纹，河南郑州大河村出土）[8]62

仰韶文化半坡类型彩陶上的各种符号 [4]13

马家窑文化舞蹈纹彩陶盆（青海大通县上孙家寨出土）[5]66

上期人类的伟大成就，如风箱、手磨、陶车及油、酒的制造；金属手工艺加工；货车及战车；用梁及板的造船术；艺术建筑的开始；围以有雉堞及城墙的都市的出现。[1]96

传说中之夏孔甲的时代，也就是氏族制社会的末日。随着氏族社会的结束，中国的历史便走进文明时代。

大约在公元前1700年代前后，中国的历史开始了一个巨大的变革过程。因为劳动生产力的发展，财富的增加，以及人们生活领域这一历史变革的结局，便是原始公社制的崩溃与商代所创造的古代社会之出现。

商族在整个新石器时代，都在渤海南北繁育滋长。或网罟而渔，或弓失而猎，或磨蜃而耕，或畜牧牛羊，从渔猎生活逐渐进入到了农牧生活。

商代是青铜器时代。古代的商代社会，是以青铜器文化为基础而建立起来的。商代青铜器文化所表现的劳动生产性，无论在社会经济的那一部分，如农业、畜牧和工艺，都大大超越了"夏代"的水准，达到了另一个崭新的历史阶段，尤其是农业已经超越了畜牧而成为社会经济的主要部分，这使得以前"夏代"的农业——畜牧经济转化为以农业为支配形态的经济。这一经济的转化，正是人类历史由野蛮时

牧牛图（甘肃嘉峪关魏晋墓壁画）[18]76

商代铜器饕餮纹 [1]227

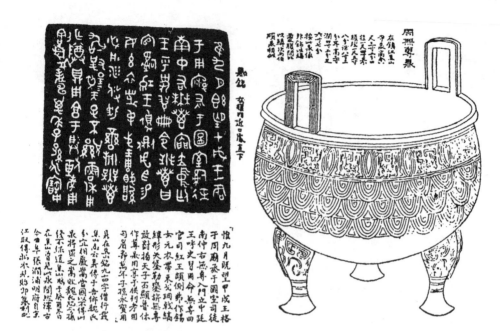

周无专鼎及铭文拓片，铸于周宣王十六年（公元前812年）[5]2

代过渡到文明时代之基本的条件。畜牧在商代已经退到了次要的地位。

商代已有繁盛的农业的存在。当时黄河南北广大的原野，大半都已开辟成为田畴。在那里，有疆有理，有沟有渠。同时，商之属领周族，在渭河河谷一带，也开始"乃疆乃理，乃宣乃亩"的开辟耕地工作。[1]172

与田畴相关联，在甲骨文①中有园圃等字；与种植相关联，在甲骨文中有果、树、桑、栗等字。圃，最早是蓄养禽兽的场所，《诗经》毛苌注："圃②，所以域养禽兽也"。

由于农业的发展，人类的主要生活资料，无疑是依靠谷物，而肉类与乳类，只不过是辅助的食料而已。由于养蚕术的发明及其他植物纤维被应用于衣服材料，因而动物的皮毛，对于人类的日常生活，也不像之前那样重要了。此外，与农业发展相适

甲骨文木字[10]337，　甲骨文林字[10]339，　　甲骨文圃字[2]2，　　甲骨文羊字[10]295，　　甲骨文草字[10]334，　甲骨文叶字[10]335

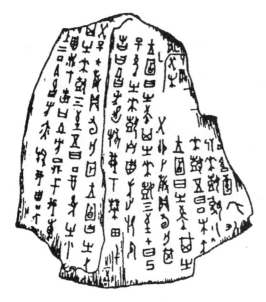

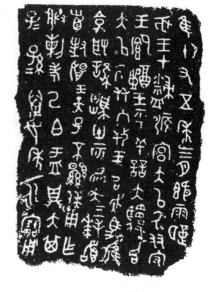

商代甲骨文拓片 [5]2　　　　　　　　周代大鼎铭文 [3]224

应的，是耕地的扩大，而耕地的扩大，同时就是牧场的缩小，这样，又逐渐给予大规模畜牧事业的现实以客观的限制，于是，商代的畜牧经济退到了次要的地位。

渔猎在商代，已经失去其在社会经济中的意义，仅为当时贵族的一种娱乐。甲骨文中关于渔猎的记载，多为"王渔"或"王狩"，而且狩猎之时，王必"丝御"，即乘坐马车。《史记·周本纪》云："维天不飨殷……麋鹿在牧，飞鸿满野"。殷代及其后期的帝王、贵族奴隶主们都很喜欢狩猎，殷墟出土的甲骨卜辞中多有"田猎"的记载，即在田野里打猎。《楚辞·离骚》云："羿淫游以佚畋兮，又好射夫射狐"。殷代后期的帝王为了避免因狩猎而破坏农田、丧失民心，就把田猎这项活动限制在一定范围之内，四周用垣墙围起来，并在其中养蓄禽兽，设专人管理，这就是"囿"或叫做苑囿。苑囿的范围广阔，除了天然植被外，还在空地上种植树木，经营果蔬，同时还开凿山地以作灌溉之用。苑囿里面也还有一些简单的建筑物、构筑物等。

商朝作为中国历史上的一个强盛的奴隶制国家，从公元前16世纪至公元前11世纪，历时约600年。

商朝末年，居住于渭水流域的周人强大起来，经过长期的准备，武王时起兵伐商。武王灭商，建立周朝。周朝的前期，约公元前11世纪至公元前771年，称为西周。周朝的后期则称为东周。两周时期的经济、文化进一步发展，各项制度更加完

耕地[17]7　　　　　　　　　　耘（稻田拔草）[17]10

汉画像石中车马出游图[10]240

备，是我国奴隶制社会的高度发展阶段。

2. 通神与灵台

在传说中之有巢氏时代，人类还处在混冥之中，他们与万物并生，或自以为马，或自以为牛，尚没有从自然界中把自己划分出来。人与人的关系只是混沌一团，他们不知亲己，不知疏物。天地万物，磅礴为一。

到传说中之燧人氏时代，由于人类对大自然的不理解以及对克服大自然的无能为力，这样便产生出神、恶魔和对奇迹的信仰。比如黑夜的恐怖、森林的幽暗、海波的浩荡、冰河的移动、火山的爆发、暴风雷雨的震撼、植物种属的多样性以及动物姿态的奇异性等，这一切的自然现象都使原始人为之头晕目眩，感到奇异与威胁。他们不能解释这些奇异，不能克服这些威胁，于是便发生了一种歪曲的幻想，即包围于他们周围的自然物以及自然现象，都是一些暗藏着幽灵的象征，于是一切万物都是神灵，即万物有灵。人类在大自然界的威胁之下跪下来了，于是出现了最初的诸神，世界也因此一分为二——人的世界和神的世界。

蒙昧时代万物有灵的信仰，到了野蛮时代，便发展为图腾主义。图腾主义是对一种或数种特定的自然现象及动植物的崇拜。图腾的崇拜，它不是对自然一般的惊奇、恐怖与刺激而发生的一种精神屈服，而是对于作为其生活资料的某种或几种特殊的自然如植物、动物等的有意识保护，从而以保存其种属，保证再生产的实现。例如，渔业的氏族往往选择若干特定的鱼类为图腾，狩猎的氏族往往选择若干特定的禽兽为图腾，畜牧的氏族往往选择若干特定的家畜为图腾，而农业的氏族则往往

太阳神形象（浙江良渚文化玉器，公元前4000年）[11]229

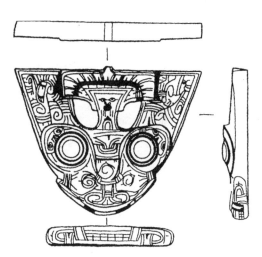

半圆形玉璧上的天神像（良渚文化，公元前4000年）[11]237

河姆渡文化骨器上的鸟形天神形象之一（公元前6000年）[11]237

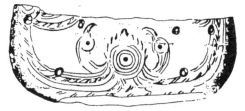

河姆渡文化骨器上的鸟形天神形象之二（公元前6000年）[11]237

选择若干特定的植物及自然现象如日月星辰云雨等为图腾。这样看来，图腾主义就是对自然物之物质性的崇拜。经过一定长期发展，由于自然现象与特定的动植物的人格化，于是又造成了无数的诸神。[1]122

在中国历史上，自传说中的伏羲氏时代以至夏代，皆有图腾信仰的存在。《诗·商颂·玄鸟》云："天命玄鸟，降而生商。"可见，商的图腾就是玄鸟。图腾主义是野蛮时代中国人类的普遍信仰。

图腾主义的信仰，说明了人类尚不能积极地进行对自然之物的再生产，而只是消极地对自然界的动植物之剿灭的禁止；说明了人类尚不能以自身的力量去繁殖其生活资料，而希图借助魔术的仪式，祈求自然，自动地给予人类以恩惠。

在众多的自然崇拜之中，山丘崇拜是最基本、最普遍的几种之一。在古人看来，山以其巨大的形体、无比的重量以及简单而强烈的线条显示着不可抗拒的力量。"高山仰止，景行行止"，就是这种山丘崇拜的心理表现。古人甚至认为山乃上天意志的体现，或者直接就是天神的躯体，于是就有许多"天作高山"的说法。由于山是地面上与天最接近的地方，所以在上古人类看来，它也就理所当然地成为天神在人间居住的地方。因为有了山，尘世与天国才得以联系。《淮南子·地形训》云："昆仑之邱，或上倍之，是谓凉风之山，登之不死；或上倍之，是谓悬圃，登之乃灵，能使风雨；或上倍之，乃维上天，登之乃神，使谓太帝之居。"

早在战国时期，即有海上三神山的传说，齐威王、宣王、燕昭王等，都曾企图找到这些仙岛。文献记载说："自威宣、燕昭，使人入海求蓬莱、方丈、瀛洲，此

树崇拜集体舞（新石器时代岩画）[11]156

动物崇拜图（广西左江流域邑来山）[7]265

自然山轮廓 [15]76

"三神山者，其传在渤海中。去人不远，患且至，则船风引而去，善未尝有至者，诸仙人及不死之药皆在焉。其物禽兽尽白而黄，金银为宫阙。未至，望之如云；及至，三神山反居水下；临之，风船引去，终莫能至。"

中国古代的台最初也正是在自然崇拜这种观念支配下，以建筑的形式对山岳进行模仿，并同时把它作为神灵的所在而加以神化和崇拜。《山海经·海内北经》说："帝尧台、帝喾台、帝丹朱台、帝舜台，各二台，台四方，在昆仑东北。"上古模山建台是当时最高统治者独有的权力，因为那时的人们普遍认为，只有这些统治者才代表了天神的意志，甚至他们本身就是神。

在上古人们看来，台是观天象之所，用作通天神之用，所以世间的统治者只有建台而登之，才可以亲承其意旨。《左传·昭公四年》上说："夏启有钧台之享。"《水经·颍水注》云："启享神与大陵之上，即钧台也。"台成了连通天神与人王的纽带。《史记·五帝本纪》云：尧"令舜摄行天子之政，荐之于天。"《夏本纪》记此事为"舜登用，摄行天子之政。"这里的"登用"，即是"登立"，也就是登台才能"荐之于天"。可见，这些都是"登之乃灵"、"登之乃神"的遗风。所以后来的

巫师通过天梯攀天岩画 [11]231
（画面上方是神灵，下方是人，巫师正
在攀爬天梯。天梯下半段是闪电，上
半段则变成了雨蛇）

帝王也就必经意于此，如"夏桀作倾宫、瑶台，殚百姓之财"；"夏桀之时，容台振而掩覆"；"纣为鹿台"。"（周）文王受命③而作邑于丰④，立灵台。"台⑤，作为连通天神于人王的纽带，上古帝王君临天下或禀受上帝之命都要有登台的仪式，这样才能承膺祖先的神灵，这也正是台之前可以冠之以"灵"字的原因。

"灵台"一类建筑究竟是什么样的呢?《说文》云："台观，四方而高者也。"先秦的台基一律是筑土结构，"积土四方而高曰台。"《释名·释宫室》亦云："台，持也，筑土坚高，能自持也。"梁思成先生曾推测中国古代台的形貌特征为"孤立"和"高耸"。先秦时的台，其体量之巨大是十分惊人的。"纣为鹿台，七年乃成，其大三里，高千尺，临望云雨。"《楚辞》云："层台累榭，临高山些"。可见，先秦时"灵台"一类的建筑是一些山岳般高大的筑土建筑。

上古时台的功用决定了它的艺术风格，不论是对山岳的模仿或是象征神授的权力，它的基本美学要求都只能是迥立孤直、巉峻巍峨，只能是一种以表现强烈体积感和力量感为特点的"团块美"。台的轮廓也只能是由简单而强烈的直线和斜线组成，因为只有这种风格才能充分再现出原始崇拜者心目中山岳的特点，直观地表现出统治者对巨大权力的亲自占有和对世间一切生灵重如山岳的压迫。夯土技术的逐渐成熟则从物质手段上为上述风格提供了保证。所有这些，正是"灵台"一类筑土高台风行整个上古时代的原因。

3. 苑囿与灵台的结合

苑囿与灵台相结合而产生出最初的园林。中国古典园林中首先出现的一个类型是皇家园林。历史上最早的、有信史可征的皇家园林则是商的末代帝王殷纣王⑥所建的"沙丘苑台"以及周的开国帝王周文王所建的"灵囿"、"灵台"、"灵沼"。

商王朝自从盘庚迁殷⑦以后，传至最末一代为帝辛。帝辛即殷纣王，在位时间相当于公元前11世纪。殷纣王大兴土木，修建规模庞大的离宫别馆，"南距朝歌，北据邯郸及沙丘，皆为离宫别馆"。鹿台和沙丘苑台是其中主要的两处。据《史记·殷本纪》："（殷纣王）厚赋税以实鹿台之钱，而盈巨桥之粟，益收狗马奇物，充轫宫室。益广沙丘苑台，争取野兽蜚鸟置其中"。鹿台在今河南汤阴，沙丘苑台在今河北邢台。后者包括苑和台。苑即囿，古代的苑、囿二字本意是近义的，均指蓄养禽兽、提供打猎的场所。台即聚土而成的高台。《史记》以沙丘之"苑"、"台"并提，意味着两者相结合而构成园林，它不仅作为纣王狩猎、通神的地方，也是其娱乐、游赏场所。殷纣王是中国历史上出名的荒淫之君，《史记·殷本纪》记述了殷纣王"盖广沙丘苑台，多取野兽飞鸟置其中，慢于鬼神，大取乐戏于沙丘，以酒为池，县肉为林。使男女裸，相逐其间，为长夜之饮。"

周灭殷，建都镐京（在今陕西安的西南），分封宗室、贵族于各地建诸侯国。配合分封建制，周王朝开始进行史无前例的大规模的营建城邑活动，与此同时，开始了皇家园林的兴建，这就是著名的灵台、灵囿、灵沼。

灵囿、灵台、灵沼在镐京，三者组成一个规模甚大的园林。据《三辅黄图》："周文王灵台在长安西北四十里"，"（灵囿）在长安县西四十里"，"灵沼在长安西三十里"。今陕西户县东面、秦渡镇北二里之大土台，相传即为灵台的遗址。《考工典》引《陕西通志》说："灵台在鄠县（今作户县），距丰宫二十五里，即文王灵囿之地。中有灵台，高二丈，周围百二十步。"《诗经·大雅[⑧]》"灵台篇"对这座园林的情况作了如下的描述："经始灵台，经之营之；庶民攻之，不日成之。经始勿亟，庶民子来；王在灵囿，麀鹿攸伏。麀鹿濯濯，白鸟翯翯；王在灵沼，于牣鱼跃。"苑囿[⑨]作为封建统治者政治地位的象征。周天子的地位最高，囿的规模也最大，诸侯也有囿的建置，但规模要小一些。据《诗经》毛苌注："囿……天子百里，诸侯四十里。"

公元前770年，周平王迁都洛邑（今河南洛阳），中国历史进入了大动荡的东周时代，开始了由奴隶制向封建制的过渡。东周的前期又称春秋，后期又称战国。春秋战国时期，铁器开始较大量使用，农业、手工业迅速发展，科学文化取得了很多重要的成就，学术思想领域也出现了"百家争鸣"的局面。

春秋战国时期，诸侯势力强大。各国诸侯均广筑台榭，如秦穆公之"灵台"、宋平公之台、齐国之"遄台"、卫侯之"灵台"等。鲁庄公一年之中竟连筑3台。甚至卿大夫们也纷纷自筑高台，如《左传·定公十二年》说："（公）入于季氏之宫，

周文王时代于沣河西侧建有灵台、灵囿、灵沼[16]21

登武子之台。"《水经注·泗水》记此台曰："阜上有李民宅，宅有武子台，今虽崩夷，犹高数丈。"此时筑台建苑的目的也与上古有了很大的不同，逸乐游晏已成为其主要功用之一。《左传·哀公元年》云："今闻夫差，有台榭陂池焉，……珍异是聚，观乐是务。"又《国语·楚语上》："灵王为章华之台，与伍举升焉。曰'台美夫？'对曰：'吾……不闻其以土木崇高彤镂为美，而以金石匏竹之昌大嚣庶为乐。……先君庄王为匏居之台，高不过望国氛，大不过容宴豆，木不妨守备'。"这些话表明了台榭苑囿的性质、规模、美学标准等与以前大不相同了，而最主要的变化是台榭陂池与金石匏竹一样，几乎完全成了享乐的手段。所以，在这个时代出现了一大批诸如楚之章华台、吴之姑苏台、晋之铜鞮宫等规模巨大的宫苑建筑。其中，最著名的一座即是吴王夫差修建的姑苏台。据《述异记》记载："吴王夫差筑姑苏台，三年乃成。周旋洁曲，横亘五里，崇饰土木，殚耗人力。宫妓千人，上别立春霄宫，为长夜之饮，造千石酒盅。夫差作天池，池中造青龙舟，舟中盛陈妓乐，日与西施为水嬉"。另据《左传》记载，春秋时的齐国有囿，其间有巨池，可以行舟漫游。《左传》云："齐侯与蔡姬乘舟于囿，荡公。公惧变色，禁止不可。公怒，归之，未与之绝也。蔡人嫁之"。这故事是说：齐侯与蔡姬在园囿中乘舟游玩，蔡姬故意摇动游船，使齐侯摆来摆去，齐侯吓得脸色都变了，蔡姬不听制止，齐侯发怒，将蔡姬送回了蔡国，后来蔡国把她嫁给了别的国家。而南方的楚国，宫苑中不仅筑有层台累榭，还布置有山川曲池和芙蓉花木。屈原在《楚辞·招魂》中写道："层台累榭，临高山些。网户朱缀，刻方连些。""川谷径复，流潺湲些。光风转蕙，氾崇兰些。""坐堂伏槛，临曲池些。""芙蓉始发，杂荷芰些。"楚国的宫室台榭与山川曲池、芙蓉花木有机结合，展露了南方园林的情趣与特色。《荀子》云：天子"饮食甚厚，声乐甚大，台榭甚高，园囿甚广"，在这里，台榭园囿的功用已与饮食声乐为伍了。"美宫室"、"高台榭"，遂成为一时的风尚。台的"观游"功能也逐渐上升，并与宫室、园林相结合而成为宫苑里

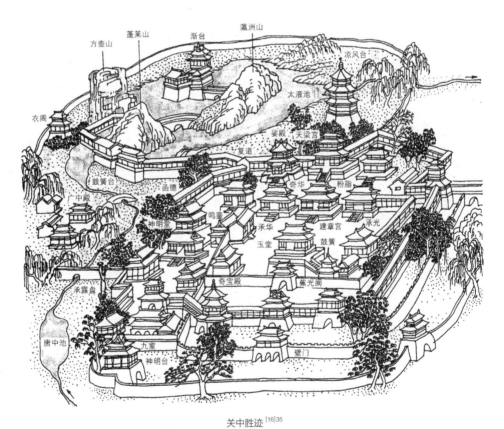

关中胜迹 [16]35

（《汉书·郊祀志》记载：汉武帝于公元前104~公元前79年之间营造建章宫，宫西北建太液池，池中筑有3座假山，以象征东海中的瀛洲、蓬莱、方丈3座神山，是中国人工池水景"一池三山"形制的起源）

面的主要构筑物。

综上所述，中国古典园林起源于古代帝王狩猎的囿和通神的台。狩猎和通神是中国古典园林最早具备的两大功能。苑囿与灵台的结合产生了最初的中国古典园林。

注释

①甲骨文：商代使用的文字，距今已有3000~4000年的历史。甲骨文是刻在龟甲或兽骨上的文字，故名甲骨文。商代先民笃信鬼神，大小事都要占卜，占卜就是烧灼龟甲或兽骨，看甲骨上出现的裂纹走向以判断凶吉，占卜结果及其有关时间、事宜等便刻在带有卜兆的龟甲或兽骨上，所以甲骨文的内容称为卜辞。甲骨文是中国现存的最古老的文字，大约有4500个单字。

②囿：在甲骨文中写作："▦"。在甲骨文的典籍中，一般把囿解释为蓄养禽兽的地方。《周礼》云："囿人，掌囿游之兽禁，牧百兽"。《说文》："一曰所以养禽兽曰囿"。

③受命：指古代帝王为巩固其政权，制造自己是受命于天的谎言，以欺骗、愚弄人民。

④作邑于丰：周文王于公元前1130年把国都由周原的岐邑迁到土地肥沃、交通便利的沣水两岸，定名为丰。丰：指丰水。水，一作沣水，今通称沣河。源自陕西省长安县（今西安市长安区）西南的秦岭山中，北流至西安市西北，注入渭河。河道自秦杜镇以下，古今颇有变迁。

⑤台：是我国古代建筑中的一个建筑类型。先秦时期无楼阁建筑，君王为了登高望远，求生活舒适和居住安全，以及观测云气以预知祸福等的需要，于是就有了台的这种建筑形式。

⑥殷纣王：殷商王朝最后一个国君，历史上有名的暴君，名"辛"；纣，是他死后加给他的恶谥。由于他荒淫暴虐，横征暴敛，以致民怨沸腾，众叛亲离，终于为周武王姬发攻灭，殷亡。

⑦殷（殷商）：朝代名。商王盘庚从奄迁都到殷，因而商也称殷，或称殷商。

⑧《诗经·大雅》译注：灵台筹建开始了。设计又施工。众民都来建造它，没有多久就完成。（文王说：）工程开始别太赶进度，众民却纷至沓来，干活活像拼命。文王来到灵囿（散心游赏），牝鹿伏卧在地（分外宁静）。牝鹿的肌体丰腴肥泽。鹤鹭的羽毛洁白而且晶莹。文王来到灵沼（湖畔），啊！满湖的鱼儿（起劲地）跳跃翻腾！

⑨苑囿：中国园林以帝王园林出现的时间为最早，早期的帝王园林称作"囿"，之后又称作"苑"，或合提并称为"苑囿"。

参考文献:

［1］翦伯赞.先秦史［M］.北京:北京大学出版社,1990.

［2］任常泰,孟亚男.中国园林史［M］.北京:北京燕山出版社,1993.

［3］刘叙杰.中国古代建筑史(第一卷)［M］.北京:中国建筑工业出版社,2009.

［4］叶喆民.中国陶瓷史［M］.北京:生活·读书·新知三联书店,2011.

［5］潘吉星.中国古代四大发明:源流、外传及世界影响［M］.合肥:中国科学技术
　　大学出版社,2002.

［6］吴诗池.中国原始艺术［M］.北京:紫禁城出版社,1997.

［7］周谷城.中国岩画发现史［M］.上海:上海人民出版社,1991.

［8］吴山.中国历代装饰纹样(第一册)［M］.北京:人民美术出版社,1992.

［9］郑为.中国绘画史［M］.北京:北京出版社,2005.

［10］王祥之.图解汉字起源［M］.北京:北京大学出版社,2009.

［11］汤惠生,张文华.青海岩画——史前艺术中二元对立思维及其观念的研究［M］.
　　　北京:科学出版社,2001.

［12］郑为.中国彩陶艺术［M］.上海:上海人民出版社,1985.

［13］王世伟.趣味汉字字典［M］.上海:上海辞书出版社,1997.

［14］杨鸿勋.江南园林论［M］.北京:中国建筑工业出版社,2011.

［15］佟裕哲.中国景园建筑图解［M］.北京:中国建筑工业出版社,2001.

［16］佟裕哲,刘晖.中国地景文化史纲图说［M］.北京:中国建筑工业出版社,2013.

［17］(明)宋应星.天工开物［M］.北京:中国画报出版社,2013.

［18］王潮生.农业文明导迹［M］.北京:中国农业出版社,2011.

［19］王贵民.先秦文化史［M］.上海:上海人民出版社,上海书店出版社,2013.

［20］(美)张光直著,美术、神话与祭祀［M］.郭净译.北京:生活·读书·新知三
　　　联书店,2013.

［21］(美)张光直著.中国青铜时代［M］.北京:生活·读书·新知三联书店,2013.

(本文入选2013年清华大学、中国风景园林学会共同主办"明日的风景园林"

——风景园林理论与历史国际学术会议论文集)

六朝精神与六朝园林艺术

在中国历史上，孙吴、东晋和南宋的宋、齐、梁、陈，习惯上称为六朝。六朝的都城，除孙吴一度在武昌、萧梁一度在江陵外，绝大部分时间在今南京市（孙吴称建业，东晋、南朝改称建康）。在历史上也曾有人以曹魏、西晋、后魏、北齐、北周和隋为"六朝"，即北方六朝。此外，六朝还常用来泛指公元2世纪末至6世纪末的整个魏晋南北朝时期。

一、魏晋风度与六朝精神

魏晋风度是指魏晋以来所形成的一种思想风貌和精神品格，又称为魏晋风流，其特点是崇尚老庄，轻蔑礼法，任达不羁和遗落世事。何晏王弼和"竹林七贤"则是其代表人物。

魏晋风度的形成，在当时具有反对旧礼教和活跃思想界的进步性。反对旧礼教，就意味着思想通脱、解放，意味着迂腐固执的废除，也就能够胸怀坦荡、视野开阔、容纳异端和离经叛道。促进孔教以外的思想，如道家玄论尤其是佛教思想的源源不断地引入，并日益广泛地传扬，从而使中国思想"百家争鸣"之后又出现一个斑斓多彩的局面。

东汉末年以来，思想多元化的氛围已逐渐形成，文人学士无拘无束，各行其思，各从所好。名士风流秕糠功名利禄，纵情愉悦山林，追求自然情趣与自我表现。汉末名士仲长统是六朝之前的一位开风气之先的人物，他追求人的自我价值，正是魏晋风度的内涵之一。仲长统在其《乐志论》中写道："蹰躇畦苑，游戏平林，濯清水，追凉风，钓游鲤弋高鸿。……安神闺房，思老氏之玄虚；呼吸精和，求至人之仿佛。……逍遥一世之上，睥睨天地之间。"这正是仲长统向往田园生活、追求精神乐趣和实现自我价值的真实写照。

宗白华先生在《论<世说新语>和晋人的美》一文中指出："汉末魏晋六朝是中国政治上最混乱、社会上最苦痛的时代，然而却是精神上极自由、极解放、最富于智慧、最浓于热情的一个时代，因此也就是最富有艺术精神的一个时代。"六朝精神是魏晋风度的延续和发展，它作为六朝时代的精神风貌，具有以下4个方面的表现：

（一）清通简要

六朝人重视以简御繁，言简意赅。清通简要是六朝精神的主要表现之一。唐代史学家李延寿论述南北朝学风的差异时指出"南人约简，得其英华；北学深芜，穷其枝叶。"（《隋书·儒林传序》）。清通简要，这是对六朝精神的一个方面的概括。

（二）潇洒飘逸

六朝人士追求一种潇洒飘逸的精神境界。《世说新语·言语》载："简文入华林园，顾谓左右曰：'会心处，不必在远。翳然林水，便自有濠、濮间想也。觉鸟兽禽鱼自来亲人。'"简文的濠梁濮水之想，指出了各安其性、各率其情、物皆逍遥的道理。此外，司马太傅的"滓秽太清"、许询的"清风朗月"、王微的"长林清风"、王羲之的养鹅喻志等，也都反映了六朝名士的潇洒高逸。

（三）鲜明个性

六朝时代是人格的觉醒与追求的时代。鲜明个性，正是人的自身价值和独立人格的体现。六朝名士中个性最为鲜明而且人格高尚的，首推嵇康。《世说新语·容止》注引《康嵇别传》载："康长七尺八寸，伟容色，土木形骸，不加饰厉，而龙章风姿，天质自然。正尔在群形之中，便自知非常之器。"同样，王羲之不愿饰容以求妻，郗鉴则要不愿矮饰的青年以为婿，于是姻缘天合，这些都反映了六朝时代新的精神风貌。

（四）机智谐趣

六朝时代，人们思想活跃，通脱任达，清通简要，率性而行，少礼教规矩的约束，轻矫情饰容的举动。于是在人们交往应对之际，多有机智和谐趣，这是民族的智慧，也是六朝的精神。

二、玄、道、佛学与六朝山水诗、画的兴起

《周易·系辞》上曾提到"书不尽言，言不尽意"。到魏晋时期，言不尽意论，作为玄学名理，十分流行。从艺术的角度看，言不尽意论，则表现为追求象外之意、韵外之致。《历代名画记》作者张彦远有"意存笔先，画尽意在，所以全神气也。"东晋顾恺之作画不重形似，而重传神。《世说新语·巧艺》载："顾长康画人，或数年不点目精。人问其故，顾曰：四体妍蚩，本无关于妙处，传神写照，正在阿堵中。"

在先秦，儒家以山水比拟道德品格，所谓"智者乐水，仁者乐山"（《论语·雍也》），"岁寒而后知松柏之后凋也"（《论语·子罕》）。到六朝，欣赏自然山水之美，成为时代的风尚、隐逸的特征、诗歌的主题；成为实现超脱、自由人生理想的一个方面，也是道教的洞天福地、修真炼形和进入佛教梵刹丛林的解脱尘累的重要精神教养和精神准备。

《世说新语·言语》载："顾长康从会稽还，人问山川之美，顾云'千岩竞秀，万壑争流，草木葱茏其上，若云兴霞蔚。'"它反映出人们在欣赏山川景色时所得到的美的享受，即六朝玄学所倡言的"神超形越"的感受。

刘宋之初，玄言诗告退，山水诗兴起。中国历史上山水诗的开创者是谢灵运。独立的山水画也是出现在刘宋时期，创始人是宋炳和王微。宋炳隐逸不仕，热爱自然风光，多次游历名山大川。他"每游山水，往辄忘归"，年老力衰无法再游时，便"唯当澄怀观道，卧以游之。"宋炳的《画山水序》探讨了自然美，论述了山水画的价值。王衡的《叙画》则在"画之情"中指出："岂独运诸指掌，亦以明神降之"，这话贯穿着"得意忘象"的玄理。

三、六朝园林概观

（一）六朝园林的三大系统

中国园林的三大系统及其形成的历史序次是皇家园林、私家园林、佛家园林。皇家园林历史较早，秦汉已有；佛家园林成于六朝；私家园林荫于东汉，成于魏、西晋，大盛于六朝。

1. 皇家园林

六朝第一代吴就有皇家园林：芳林苑、落星苑、桂林苑。东晋时有华林园。刘宋时有覆舟山的乐游苑、青溪上的芳林苑、玄武湖东岸的青林苑、玄武湖北岸的上林苑。萧齐时有青溪上的娄湖苑、新林苑、钟山脚下的博望苑；江边的灵丘苑、江潭苑、芳东圃、玄圃。萧梁时有兰新苑、江潭苑、秦淮河南岸的建兴苑、玄圃苑、延春苑。陈时主要在前代基础上发展，特别是把遭受侯景之乱破坏的萧梁皇家园林加以整修、扩建。整个南朝共在建康都城内外，营建了30多处皇家园林。华林苑在六朝皇家园林中最为著名，其故址在今南京玄武湖南畔。皇家园林中南北二地、南北二朝均有以华林命名的园林。

2. 佛家园林

佛家园林在六朝具有相当的规模和数量，其中又以萧梁时的佛寺园林最有典型性。

六朝佛寺园林有以下两大特点。其一，中国佛教来之于印度，佛寺的语源是"伽蓝"。《僧史略》："僧伽蓝者评为众园，谓众人所居，在乎园圃、生殖之所。佛弟子则生殖道芽圣果也。"北魏扬炫之就著有《洛阳伽蓝记》。可见，佛寺一开始就跟园林与生俱来。佛寺园林既不同于专供君主享用的帝王苑囿，也不同于属于私人专用的私家园林，它面向广大的香客、游人。除传播宗教外，还带有公共游览性质。其二，六朝寺院建成多彩舍宅为寺的方式，如栖霞寺，为明僧绍所舍。

3. 私家园林

六朝时江南顾辟疆营私家园林首开其例。《世说新语·简傲》载："王子敬（献子）自会稽经吴，闻顾辟疆有名园"。六朝私家园林中以谢安为显，"营墅、楼馆竹林甚盛。"私家园林活跃又以东晋兰亭禊会为最。兰亭园林禊会及其游园方式奠定了六朝园林美学的名士气和书卷气。

私家园林有以下两种倾向：一是豪华型，为富贵的世族大姓或贵族公卿所建造。豪华是一种占有心里意识的表现和显示，其目的是为了享乐。同时，豪华型园林也是六朝特别是南朝侈靡社会风习的反映。二是萧致型。自然淡泊，少有加工，是园主的移情之所，不尚豪丽，它开中国晚期园林史上文人化园林之先河。《宋书·戴颙传》载戴颙"乃出居吴下，吴下士人共为筑室，聚石引水，植林开涧，少时繁密，有若自然"。园林利用自然，回归自然，体现出原始的自然质。

（二）六朝南北方园林之比较

南北对峙，形成不同的经济、政治、文化形态；南北交流，又促成了两种形态的互构。塞北秋风骏马，杏花春雨江南。园林的品格最能够体现出南北区域的差异性。

1. 皇家园林

皇家园林不妨以南北均有的华林园为例，它们在功能上有许多相近之处。如园林中的禊宴、习武等。然而，在建筑、规模等方面却有许多相异之处。北方的华林园金碧辉煌，而南方建康的华林园在总面积上不及北方，它们充分依赖自然条件，重视园林绿化，园林中广种石榴等。江南园林还发挥南方气候潮湿、适宜树木生长的优势。东晋简文帝对它的描述是"翳然林木"。这座南方的皇家园林，一开始就表现出形似自然、较少雕琢之特征，给人以朴野真切之感。

2. 私家园林

南北私家园林的差异在于其规模和色彩。《洛阳伽蓝记》记述"伦造景阳山，有若自然。其中重岩复岭，嵚崟相属；深蹊洞壑，逦递连接。高林巨树，足使日月蔽云；悬葛垂萝，能令风烟出入。崎岖石路，似壅而通；峥嵘涧通，盘纡复直。"这一北方私家园林金碧辉煌，富贵十足，园林成了地位的物化显示，是摆富、斗富、逐富。比富风气的煽扬，使园林繁华竞逐，愈演愈烈。

南方私家园林主要表现为萧散型，它规模小巧，公开称自己为小园。南方园林跟隐逸行为、情趣联系紧密，不少园林置于深山古岭之中，是隐士们的寓所，粉墙、灰瓦，精巧雅致、素净明快。

3. 佛家园林

南北佛家园林有相同也有相异处。南北朝是我国佛教史上的极盛时期。北方"金刹与灵台比高，讲殿共阿房等壮"。北方佛寺园林和整个北方园林格局、格调是一致的，恢宏壮丽是皇家园林的寺院化。

南方佛寺园林则带有清净幽深色调。如梁代王台卿《奉和往虎窟山寺诗》有"飞梁通涧道，架宇接山基。丛花临迥砌，分流绕曲堰。谁言非胜境，云山独在兹。"南方佛寺园林体现的不是五彩斑斓的世界，而是"萧散趣无穷"的境地。

四、六朝园林的审美观念

（一）有若自然、酷肖自然

六朝人善于运用自然，采撷自然，又改造自然，整治自然，形成了特有的自然山水园林景观。六朝园林有若自然、酷似自然的美学思想对历代造园有着极大的影响。计成《园冶》的"虽有人作，宛自天开"；沈复的《浮生六记》"人工而归于自然"；李渔的《一家言》提倡"天然委曲之妙"。

（二）情趣与欣赏

六朝园林的物质功能下降，游赏功能上升，这是园林作为精神对象的作用越来越占主导地位的显示，也是六朝人文化素质的重要体现。

"园林多趣赏"。趣赏意识是六朝园林意识中最重要的意识，它形成了中国园林审美意识的精神观、情趣观和欣赏观。东晋时殷仲堪《游园赋》写道："杖策神游，已咏已吟。"神游意识规范了中国园林的精神化趋向，即是心灵的畅游。

（三）提炼与概括

清代李渔在《一家言·居室·玩器部》中说："幽斋垒石，原非得已，不能致身岩下与木石居，故以一拳代山、一勺代水，所谓无聊之极思也。"六朝所奠定的中国园林概括化、抽象化、象征化原理，从根本上规范了中国园林发展的审美之路。

园林是浓缩了的自然山水，通过概括化才能再现自然山水。突破有限走向无限，是六朝园林的根本美学思想，也是六朝美学的根本思想，它是魏晋哲学家王弼的超越有限、相对而腾飞到无限、绝对中去的"贵无"思想影响之结果。

（四）从粗放转向精约化

六朝园林总体格调上是从粗放转向精约。精约化反映了六朝人的文化、审美、心理结构，它对历代园林的发展起到规范作用。萧纲的《临后园》："我有逍遥趣，中园复可嘉。"六朝园林中的中园、小园，正是在六朝精致性文化温床中确定起来的。中国园林小型规模的格局是由六朝奠定的，它对后来的明清私家园林影响极大。如明代有勺园，清代李渔有芥子园，清代贾胶侯有半亩园等。

总之，六朝精神对后代园林的审美意识、空间审美关系等产生了极其深远而广泛的影响，并孕育出独具特色的中国园林空间美学。

参考文献：

[1] 孙述圻. 六朝思想史 [M]，南京：南京出版社，1992.

[2] 吴功正. 六朝园林 [M]，南京：南京出版社，1992.

[3] 童教英. 中国古代绘画简史 [M]，上海：复旦大学出版社，1991.

[4] 艾定增，梁敦睦. 中国风景园林文学作品选析 [M]，北京：中国建筑工业出版社，1993.

[5] 李泽厚，刘纲纪. 中国美学史 [M]. 北京：中国社会科学出版社，1987.

[6] 刘敦桢. 中国古代建筑史 [M]. 北京：中国建筑工业出版社，1980.

[7] 任常泰，孟亚男. 中国园林史 [M]. 北京：北京燕山出版社，1993.

[8] 葛路. 中国古代绘画理论发展史 [M]. 上海：上海人民美术出版社，1982.

[9] 宗白华等. 中国园林艺术概观 [M]. 南京：江苏人民出版社，1987.

[10] 王毅. 园林与中国文化 [M]. 上海：上海人民出版社，1990.

[11] 刘天华. 画境文心：中国古典园林之美 [M]. 北京：生活·读书·新知三联书店，1994.

（本文1996年获建设部直属机关第四届青年优秀论文三等奖，并刊于
《中国园林》1995年第11期）

中国古典园林的内聚性与西方古典园林的外拓性

一、中西古典园林的不同特点及其表现

1. 中国古典园林的特点

中国古典园林概括起来，具有以下三大特点:

（1）模山范水、宛自天开

中国古典园林，特别是江南私家园林，其本质特征就是浓缩自然，一切崇尚自然，一切无不自然。在空间布局上，江南私家园林多是建筑包围庭院，以水池为中心，从而形成一种内向的、封闭的格局；在处理手法上，江南私家园林通过对自然山石、水池、植物等的艺术摹写，再现出自然美（图1）。

（2）曲折幽深、小中见大

一切艺术作品最终都要诉诸表现的，其表现有两种倾向：一种是直率的、毫无保留地和盘托出；另一种是含蓄的、隐晦的、显而不露。西方人多倾向于前种表现，中国人则多倾向于后一种表现。

中国传统园林艺术认为，露则浅，藏则深，为忌泄露而求得意境之深邃。造园家常用欲显而隐或欲露而藏的手法把景观藏于幽深之处，极力避免开门见山、一览无余的做法，使其忽隐忽现，若有若无。在布局上，建筑物的廊、山石、洞壑、水池、驳岸、路径、桥、墙垣等无不求得蜿蜒曲折，总之，一切都要求曲径通幽。

（3）诗情画意与情景交融

中国古典园林的传统是文人造园，即文人写意山水园林，中国古典园林多是以中国山水画布局理论来造景的。中国画的最大特点是写意，写意注入了人的主观感

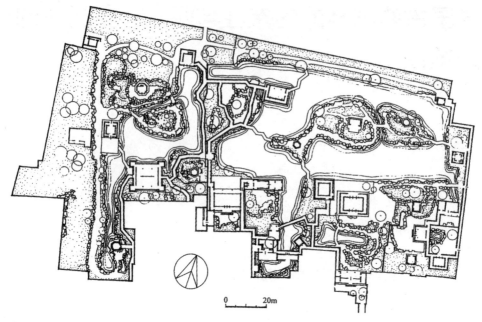

图1 苏州拙政园平面图
（引自孙大章主编《中国古代建筑史》第五卷）

受，具有强烈的艺术感染力。中国园林正是利用这种手法，把对自然的感受，用写意的方法再现出来。人们在"画境"般的园林中，触景生情、情景交融，并达到理想美的境界——意境。园林的意境就是"境生于象外"，它要求象外之象、景外之景。陈从周先生在《说园》一文中说："园之佳者如诗之绝句，词之小令，皆以少胜多，有不尽之意，寥寥几句，弦外之音犹绕梁间"。可见，意境是作为中国园林的最高境界。

2. 西方古典园林的特点

西方古典园林，以欧洲古典主义花园为例，其特点是：

（1）建筑物体积大，中轴线突出，且高踞于花园的中轴线起点，建筑物统率花园，花园从属于建筑物。

（2）大大加深了花园的中轴线，在它上面布置宽阔的林荫道、花坛、河渠、水池、喷泉、雕像等。中轴线一直延伸到林园里，它统率园林本身。

（3）在轴线两侧，林园里也开辟笔直的道路、交叉点、形成小小广场，点缀上小建筑物或喷泉、雕像。

（4）水面限制在用石块砌就的整整齐齐的池子或沟渠里。

（5）树木大都修剪成各种规则的样式，如方形、圆锥、拱门、廊道、连续券，并号称"绿色雕塑"、"绿色建筑"。

以法国凡尔赛宫中的花园为例。它作为欧洲古典主义花园的典范。在这个花园里，笔直的中轴线鲜明突出，它的两侧又对称地布置了次级轴线，并同其他横轴线相交，构成花园的骨架。中轴的一半是十字形水渠，中轴两侧分布对称的花坛、喷泉、池沼、雕像等（图2）。17世纪上半叶，法国造园家布阿依索在其著作《论造园艺术》中说："如果不去加以调理和安排均齐的话，那么，人们所能找到的最完美的东西都是有缺陷的"。凡尔赛宫的创始人勒诺特尔也说，要强迫自然接受匀称的法则。

从中西古典园林的不同特点比较中，我们不难看出：中国人流连于"曲"，以"自然"的名义收敛地表现自己，这显示出其文化的内聚性。而西方园林的几何性以及对于自然形态露骨地改造，却反映了他们对于直线、放射感等形式的偏好，充分暴露其外在的文化气质——外拓性。

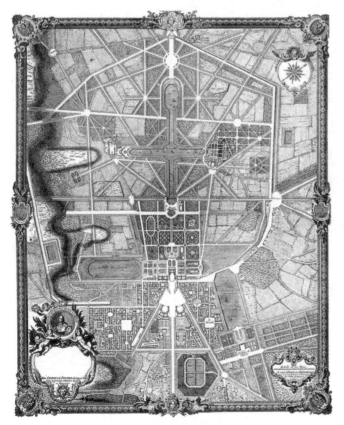

图2　巴黎凡尔赛宫花园总平面
（引自张祖刚编著《法国巴黎凡尔赛宫苑》）

二、从文化哲学、思维模式以及文化结构等方面来分析中西古典园林的差异性

中国古典园林的内聚性与西方古典园林的外拓性是心理的差异吗？

我们知道，不同文化背景使人们有了不同审美理想，不同的审美理想又规定了人们不同的形态偏好。

内聚性和外拓性是中西古典园林在比较中显示出来的不同表现形态，那么，它在中西古典舞蹈、文学、绘画及建筑等文化艺术领域的表现形态方面也同样具有其共性吗？

1. 从中西古典舞蹈、文学、绘画及建筑等的不同表现形态来看中西文化的差异性。

（1）舞蹈　东方舞蹈所表现的是眷恋大地，其动作都是内向的，脚几乎是自然弯曲、并拢；浑圆的双臂一般都围绕着身体运动，一切似乎都聚集在一起，它的特点可以用"拧、倾、曲、圆"四个字来概括。相反，西方古典舞蹈（芭蕾）所表现的是从大地上解放自己，去天上寻求自由，其动作都是外向的、开胸；腿和胳膊从躯干外伸，其特点是："开、绷、立、直"（图3、图4）。

法国舞蹈评论家说，"芭蕾足尖这是一种延长身体垂直线的努力，牺牲脚的自然功能，为的是适应和达到美学的目的。当一个舞蹈者站立在脚尖上，意味着打破生活的常规而进入一个迷人的世界，她让自己沉浸在一种理想之中"。

（2）文学　中国文学中的抒情诗传统和西洋文学中的史诗传统有着根本区别。《诗经》、《楚辞》为抒情诗的典范，其功能就在于抒情、在于陶冶人的性情，潜移默化人的思想感情。孔子曰："诗可以兴、可以观、可以群、可以怨"。中国诗人熟练地掌握了诸如"藏情于景"、"情景交融"等一系列意象构成方法，讲求"不着一字，尽得风流"。他们在意象构成方面是含蓄的，在情感表现方面是控制的，在形制方面是精炼、惜墨如金的，于是造就出一种内向与耐人寻味的风格。与之形成对比，从古希腊时代开始，西方文学以荷马（Homer，约公元前10世纪）的史诗《伊里亚特》和《奥德赛》为先驱开创了西洋史诗的传统，它属于再现外部世界的艺术形式，表现在对外部世界的观照胜过对内部世界的反省，是一种指向外部的审美心理。

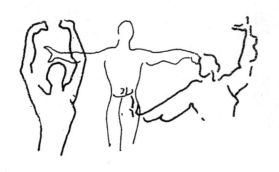 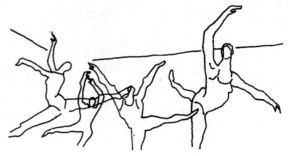

图3　东方古典舞蹈动作　　　　　　　　图4　西方古典舞蹈动作

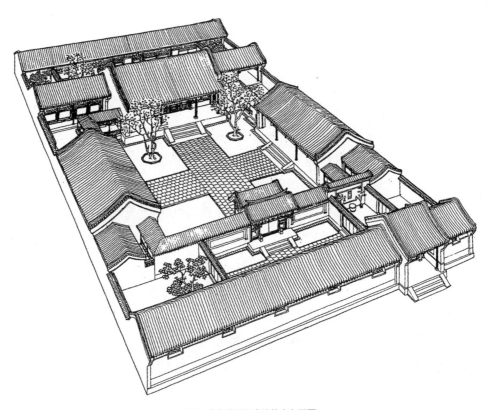

图5　北京典型四合院住宅鸟瞰图
（引自刘敦桢主编《中国古代建筑史》第二版）

（3）绘画　在绘画领域，欧洲文艺复兴以来的绘画和兴起于宋元的中国文人画可视为西方与中国古代绘画的典范。西方传统绘画力求细节形似，静物、风景画讲究透视比例的立体感，要求对象三维空间的真实再现。人物和动物绘画以解剖学为基础，要求客观、准确地反映出对象的细部构造和质感；而中国文人绘画如诗歌那样，弘扬抒情言志的传统，将审美理想指向人的内部世界中去。传统的文人画，大多利用有限的题材、相对单纯的水墨形式或通过"形"、"意"和谐的情景结构，或通过含而不露的象征形象为欣赏者提供"象外之象"的画面，让人从中体味出无穷的"韵外之致"来。

（4）建筑　建筑是"凝固的音乐"，它以自己的布局、外部形态、内部构造、巨大的尺度占据了空间，抽象地体现出一个民族的爱好、气质。中国的四合院，这种住宅模式的最大特点是以空间院落为中心，住宅建筑环绕四周布置，形成一种内向、封闭式庭园。这和西方的花园别墅恰成鲜明的对比，后者纯属外向布局形式，它以建筑为中心，在四周布置庭园（图5）。

历史久远的封建王权使中国古代拥有令人赞叹的皇后宫殿堂；统治了整个中世纪的神权为欧洲带来了辉煌的宗教建筑。中国的宫殿与欧洲的教堂，在中西建筑史上分别具有经典性的意义。雄踞北京中心的紫禁城采用封闭式的整体布局，其围墙——宫墙更加高大、厚重、巍峨，创造的内部空间更为有力，表现出鲜明的内聚性；而欧洲的宗教建筑（中世纪哥特式教堂）具有鲜明的个性：石结构、冷色调、指向天空的尖顶、高旷的内部空间，渲染着神秘、崇高的宗教气氛。黑格尔说："整座建筑却自由地腾空直上，使得它的目的性虽然存在却等于又消失掉，给人一种独立自足的印象"，"它具有而且显示出一种确定的目的，但是在它的雄伟与崇高的静穆之中，它把自己提高到越出单纯的目的而显示它本质的无限"。建筑学家肖默先生在《中西建筑的美学性格》中认为，中国建筑在整体上是"内向的、收敛的"，西方古建筑则是"外向的、放射的"；前者追求"内在的含蓄"，后者则显示其"外在而暴露"。

中西古典舞蹈、文学、绘画和建筑等的不同表现形态说明：中国古典艺术在整体上总是表现出内收性（内聚性），而西方古典艺术则更多地倾向于外拓性。因此，我们说，内收（内聚）与外拓就是古代中国人与古代欧洲人在比较中显示出来的不同文化心理个性。

那么，造成中西文化心理个性差异的原因又是什么呢？

2. 从中西哲学的主体性原则比较民族的思维机制

西方中世纪哲学在形式上表现为主客体分裂和神的无上权威，在上帝面前人人平等的思想；西方近代哲学把思维着的主体——人，逐步地理解为具有主观能动性、独立自主性的主体，它的根本原则就是主体性原则；与西方哲学相比较，中国哲学史是以天人合一说为主，缺乏一个以主体性为原则的哲学体系，具体表现在受他人支配和统治、受制于自然或其他外力和外在权威，缺乏自觉性，只讲共性不讲个性，以人的出身、血统为依据来衡量人。李泽厚先生在中西哲学的根本差异上指出："以农业为基础的中国新石器时代大概延续极长，民族社会的组织结构发展得十分牢固，产生在这基础上的文明发达得很早，血缘亲属纽带极为稳定和强大，没有为如航海、游牧或其他因素所削弱或冲击。虽然进入阶级社会，经历了各种经济制度的变迁，但以血缘宗法纽带为特色，农业家庭为基础的社会生活和社会结构却很少变动。古老民族传统的遗风习俗、观念习惯被长期地保存下来，成为一种极为强固的文化结构和心理结构"。中国古代这种早熟的文化结构,严重地阻碍了新文化结构的产生和转换,而且抑制了民族思维主客体意识的分化,强化了朴素有机自然观在民族思维活动中的支配地位;相反,在西方充分发展的私有制彻底地切断了个体与氏族的血缘脐带,使个体意识不断地从集体表象中解脱出来。

3. 中西不同的思维模式形成两类不同的文化心理个性

思维模式是反映一定阶段上人们认识能力和特征的思维要素、结构和方法论原则,它是作为各民族文化传统、心理体系和思维能力的理性积淀物,它属于民族文化体系的深层结构,并对民族文化传统的凝聚和维系起重要的定势作用。

人类文明发展史第一次浪潮中的思维模式,具有直观综合模糊化的特征。古代人类(包括原始社会、奴隶社会和前封建社会)的采集、狩猎活动以及后来的种植业、畜牧业为核心的生产活动,基本上停留在与自然之间的实体交换水平上,而能量和信息的层次交换活动则处于一种从属、间接低级状态。

人类文明发展史的第二次浪潮开始于14世纪末到16世纪初。以蒸汽机为代表的动力机的应用,以及对煤炭、石油、电子等能源的开发利用,标志着人类生产冲破了自然条件的限制,也标志着人类生产与自然的交换活动已从实体推进到了能量交换水平。

从19世纪开始,人类在对产生和传递能量的强流技术进行研究的同时,发明了电报、电话等通信、控制装置中传递信息的微流技术。第二次世界大战后,以核能控制、宇航工业、卫星通信、电子计算机和遗传工程的基本现代信息控制系统的建立,以信息论、控制论、系统论为核心的方法论学科兴起,标志着人类文明发展史第三次浪潮的到来。

西方民族在其古典文化的基础上,在近代资本主义生产方式和新兴实验科学、数学的推动下,用几百年的时间较快地完成了由直观综合模糊思维向还原分析精确思维模式的转变,形成了以逻辑分析和推理为基础,注重认识细节,追求确定精确思维的传统;相反,中国文明形态主要处于第一次浪潮向第二次浪潮转换之中,其思维模式长期地保留着浓厚的直观综合模糊化特征。因此,西方以细节分析居优的思维个性和中国以整体综合见长的思维个性,形成了中西文化不同的心理差异(心理个性)。

这种不同的文化心理差异(心理个性)在中西文化心理的物化形态上就自然表

现为内聚性与外拓性。

4. 从文化的深层结构和表层结构看中西古典园林的内聚性与外拓性

在任何一个民族的文明体系中都存在着深层和表层的两种结构。深层结构是各民族文化传统的硬核，它既不易为外族文明所同化，也不易为本民族的社会经济、政治、道德、伦理的变迁所改变。作为一种民族文化长期历史积淀的产物，它凝聚着该民族文化的基本要素，并形成一种稳定的结构，它对民族文化的演进，具有调整、定势和控制的作用。表层结构是各民族文化传统的"软组织"、"保护带"，其使命在于通过各种同化、变形的功能，顺应各个时代出现的某些矛盾、危机和挑战，适应和组织新的文化环境，发挥民族文化传统的"免疫"机能。以表层结构之变来维系深层结构之不变，以深层结构之基本不变来应付环境之万变，这是社会文化运行的客观机制。

从"表层结构"分析，儒家文化一直处于合法的独尊地位，为中国传统文化主体。从"深层结构"分析，儒家文化和道家文化是中国传统文化的主体，它们不但是中国古文化的本源，而且还贯穿于传统文化发展的始终，决定中国文化的面貌与特点，影响社会各个方面，决定社会心理结构与价值决向。因此，我们说儒家文化和道家文化是中国传统文化的深层结构，它们几乎渗透和积淀在中国文化的各个方面。相对而言，儒家思想又更多地渗透到和积淀在政治关系和伦理规范方面；而道家思想则以"自然"为理法，在审美观上，是对自然美的崇慕、追求。

江南私家园林，就是中国传统文化"儒道互补"中道的一面的建筑表现。我们知道，"道"是一个"混而为一"不可分割的整体，表现在对外界世界的认识，依靠一种静观默察、冥想的整体直观思维方式，也就是整体图像的模糊把握。老子说："道之为物，惟恍惟惚。惚兮恍兮，其中有象；恍兮惚兮，其中有物；窈兮冥兮，其中有精"，由此可见，道在本质上是无法用清晰、精确，而在应用上却可用有限的名言概念来表达的。"求之于言意之表，而入乎无言之意之域"，根据自己的人生经验，调动自己的想象，来体会其蕴含义，从而获得"言外之意"来。道家这种自然的、无为的思想深深地影响着中国古典园林的形成与发展，它使得古代的中国人流连于曲，模仿于自然，并表现出对自然枷锁的顺从态度。中国士大夫们力图在咫尺天地中得到"归去来兮"的幻觉，在心灵上收复于田园与自然。从布置到景致，文人们刻意地追求自然，这便出现了千奇百怪的湖石、蜿蜒曲折的小径，使人在路转溪桥中忽见洞天，在悠悠曲径里渐入佳境。这一切都是中国古典园林司空见惯的景色。

然而在西方美学那里，它重视的是严密的逻辑性和刻意的理性分析，因而处处用名言概念对美和艺术进行抽象、分裂，从亚里士多德的《诗学》到黑格尔的《美学》，不都是证实了这点吗？中西不同的文化背景使得人们有着不同的审美理想和不同的形态偏好。同文化哲学、文化结构、思维模式相适应；欧洲人在自然面前采取的是积极进取的态度，他们不怕改造自然，处处表现出对自然的露骨改造，为的是达到自己理想美的境界。他们对于直线、放射线的爱好，显示其外向的文化心理个性。相反，古代中国人在自然面前则是采取顺从的态度，表现出对自然的模拟再现，"虽由人作，宛自天开"这便是最好的写照，它显示了一种内向、收敛的文化心理个性。

中国古典园林的内聚性与西方古典园林的外拓性分别是中西不同的文化心理个性在其造园艺术形态上的不同表现。

海森保说过，在人类思想史上最富有成果的发展，常常发生在两条不同思想路线的交叉点。我想，如果说西方思维和中国传统思维作为不同文化断层的积淀物，代表着对思维精确化追求和对思维模糊化过于偏好的两条对立路线，那么，随着人类文明的进步，随各民族文化的融合，它们会不期而遇。因此，我们说，中西园林的发展，也将随着它们文化的融合，而走到一起来的。

参考文献：

[1]（明）计成．陈植校注．园冶注释［M］．北京：中国建筑工业出版社，1988．

[2]（明）文震亨．陈植校注．长物志校注［M］．南京：江苏科技出版社，1984．

[3]刘敦桢．中国古代建筑史［M］．北京：中国建筑工业出版社，1980．

[4]陈从周．说园［M］．上海：同济大学出版社，1986．

[5]余树勋．园林美与园林艺术［M］．北京：科学出版社，1987．

[6]童寯．江南园林志［M］．北京：中国建筑工业出版社，1987．

[7]岑家梧．图腾艺术史［M］．上海：学林出版社，1986．

[8]李泽厚．美的历程［M］．北京：文物出版社，1982．

[9]宗白华．中国园林艺术概观［M］．南京：江苏人民出版社，1987．

[10] 潘天寿. 中国绘画史 [M]. 上海: 上海人民美术出版社, 1983.

[11] (德) 黑格尔. 美学 [M]. 朱光潜译. 北京: 商务印书馆。1984.

[12] 陈植, 张公驰选注. 陈从周校阅. 中国历代名园记选注 [M]. 合肥: 安徽科学技术出版社, 1983.

（本文1992年获建设部直属机关第二届青年优秀论文一等奖，刊于《中国园林》

1989年第5期）

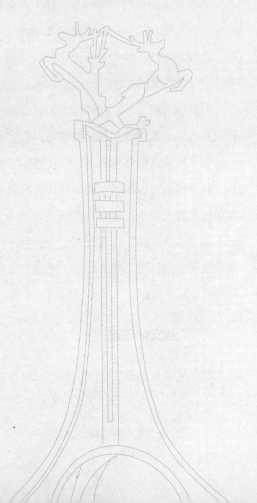

论科学的、和谐的可持续发展出版观

——中国建筑工业出版社专业化发展之路探究

科学发展观是同马克思列宁主义、毛泽东思想、邓小平理论和"三个代表"重要思想既一脉相承又与时俱进的科学理论。科学发展观的第一要义是发展，深入贯彻落实科学发展观，关键是要紧紧抓住发展这个第一要义，促进经济社会又好又快地发展。科学发展观的核心是以人为本，它体现了马克思主义历史唯物论的基本原理，也体现了我们党全心全意为人民服务的根本宗旨和我们推动经济社会发展的根本目的。科学发展观的基本要求是全面协调可持续，坚持这一基本要求，就是要努力促进现代化建设的各个环节、各个方面相协调，全面推进社会主义经济建设、政治建设、文化建设、社会建设以及生态文明建设。科学发展观的根本方法是统筹兼顾，这深刻体现了唯物辩证法在发展问题上的科学运用，深刻反映了坚持全面协调可持续发展的必然要求。

对出版人而言，应该如何牢固树立和认真落实科学发展观？又应如何把科学发展观扎扎实实地贯彻到我们具体的出版实践中去呢？实际上这是一个将科学发展观与出版实践紧密结合的问题，也就是在思想上首先要形成科学出版观的问题。

科学出版观说到底也就是可持续发展的出版观，它要求出版单位要有打造精品和塑造品牌的意识，在参与激烈的市场竞争之余懂得"蓄水养鱼"、"养鹅取蛋"，而不是"杀鸡取卵"式的短视行为和做法。具体来说，企业文化建设、出版创新、标志性图书的打造、整合营销传播以及人才队伍建设等，这才是出版业实现可持续发展的重要保障。

1. 企业文化建设

企业文化是一个企业在长期的创业和发展过程中培育与形成的企业全体员工共

同遵循的目标、价值观念以及行为规范等。正确的目标和价值观念在实践中表现为企业的经营哲学、经营理念和企业精神，这也是企业员工行为规范的基础。正确的经营理念，不仅能为出版企业的发展指明方向，更重要的是它还能创造和谐的文化氛围和良好的企业风俗，从而产生巨大的精神凝聚力，调动全体员工的积极性和工作热情，为实现出版企业的目标和理想而努力工作。

中国建筑工业出版社（以下简称为建工出版社）作为建筑行业的国家级科技出版社，其企业文化理念是："坚持'二为'方针，遵纪守法；注重社会效益，确保图书质量；信守合同，防非打盗；忠于职守，竭诚服务；公平竞争，团结友善"。我们树立和落实科学的发展观，就是要遵循科技图书的出版规律，坚持科技、艺术与文化的出版方向，走专业化发展之路。专业化发展源于其特色经营或产品差别化的竞争战略，其战略目标就是利用经营者的内部条件和外部环境优势形成核心竞争力，通过核心竞争力的市场运行使经营者在竞争过程中取得竞争优势，同时也为经营者带来可观的效益。

2. 出版创新

面对当前日益复杂和激烈的国内外出版竞争形势，中国出版业要取得进步，要实现可持续发展，就必须从出版创新中寻求支撑和发展动力。只有创新，才能不断壮大出版业的经济基础和综合实力；只有创新，才能不断解放和发展出版生产力；也只有创新，才能大幅度地提升出版业的核心竞争力，并赢得竞争优势。

首先，出版创新具有鲜明的开拓性。出版创新是个性化的出版活动，从本质上看具有独创性和开拓性。每一个出版创新活动都有其独特的创新思路，都具有鲜明的个性特色，不论是在新的出版领域的独到创意，还是在原有出版领域中拾遗补阙，它都是对出版业新的开拓。其次，出版创新还具有不同寻常的超前性。出版业是发展的，出版物市场是动态的。这就要求我们的出版创新必须要有超前意识，不仅要善于捕捉当前出版创新的时机，而且还要根据对现有出版信息的把握，去预测未来出版趋势和出版物市场走向的能力。

"十一五"期间，建工出版社将在原有的规范类图书、教材类图书、考试类图书的基础上，重点将专业应用类图书由比较单一的建筑领域向广阔的大建筑学、大土木科技领域延伸与发展，突出建筑学、建筑结构、建筑施工、暖通空调等特色专业，同时，更好地向城市规划、风景园林、室内设计、环境工程、房地产等专业领域延伸与开拓，并继续把艺术设计、建筑文化、旅游等方面的图书作为我们新的经济增长点。

3. 标志性图书的打造

众所周知，出版社有两种形态的大楼，一种是有形的大楼，即现代化的高层建筑；另一种是无形的大楼，即标志性图书。如果出版社光有有形的大楼，而缺乏能在历史长河中长久流传、并在一定程度上影响历史进程的标志性图书，那么出版社的现代化大楼将黯然失色。出版社作为文化企业，它与其他企业的不同之处就在于，出版社是以传播和积累人类优秀文化成果为己任的，出版社的存在价值，在很大程度上体现在其出版的图书是否有文化传播和积累价值，是否在推进改革开放的历史性进程中发挥了重要的作用，并为后人留下了十分鲜明的印记。我们知道，读者往往是通过有代表性的标志性图书来认识出版社、形成对出版社印象的。因此，成功的出版社，都把策划和开发有重大文化积累价值和市场竞争优势的标志性图书放在首位，举全社之力，整合各种资源，打造出有时代特征的标志性图书，以此扩大出版社的影响，塑造出版社的品牌形象，提高出版社的社会地位，形成出版社的市场竞争优势。

4. 整合营销传播（IMC）

整合营销传播已经成为最先进的营销理论，它日益为更多的出版企业所接受并运用到出版营销的实践中去。美国科罗拉多大学汤姆·邓肯1995年提出的整合营销传播（IMC）宏观模式，体现了全面整合传播的宗旨。该模式的基本思路是通过整合传播流程中的定位一致性、互动沟通和责任营销等，来实现加强出版社与读者及利益相关者之间的关系，进而培植读者及其他利益相关者对出版社品牌的忠诚，并形成品牌资产，有效地巩固和增强了出版社的核心竞争力。

建工出版社的整合营销传播体现在自己的建设专业渠道上。我们知道，渠道是图书产品从生产领域向消费领域转移的通道，渠道即分销。实行专业化发展就是要着力建设专业化产品的分销渠道，通过渠道的选择、设计及管理，将专业特色图书最合理、最快捷、最有效地传递到读者手中。根据我社图书市场定位的专业特性和客户群的分布特点，我们在分销渠道建设上采取了以下几点应对措施：一是高度重视专业渠道的建设。二是在当前的分销环境下，新华书店系统作为图书销售的主渠道，也是专业图书销售的重要渠道。三是针对核心客户积极开展直复营销。四是积极开展各种专业会展现场的零售直销。

5. 人才队伍建设

人才队伍建设是出版业获得竞争优势、实现可持续发展的基础。建工出版社作为一家国家级专业科技出版社，它肩负着建筑科技图书出版的光荣使命。为了更好地满足专业化发展的需要，保障人力资源的需求，我社必须拥有一支优秀的专业化出版队伍。我们知道专业化人才资源的开发在专业化出版中发挥着基础性、战略性、决定性的作用。努力使专业化人才资源开发与出版社发展战略统筹协调、相互促进、和谐发展，这是出版行业战略决策的关键之所在。

建工出版社在人力资源的计划、组织、协调与控制方面切实抓好了以下三支队伍的建设，这就是专业化出版队伍建设；专业作者队伍建设；读者队伍建设。从而保证了出版社专业化发展战略的实施，也满足了建筑出版事业快速发展的人才需求。

综上所述，科学的、和谐的可持续发展出版观要求出版单位通过建设企业文化、企业理念、人才队伍和产品优势诸方面的努力，营造出版的综合优势和核心竞争力，以可持续发展能力显示自己的文化品位和市场竞争力，达到做实、做强、做大的发展目的。

"十一五"时期是我国全面建设小康社会的关键时期，也是建工出版社改革发展的一个重要时期。我们要以邓小平理论和"三个代表"重要思想为指导，认真贯彻党的十七大精神，坚持为社会主义服务、为人民服务、为建设事业服务的出版方针，全面落实科学发展观，在适度扩大图书生产经营规模的同时，以优化选题结构和强力开拓市场为主线，更加注重图书出版物的质量，不断增强出版竞争能力，扩大业内品牌影响，努力培育新的经济增长点，实现改革和发展的新突破，并在专业化发展的道路上力争取得新的、更大的成绩。

（本文入选2008年住房和城乡建设部深入学习实践科学发展观活动征文，

并刊于《中国建设报》2009年2月17日）

做文化大发展大繁荣时代的编辑大家

党的十八大吹响了向文化强国进军的新号角，要让文化产业成为国民经济的支柱产业，以增强国家文化软实力，提高中华文化国际影响力。在建设出版强国、文化强国进程中，编辑工作面临着新的机遇与挑战。

一、立志编辑大家，丰富编辑素养

出版是文化的重要内涵，出版产业是文化产业的重要基础部分。我国出版业已经初步形成了适应社会主义市场经济要求的管理格局、市场主体、经营机制、竞争态势，初步具备了满足人们文化需求、参与国际出版竞争的能力，可以称得上是出版大国。然而，与发达国家相比，我国的出版业还有很大差距，我们还不是出版强国。国家要崛起，文化要昌盛，作为文化基础产业的出版业，必须率先实现文化的大发展大繁荣。

我们知道，编辑工作是出版工作的核心，编辑人员是出版工作的主体。文化强国背景下的"编辑大家"应该包括以下几层含义：从立意和起点来看，应当是大胸怀的编辑；从工作范畴来看，应当是大文化的编辑；从时代要求来看，应当是大时代的编辑；从纵向的生产环节来看，应当是全流程的编辑；从横向的表现手段、呈现方式、传播路径来看，应当是全媒体的编辑；从内在的素质和能力要求来看，应当是全能的编辑。这就是说，文化大发展大繁荣时代的编辑大家理应拥有大胸怀、立足大文化、面向大时代；参与全流程、涉及全媒体、具有全面的文化素质和文化创造能力等。

众所周知，出版业具有意识形态性、文化性和商业性等基本属性，这就要求我们的编辑工作者应当具备相应的政治意识、文化意识和市场意识。

每一位编辑人员都应有高度的政治责任感和清醒的政治立场，坚决避免出现导向错误和政治错误。这就要求我们的编辑工作思想必须是以邓小平理论和"三个代表"重要思想为指导，全面贯彻落实科学发展观，以社会责任为出版的最高准则，坚持正确的出版方向。这比方，涉及民族问题和宗教问题的书稿；涉及中国国界的有关地图内容的书稿；涉及香港和澳门特别行政区以及台湾地区的书稿等，因为它们都有着极其敏感的政治问题，所以我们必须严格遵守国家的法律法规，认真、扎实并努力做好出版工作。

出版人同时也是文化人。编辑工作者要有远大的文化理想、崇高的文化追求和自觉的文化担当，多出能给人以文化熏陶、思想启迪和精神力量的书，多出历经沧桑、光芒不灭的书。在市场经济条件下，出版企业不可能只耕耘文化、不耕耘市场，它们在赢得市场的同时也赢得发展；编辑人员必须瞄准市场需求去开发选题，按照市场经济规律开展营销推广活动，进而全面实现图书的社会效益与经济效益的双赢。

综上所述，我们的编辑工作者必须要有良好的文化学术素养和文化判断能力，要有良好的社会活动能力和组稿能力，要有敏锐的市场眼光和准确的市场判断力。尤其在选题开发上，要选国家和社会当前亟须的选题，抓导向、出时代精神产品；要选文化传承和文化发展亟须的选题，抓重点、出文化成果；要选国家级文化工程和出版工程亟须的选题，抓社会服务、出社会影响的作品；要选满足人民群众精神文化多层次、多样化亟须的选题，抓贴近群众、出普及读物；要选适合海外读者亟须的选题，抓走出去、出国际影响的精品力作。

二、坚持编辑规范，笃行编辑创新

编辑规范是编辑工作实践的积累和经验的总结，反映了编辑工作客观规律的要求。编辑创新，是指建立一套与先进的思想文化相对接，与社会发展趋势相吻合的思维系统。坚持编辑规范将有助于提高编辑的创新能力。

1. 坚守编辑规范，提高编辑质量

质量是出版物的生命线。出版物的质量首先是内容质量，而内容质量主要是由编辑环节决定的。在出版工作中，编辑应该遵循编辑活动的基本规律与原则，进而规范编辑行为。

编辑规范一般包括道德规范、工作规范和技术规范等几方面内容。道德规范是对编辑职业道德的素质要求；工作规范是指出版过程中必须坚持的程序以及必须达到的要求；技术规范是指出版过程中应参照的准则及标准，如国家主管部门发布的语言文字、标点符号、计量单位、数字用法等。在坚守编辑规范的前提下，我们还亟须不断提高编辑的工作质量。编辑质量大体包括5条标准，即图书正确性、图书价值、图书编校、图书装帧（含图书封面、封底设计）和图书编辑含量等。

我们知道，图书的价值首先是传承文明薪火。出版活动既是一种空间传播，也是一种时间传播，它使文化财富代代相传，成为不断积累的历史文化遗产。其次，编辑通过选择加工，精心打造精神产品，从而完成文化的传播，并满足人民群众的精神文化需求。在编辑工作中，我们的编辑人员理应尊重编辑工作的客观规律，严格按出版管理规定办事，加大选题自主策划、整体策划的力度，增强选题策划的大局意识、特色意识、创新意识和市场意识，坚决执行选题论证制度、重大选题报备案制度、三审三校制度、责任编辑制度、样品检查制度等，对特别重要选题，可组织出版社（内）外相关领域著名专家学者，以座谈会或研讨会形式对其论证，也可向出版社专家顾问组的专家咨询等。

2. 激发创新意识，提升编辑价值

目前，我国大小出版社有500多家，每年出书品种达30多万，且逐年递增，但真正的精品并不多，重印书品种也越来越少，而重复出版、跟风出版现象却不时出现，这不但浪费了大量宝贵的人力物力，而且日益侵蚀着出版人作为文化传承者的责任感和使命感。编辑人员应当如何适应大的时代环境变迁？如何激发自己创新求变的意识？这就需要我们的编辑人员从选题策划开始，经由编辑加工、整体设计直至营销推广，整个编辑出版过程处处闪烁着创造的光辉，展现出当代编辑人的良好素养与创新能力。

本人从事编辑出版工作20多年，出版了数以百计的专业书籍，其中比较有代表性的图书有：《生态建筑学》（获新闻出版总署第三届"三个一百"原创出版工程奖）；《地下建筑学》（获新闻出版广电总局第四届"三个一百"原创图书奖）；《武汉百年规划图记》、《钱学森建筑科学思想探微》（理论著作）；《中国园林美学》；《中国古典园林分析》；《风景园林品题美学——品题系列的研究、鉴赏与设计》（理论著作）等。这些成绩的取得，除自我加压外，一个重要的因素是本人对学科信息与动态比较敏感。一方面，自己订阅了大量的专业期刊、报纸，同时还购买相关的专业图书，基本上在第一时间了解自己所从事专业学科的发展动态，知道哪些作者在研究什么课题，哪些课题或文章可以整合出版，以及本专业学科的前沿与热点问题会是什么等；另一方面，笔者又尽量多地掌握会议信息、动态，并积极主动地参加各种专业学术会议，这是编辑工作者结交作者朋友、了解学科发展动态、发现新人等的重要举措。

三、坚守文化精神，培育编辑大家

1. 坚守出版的文化精神，担当出版的神圣职责

出版是记录历史、传承文明的特殊行业，图书是要留给子孙后代的，学术的价值属性与出版有着本质的、天然的联系。文化既是出版的内容，也是出版的灵魂。坚守出版的崇高文化精神，恪守应有的文化品格，担当义不容辞的历史责任，这是出版的本质要求，也是出版人的神圣使命。

（1）坚守出版的文化精神

出版是人类走向文明和进步的一项重要活动，就内容来说出版始终是关乎人类文化建设与文明传承的神圣工作。这一内涵首先决定了出版工作必然要发现、收集、归纳、整理、传播人类文明发展史上于当代及后世有利、有益的信息。同时，科学的出版观更加要求我们密切、热心地追踪社会文化发展过程中的新事物与新成果，关注当代思想文化的创新活动，承担起有思想文化创新价值的著作出版，并使之社会化的使命。此外，我们还应该注重外来优秀文化的引进和吸纳，以及本民族优秀文化的输出与传播。世界已进入全球化时代，各种文化形态丰富而纷繁，这就要求我们不能只着眼于当下和眼前，而应该打开眼界、放开怀抱，融入全球化一体化的世界潮流之中，把握整体趋向，学会辨别和吸收一切能够为我所用的其他优秀文化和先进文明成果。

出版是将人类思想文化物态化、社会化的一种活动，因此就其形式而言，它强调在保存和延续的基础上求得发展。人类的出版传播史经过摩崖、简帛、手抄、纸质印刷、电子、数字网络出版等几个历史阶段，每一时期都有其特定的出版手段、工艺和物质载体。新的时代要求我们密切关注出版技艺的未来趋势和发展方向，比如多媒体出版与电子、数字网络出版等。它们已经存在，并且成了纸质出版物强劲

的竞争对手，所以我们更应该重视它们的存在，支持它们的发展。只有在形式上牢牢抓住读者阅读习惯的变迁，紧跟甚至引领出版科技的潮流，这才能让出版物的内容完美地呈现并实现其文化价值，也才能不让自己在出版大潮中落伍。

（2）坚守出版的文化品质

面对当前日益复杂和激烈的国内外出版竞争形势，中国出版业要取得进步，要实现可持续发展，就必须从出版创新中寻求支撑和发展动力。只有创新，才能不断壮大出版业的经济基础和综合实力；只有创新，才能不断解放和发展出版生产力；也只有创新，才能大幅度地提升出版业的核心竞争力，并赢得竞争优势。

首先，出版创新具有鲜明的开拓性。出版创新是个性化的出版活动，从本质上看具有独创性和开拓性。每一个出版创新活动都有其独特的创新思路，都具有鲜明的个性特色，不论是在新的出版领域的独到创意，还是在原有出版领域中拾遗补阙，它都是对出版业新的开拓。其次，出版创新还具有不同寻常的超前性。出版业是发展的，出版物市场是动态的。这就要求我们的出版创新必须要有超前意识，不仅要善于捕捉当前出版创新的时机，而且还要根据对现有出版信息的把握去预测未来出版趋势和出版物市场走向的能力。

众所周知，出版社有两种形态的大楼，一种是有形的大楼，即现代化的高层建筑；另一种是无形的大楼，即标志性图书。如果出版社光有有形的大楼，而缺乏能在历史长河中长久流传、并在一定程度上影响历史进程的标志性图书，那么出版社的现代化大楼将黯然失色。出版社是以传播和积累人类优秀文化成果为己任的，出版社的存在价值，在很大程度上体现在其出版的图书是否有文化传播和积累价值，是否在推进改革开放的历史性进程中发挥了重要的作用，并为后人留下了十分鲜明的印记。我们知道，读者往往是通过有代表性的标志性图书来认识出版社、形成对出版社印象的。因此，成功的出版社，都把策划和开发有重大文化积累价值和市场竞争优势的标志性图书放在首位，举全社之力，整合各种资源，打造出有时代特征的标志性图书，以此扩大出版社的影响，塑造出版社的品牌形象，提高出版社的社会地位，形成出版社的市场竞争优势。

2. 力推精品佳作，培养编辑大家

党的十七届六中全会把中华民族的伟大复兴作为文化事业的根本追求，这也是我们当代出版人的光荣使命。努力探索与精品出版相适应的体制机制，创作生产更多优秀作品，推出更多精品力作，就是我们当代出版工作者的崇高使命。

（1）树立精品意识，实施精品战略

出版是内容产业，精品是出版事业的立身之本。我国每年有30多万种新书，但有社会影响力，受到人们普遍关注的却又有多少呢？为群众所认知的图书、杂志、报纸、网站又有多少呢？我们亟须不断强化出版人的精品意识，提高精品力作的标准，从图书内容、形式等各个方面提出翔实、具体而严格的要求。要引导出版社拓展精品的范围，不仅在高端学术读物方面追求精品，在通俗、普及读物领域同样也要追求精品，要引导作者把创作的重点放到现实类作品上，在继承传统的同时更要注重文化的创新。当前，我国正处于重要的历史发展阶段，作为出版工作者，我们要以自己独特的方式参与社会变革，把真正有价值的先进思想、前沿理论和科学知识反映到出版作品中来，传播给社会、服务于人民、奉献于这个伟大的时代。

我们知道，精品力作（经典）是人类历史发展的不同时期沉淀下来的，在关乎人类发展的关键问题上作出重大思想的原创，并始终能够经受时间的考验，而被人们公认的、具有典范性和权威性的思想文本。养成对精品力作（经典）内在意义的自觉认识，保持对历史清晰的记忆，进而在此基础上创造新的经典，为文明发展提供持续的动力和活力，这无疑是人类历史的使命。

（2）重视出版人才，培养编辑大家

出版是内容产业，思考的人脑是核心生产力，人才是行业发展的关键。精品力作的不断涌现，有赖于一批优秀的、出色的、高端的创作、编辑与出版人才，特别是名家大师。就出版环节而言，精品力作首先要有出色的策划、选择能力，吸引作者的能力，加工提高的能力，这反映了编辑的职业素养、出版社的眼光和品位。我国近现代出版史上出现了许多出版大家，像邹韬奋、胡愈之、李公朴、钱俊瑞、张元济、陆费逵、叶圣陶、周振甫、陈原、范用等前辈名家的学识、见识、胆识和业绩都令人钦佩、令人向往、令人敬仰。相比之下，我们今天的出版编辑中名家太少、大师缺失，这已严重制约了精品佳作的创作与出版。所以我们亟须一种时代紧迫感，要切实加强人才队伍建设，完善人才成长的环境和机制，着力培养高端编辑人才，为优秀产品的涌现提供强大的人才支撑。诚如中国编辑学会会长桂晓风先生在建立大文化、大媒体、大编辑理念中所倡导的：青年编辑要立志成为编辑大家，这就是做一个挚爱职业、有激情的编辑；做一个有崇高文化追求的编辑；做一个有高度职业素养的新世纪编辑。

党的十八大提出了文化大发展大繁荣的战略目标，从文化大国迈向文化强国是我们这一代出版工作者应当承担的历史任务。坚守文化精神、力推精品力作，就是我们这个时代出版的最强音。让我们更加坚定信念、坚守责任、开拓创新、拼搏进取，为我们文化大发展大繁荣的时代、为我们的人民奉献出更多更好的精品力作。

参考文献：

［1］柳斌杰. 坚守文化精神，力推精品佳作［N］. 中国新闻出版报，2012-07-13.

［2］桂晓风. 建立大文化、大媒体、大编辑理念，在国际文化交流中发挥更大作用［N］. 中国新闻出版报，2010-06-02.

［3］聂震宁. 科学发展与出版产业创新（第三届香山论坛）［N］. 中国新闻出版报，2008-11-11.

［4］刘伯根. 做文化强国的大编辑［N］. 中国新闻出版报，2012-03-19.

［5］宋涛. 编辑规范与编辑创新浅谈［N］. 中国新闻出版报，2012-06-28.

［6］贺圣遂. 科学出版观的初步思考［N］. 中国新闻出版报，2005-10-31.

［7］俸培宗. 坚持科技出版方向，走专业化发展之路［N］. 中国新闻出版报，2006-02-16.

［8］邓本章. 出版创新的特征与内涵［N］. 中国新闻出版报，2005-10-19.

［9］朱胜龙. 标志性图书：品牌效应持久升温［N］. 中国新闻出版报，2005-09-21.

（本文2012年获韬奋基金会首届韬奋出版人才高端论坛征文优秀奖）

做新时代最好的编辑

中国经济发展、社会发展和文化发展已全面进入了新时代。党的十八大提出了要把文化产业发展成为国民经济的支柱型产业，这是前所未有的国家策略。与此同时，我们又迎来了数字化的新时代。对于出版业乃至整个文化产业而言，数字化意味着全媒体格局和大出版业态的形成。编辑作为出版乃至文化产业中不可或缺的关键所在，更应该肩负起这一神圣的历史使命。

一、新时代对好编辑的呼唤

时势造英雄，新时代呼唤好编辑。我们的时代既需要好科学家、好思想家和好作家，同样也需要好编辑。所谓好编辑，是指立足大出版、面向全媒体、放眼新时代的编辑。

1. 好编辑是具有文化担当的编辑。现在是科技、内容和价值观三位一体构成文化产业发展的三大支柱的新时代。虽然科技正以前所未有的力量推动着文化产业的发展，数字传播技术可谓无所不在，但与内容相比，它终归是工具和手段。内容是根本，文化产业归根结底是内容产业。文化发展的目的就是传播价值观，这是发展文化产业的根本性规律。好编辑是能够自觉地把握和顺应这一根本性规律的。

2. 好编辑是反映时代思想之需的编辑。出版人有梦想和追求，那就是出版经典与传世之作。人类的出版史告诉我们，迎合新时代、反映大思想的作品堪称好作品。迎合时代需求、反映时代思想的好作品，才最具传世的价值。策划和编辑迎合新时代、反映大思想的大作品的编辑，就是好编辑。

3. 好编辑是能够以内容为核心，策划全媒体产品的编辑。在网络化和数字化快速发展的今天，利用一切媒介形式传播知识和文化，也是新时代好编辑所必须具有的素质。在科技发展的新时代，好编辑要有大经营意识，这就是以图书为核心和源头、着眼全媒体、面向整个文化产业的经营，即把图书产品打造成各种文化产品的经营，这不仅是为了满足读者或市场的需求，还是内容产业规律和经营法则的要求，也是企业大型化和规模化的需要，更是顺应国际文化产业发展新趋势的必然选择。

二、新时代好编辑的创新能力

选题策划是图书出版的基础性工作，选题策划的好坏，直接关系到出版社的社会效益与经济效益。正确的出版理念和准确的出版定位是出版社编辑做好选题策划的关键。

科技编辑在做策划选题时，要立足用大众化的语言来表达专业技术知识，用实例去说明理论性的问题，用图表来展示文字表达不清的内容。大众科技类图书的出版，应形象直观、通俗易懂。策划编辑作为创新的主体，要始终关注选题的内容与形式的创新，致力于实现先进文化的积累、传播、传承、发扬和捍卫的使命，努力提高出版物的知识、智力、技术含量，不断创造有特色、有品位的精神文化产品。

策划编辑要有不断学习的激情，要利用各种途径、机会学习专业知识。比方，订阅专业杂志、报纸，参加各种专业学术会议，浏览专业图书，撰写专业学术论文等都是行之有效的方法。王选院士对创意与激情曾有过这样的论述，"我判断年轻人将来是否会有所建树时，除要考虑其品德、能力、团队精神和是否认真负责、踏实肯干外，很重要的一点是看他面临吸引人的挑战时是否充满激情，是否有力争第一的勇气和韧性。"我们的编辑工作需要激情、勇气、胆识与挑战。科技编辑在丰富自身专业知识的同时，还应不断地充实、积累与提升编辑技能与本领。

当今出版业专业化水平越来越高，一方面科技编辑的策划职能和加工职能业已分离，另一方面策划编辑与加工编辑又紧密协作，共同承担着面向21世纪出版的崇高使命。

三、新时代好编辑的职业素养

21世纪是高科技时代，科技创新和发展的信息主要是通过科技图书来传播的，其传播的速度和质量又将直接影响科技自身的发展和科技成果的转化。因此，科技图书在21世纪的经济发展中将占据更加突出和重要的地位，而科技编辑人员将面临高新技术、编辑学者化、出版市场多元化等一系列挑战。科技图书要在激烈的竞争中求发展，根本点就是要以人为本，出版行业需要拥有一批高素质的编辑人才。因此，亟待提升编辑素质成为实现科技可持续发展的重要策略。

科技编辑必须拥护党的路线、方针、政策，忠诚社会主义出版事业，认真贯彻落实国家有关科学技术和出版方面的政策、法令、条例，正确执行有关保密、版权、专利等各项规定。政治素质的高低，决定着编辑对国家大政方针政策的理解程度。高素质的编辑必须要有较高的政治理论水平，只有这样才能在复杂的社会环境生活中始终与党中央保持高度一致。

作为科技编辑，其业务素质至关重要。科技编辑要求具有所从事专业的较高水准，熟知所从事专业的发展态势。科技编辑基本素质的培养不能仅局限于知识结构方面，还应着力编辑整体能力的培养和提高，用辨证的、开放的思维去认识和解决问题。根据科技图书内容和特点的不同，科技编辑要求应具有强烈的前沿意识和捕捉选题的能力，时刻关注学科前沿的发展动态。前沿信息是科技编辑工作的根本基础，科技编辑必须增强信息的敏感度，善于做调查研究。

科技编辑还要有驾驭文字的能力，对书稿目录、正文章节结构等均需精心审读、构思与把握，使得书稿文字流畅、条理清晰、内涵丰富、意境隽远，这是科技编辑的基本功。科技编辑还应有计算机应用的能力。电子稿件已逐渐成为来稿的主流，科技编辑直接在计算机上审稿、改稿、定稿成为发展趋势，这样不仅能充分发挥现代化办公设备的作用，提高工作效率，而且还可以简化工作环节，大大减轻科技编辑在审读加工、校对等方面所付出的艰辛劳动。

科技编辑人才素质的培养是一个系统工程，必须按照科技编辑工作的客观要求和人才成长的规律来进行。实践表明，科技编辑人才素质培养的主要途径是继续教育、岗位培训、在实践中学习与提高，同时还有赖于出版社良好的机制保障等。

四、新时代好编辑的摸索与实践

本人从事科技编辑出版20多年，出版了数以百计的专业图书，其中比较有代表性的图书有：《生态建筑学》（刘先觉 著）、《地下建筑学》（童林旭 著）、《中国古典园林分析》（彭一刚 著）、《中国园林美学》（金学智 著）、《中国城市规划导论》（邹德慈 主编）、《钱学森建筑科学思想探微》（鲍世行 顾孟潮 编著）、《风景园林品题美学——品题系列的研究、鉴赏与设计》（金学智 著）、《建筑文化感悟与图说》（张

祖刚 著）等。下面以《生态建筑学》、《钱学森建筑科学思想探微》和《地下建筑学》三书为例作一剖析。

1.《生态建筑学》

《生态建筑学》一书是国家自然科学基金资助项目的科研成果，由东南大学建筑学院刘先觉教授历时10年写成。生态建筑学作为当代一项热门课题，它是国家可持续发展的宏观战略之一。全书系统研究了生态建筑学的意义，生态建筑学的概念，生态建筑学的思想，生态建筑学的理论，生态建筑学的设计方法，当代城市生态建筑学理论，城市生态设计理论与实践，绿色建筑理论，生态建筑的室内环境设计理论，生态建筑的地域性与科学性，生态技术，以及生态建筑学的拓展——建筑仿生学等。

本选题是建筑学专业的前沿科研课题，国外在20世纪后半期才开始积极研究，对我国建筑发展有很大的参考价值，也是世界建筑朝着可持续发展方向前进的重要理论依据。作者最先在国内进行了这方面的研究，在《建筑学报》、《华中建筑》、《世界建筑》等专业杂志上发表了多篇有关建筑生态与仿生学的论文，取得了积极的成效，赢得了广大读者的响应与喜爱。

本人正是在建筑学专业杂志上看到作者所发表的有关生态建筑学的文章而敏锐地捕捉到这一选题信息的，并跟踪作者长达10多年之久。《生态建筑学》一书洋洋150万字，是中国建筑工业出版社作为国家"十一五"规划的重点图书之一，本书2011年获新闻出版总署第三届"三个一百"原创图书出版工程奖。中国著名建筑评论家顾孟潮先生这样评价本书："从对建筑本质的认知上看，《生态建筑学》这部学术专著的问世，有着重要的科学意义和现实意义。其一，该书标志着我国学界的建筑哲学思想提高到一个新的高度，建筑观念有了变化，从1981年世界建筑师大会的华沙宣言——视建筑学为环境的科学和艺术的观念，提升到建筑学是生态的科学和艺术的观念，这是当代21世纪的建筑哲学水平。其二，该书提示我们，建筑与城市是人类生态圈和自然生物圈的重要组成部分，建筑与城市不仅仅是人造的形体环境，还是自然生态环境的重要组成部分。"

2.《钱学森建筑科学思想探微》

钱学林建筑科学思想是在20世纪大量新兴学科蓬勃涌现、建筑科学长足前进的形势下，集大成深化提炼而成的科学思想。钱学森认为：建筑科学的特质是融合了科学与艺术，它是科学的艺术与艺术的科学。从这个意义上来说建筑科学的内涵是永掘不竭的。源有多么宽广、多么深厚、多么丰富，思想的洪流就有多么宽广、多么深厚、多么丰富。

钱学森建筑科学思想是建筑科学史、建筑理论史上具有划时代意义的重大创新。钱学森建筑科学的内涵十分丰富，它主要包括建筑、风景园林和城市科学3个学科。同时，钱学森又用系统论的观点，把建筑科学分成宏观和微观2个层次，即将城市科学纳入"宏观建筑"层次，将建筑纳入"微观建筑层次"。本书共分3个部分：即书信、论文和附录。第一部分是钱学森和大家来往的信件，共收入来往书信近480封，其中包括钱学森给大家的信件233封。第二部分是论文，收入钱学森先生有关建筑科学的著作9篇，从这些论文中可以领会到钱学森建筑科学思想的精髓。本书也收入了作者鲍世行、顾孟潮撰写的文章，反映了作者对钱学森建筑科学思想的最新研究和探索。最后部分是附录。本书可供广大建筑科学工作者、城市规划师、建筑师、城市管理人员以及广大建筑院校师生学习参考。

《钱学森建筑科学思想探微》选题的由来，主要是建立在作者们先前已在中国建筑工业出版社出版有《城市学与山水城市》、《山水城市与建筑学》二书，在杭州出版社出过《论宏观建筑与微观建筑》一书，在此基础上作者又进一步对钱学森建筑科学思想做了系统的理论探究，才得以写出这部跨学科、划时代的巨著。作者们在完成《钱学森建筑科学思想探微》这部130万字的大作后，又陆续为中国建筑工业出版社写了《钱学森论山水城市》、《钱学森论建筑科学》等科普类知识读本，并深受广大读者喜欢。

3.《地下建筑学》

地下建筑学是建筑学向地下空间领域的拓展。《地下建筑学》一书全面系统地反映了近20年来国内外地下建筑学的发展、地下空间利用和地下建筑建设的最新成就。全书共分3篇计28章。第1篇为地下建筑学总论，论述有关地下建筑学概念性、历史性、战略性和前沿性问题；第2篇为地下空间规划，结合对国内外大量实例的评介，论述城市中心区、居住区、历史文化保护区、城市新区，以及城市广场和公共绿地等处的地下空间规划问题；第3篇是地下建筑设计，结合国内外大量实例，分别论述地下居住建筑、公共建筑、交通建筑、工业建筑、仓储建筑和民防建筑等的建筑设计问题，而且还涉及地下建筑设计中的环境、防灾、防水等技术问题，并探讨了地下建筑的空间与建筑艺术处理问题等。

本书作者童林旭先生系清华大学土建系教授，他从1970年起就开始从事地下空间与地下建筑的教学、科研和规划设计工作，先后去美国、瑞典、日本、意大利、法国、加拿大、俄罗斯等国参加国际学术会议和进行专业考察，曾受聘为日本早稻田大学理工学部客座教授，获住房和城乡建设部全国工程建筑标准与定额先进工作者称号，并享受国务院政府特殊津贴等。

本人认识童林旭先生，是缘于20年前在北京建筑书店读到童林旭先生撰写的《地下建筑学》一书，该书为山东科学技术出版社1994年出版，后来我专门去信以及拜访童林旭先生，从此有了20多年的交情。童先生先后在我这里出版了《地下汽车库建筑设计》（1996年）、《地下商业街规划与设计》（1998年）、《地下空间与城市现代化发展》（2005年）、《地下建筑图说100例》（2007年）、《地下空间资源评估与开发利用规划》（合著，2009年）等。

这本《地下建筑学》（2012年）是作者积40余年之努力写成的恢弘巨作，堪称我国地下建筑学研究与实践领域的拓荒之作，本书获新闻出版广电总局第四届"三个一百"原创图书出版工程奖。诚如国家最高科学技术奖获得者、中国科学院院士、中国工程院院士、清华大学吴良镛教授在代序中所写："它的出版，正赶上实际的迫切需要，览读之余，至为欣慰。深信如何使建筑学向广度与深度发展，'广义建筑学'的建立，不仅非常必要，且在学者们之实际努力下，正迅速推进之中。"

五、结语

钱学森先生有过这样一句名言："人的创造性成果往往出现在不同学科的交叉点上，我们掌握的学科知识跨度越大，其创新程度也就越大。"的确，今天我们所从事的科技编辑出版工作，不正是一项富于创造性的劳动么？新时代好编辑的创新能力与职业素养不正有待于我们大家共同去创造与培养么？我们坚信，在国家新闻出版广电总局、中国编辑学会、韬奋基金会等政府与社团组织的领导下，我们的编辑创新与职业素养必将取得更加丰硕和骄人的业绩！让我们做新时代最好的编辑吧！

参考文献：

［1］于殿利. 大时代呼唤大编辑［N］. 中国新闻出版报，2013-02-04.

［2］郝振省. 学术出版如何由"大"到"强"［N］. 光明日报，2013-01-29.

［3］罗平峰. 数字时代对编辑业务能力的挑战［N］. 中国新闻出版报，2011-04-28.

［4］李晓秋. 策划编辑数字时代需主动求变［N］. 中国新闻出版报，2010-09-16.

（本文2013年获韬奋基金会第二届韬奋出版人才高端论坛征文优秀奖）

《钱学森建筑科学思想探微》首发式学术座谈会 发言摘要

《钱学森建筑科学思想探微》首发式学术座谈会会场（曹扬　摄）

　　《钱学森建筑科学思想探微》首发式学术座谈会2009年5月13日在北京世纪国建宾馆隆重召开，座谈会由中国建筑工业出版社总编辑沈元勤主持。出席首发式座谈会的嘉宾有国家历史文化名城保护专家委员会副主任郑孝燮，中国工程院院士、华南理工大学教授何镜堂，中国工程院院士、中国城市规划设计研究院学术顾问邹德慈，中国风景园林学会理事长陈晓丽，全国勘察设计大师、中国建筑设计研究院总建筑师崔恺，北京大学遥感与地理信息系统研究所教授马蔼乃，清华大学建筑学院教授毛其智，中房集团建筑设计事务所资深总建筑师布正伟，中国城市科学研究会秘书长李迅，北京建筑大学建筑学院院长、教授刘临安，中国城市建设研究院高级工程师陈明松，北京大学中文系教授张颐武，钱学森长子、教授钱永刚，中国人民大学哲学院教授钱学敏，钱学森秘书顾吉环，《建筑学报》编审顾孟潮，中国城市科学研究会研究员鲍世行等。

与会代表从建筑学、城市规划、风景园林、地理科学、哲学等不同学科与角度共同探究了钱学森博大精深的建筑科学思想。大家一致认为，钱学森先生深邃的建筑科学思想源自于其系统的科学思想。钱学森系统科学思想认为，建筑科学的对象是一个具有复杂性、开放性和大科学性质的开放的复杂巨系统。要建立建筑科学的大部门，就必须厘清建筑科学与哲学、基础理论、技术科学和工程技术以及现代科学技术体系中的其他十个大科学部门的纵横关系，同时还要研究建筑科学的主要特点、主要矛盾和矛盾的主要方面，特别是要处理好人与环境的关系，要充分地考虑到中国传统文化艺术以及自然地域特色等的诸多因素，并创造性地提出了建设"山水城市"的前沿理念。

王珮云（中国建筑工业出版社社长、党委书记）

今天我们很高兴举办《钱学森建筑科学思想探微》一书首发式学术座谈会，我首先代表中国建筑工业出版社对到会的专家表示热烈的欢迎和感谢！

钱学森同志是我国著名科学家，中国近代力学事业的奠基人之一，他在应用力学、物理力学、空气动力学、喷气推进与航天技术、工程控制论、系统科学、思维科学技术体系与马克思主义哲学等领域作出许多开创性的贡献，为我国火箭、导弹和航天事业的创建与发展作出了卓越贡献，是我国系统工程理论与应用研究的倡导人。1991年，钱学森先生被国务院、中央军委授予"国家杰出贡献科学家"荣誉称号和一级英雄模范奖章。

钱学森建筑科学思想来源于钱学森系统思想。钱学森系统思想认为，建筑科学的对象是一个具有复杂性、开放性和大科学性质的开放的复杂巨系统。钱老认为要建立建筑科学的大部门，厘清建筑科学与哲学、基础理论、技术科学和工程技术以及现代科学技术体系中的其他十个大科学部门的纵横关系，同时还要研究建筑科学的主要特点、主要矛盾和主要矛盾方面，特别是人与环境的关系，要充分考虑到中国传统文化艺术以及自然特色等的因素，并创造性地提出了建设山水城市的理念。

中国建筑工业出版社作为一家建筑专业科技出版社，55年来一直肩负着整理、保护、弘扬中华民族的优秀建筑文化，促进中国建筑业的科技进步，宣传中国建设成就的社会责任和历史使命，为广大读者奉献了大量优秀的精神食粮。今天出版

《钱学森建筑科学思想探微》一书就是我们义不容辞的责任。

鲍世行先生和顾孟潮先生一直致力于钱老建筑科学思想的研究，此前他们俩在我们建工出版社出版了《城市学与山水城市》、《山水城市与建筑科学》等书。这次《钱学森建筑科学思想探微》一书的问世，是两位作者数十年辛勤劳动的结晶，我们表示由衷的敬意和钦佩。同时，我们也希望在座的各位专家学者继续支持我社的工作，将来写出更多更好的学术专著，为我国的建设事业作出更大的贡献。

郑孝燮（国家历史文化名城保护专家委员会副主任）

93岁高龄的郑老精神矍铄，他亲自莅临首发式学术座谈会并贺诗3首，以表达他对钱老的无比崇敬心情。第一首诗是《山水城市论》："林立高楼坐井天，风光一律复千篇。理当知彼先知己，山水城市创意先。"第二首诗是《中国园林学》："水色山光隔市尘，园林意境自然魂。百花万树桥亭阁，自是学科独一门。"第三首诗是《科学巨人》："上天之父海天远，'突破藩篱'爱国还。火箭腾空遨世界，高端现代庆承传"。

何镜堂（中国工程院院士、华南理工大学建筑学院院长、教授、博导）

非常荣幸能够参加《钱学森建筑科学思想探微》一书的出版座谈会，这本书承接《城市学与山水城市》、《山水城市与建筑学》以及《论宏观建筑与微观建筑》等3本学术著作的脉络，进一步阐述了钱老在建筑科学领域开创性的学术研究和思想，对未来城市与建筑科学发展具有重要的指导作用和学术价值。

钱老是一位杰出的科学家、思想家。钱老一生不同寻常的经历反映了一个中国知识分子所走过的曲折道路。钱老的思想博大精深，他追求理想，信仰马克思主义，他有着高度的民族自尊心、民族自信心和民族气节，在他身上体现出的正是中国人最伟大的品德和中华民族的魂。

这次我们华南理工大学设计团队做的上海交通大学钱学森图书馆是个招标工程，虽然项目不大，但我们会认真对待的。设计要有创新，要达到一个新的境界，这就要求体现钱老的崇高品德和优秀气质，表现钱老系统科学思想中所蕴含的中国文化的深邃内涵，不断探究人与环境的和谐与融洽。

邹德慈（中国工程院院士、中国城市规划设计研究院学术顾问）

我们现在是高速城市化时代，人、城市和自然有着十分密切的联系。一部城市建设史就是人类利用自然、改造自然的历史。当代城市出现的问题日趋严重，体现在人口无限集中、城市恶性膨胀、机能紊乱、环境污染以及诸多的社会弊端等方面。

城市规划远比当年阿波罗登月计划要复杂得多，它具有多目标性，涉及环境、经济、社会等的诸多因素。城市规划的变革是一项复杂的巨系统工程，迫切需要城市科学各分支之间建立起一种内在的联系，要运用系统工程的方法去解决城市规划的种种问题，诚如钱学森先生所指出的：城市是一个全面的人类生态系统，其主要研究方法就是系统控制论的方法。

今天，我国城市化还将迅速发展，随着我国西部大开发，全国城镇体系将日趋完善，并出现了位于世界前列的高密集、高城市化地区，即珠江三角洲、长江三角洲及京津唐地区。正像一些国外学者所预见，城市系统将日益扩大，有一部分大城市地区还要与世界接轨，进入世界城市体系，以上这些发展对于我国社会经济的不断提高，必将发挥越来越大与难以估计的作用。钱学森建筑科学思想的光辉在人居环境领域中的作用是历史性和原创性的，他的科学思想必将发扬光大，并结出丰硕的果实。

鲍世行（本书作者之一，中国城市科学研究会研究员）

一见到这本书，就眼前一亮。这本书的格调很像"西湖龙井"茶叶，清新、雅致，平凡中蕴藏着丰富，很像钱老的风格。封面上钱老的相片选得很好，他正在全神贯注地思索，充分展示了钱老的睿智。书的版式设计、装帧都很大气，要感谢责任编辑和封面设计人员付出的辛勤劳动。

中国建筑工业出版社很有战略眼光，慧眼识珠。此书的价值，可以用4个"大"来概括：1. 大科学家。天上有一颗行星在运转，叫"钱学森星"。《大百科全书》中，4本有钱老的传记；2. 大理论。事关"现代科学技术体系"；3. 大集成。综合集成了有关钱学森建筑科学思想的全部信息；4. 大财富。这是十几年甚至几十年，以钱老为首，大家探讨建筑科学的一笔财富，留给后人。今人总要给后人留一点东西的。

我认为钱学森建筑科学思想有以下几方面的特点：

一是科学的艺术与艺术的科学，这是建筑科学很重要的特点。钱老十分强调建筑科学发展中现代科学技术的应用，同时他也很重视建筑美学，强调意境，强调环境的协调；二是自然环境与人工环境的辩证关系，也就是"天人合一"；三是人与城市的辩证关系，也就是"以人为本"；四是要用马克思主义哲学，解决我国社会主义建设中发生的一系列问题。

关于钱学森学术思想的研究正在不断地引向深入，特别是最近大家都在忙于迎接钱老百岁寿辰。我们这本书的出版，也可以说是祝贺钱老百岁寿辰活动的一部分。

顾孟潮（本书作者之一，《建筑学报》编审）

学习和传播钱学森建筑科学思想是具有深远的理论意义和现实作用的事。我们编著《钱学森建筑科学思想探微》一书就是为了这个目的——为了吸引更多的同道认真学习研究与传播普及钱学森建筑科学思想。这一努力得到了中国建筑工业出版社的鼎力支持，得到今天到会的各位专家、各界人士的首肯与支持，我非常感谢。

目前普遍存在的问题是，轻视社会理论在建筑实践中的指导作用，忙于操作，忙于赚钱，疏于思考，更缺乏科学思想。另一个较普遍的问题是在城市建设与建筑实践中，轻视城市与建筑的人性化、社会化和多元化特征，千篇一律、统一模式、主观盲目追求上规模上数量的做法很突出，不能保证城市与建筑的质量、品位与品格。《钱学森建筑科学思想探微》一书正是针对迫切需要解决这些问题的需要而编著的。

钱学森建筑科学思想的核心是系统思想，其研究对象是一个具有复杂性、开放性和大科学性质的开放的复杂巨系统（Open Complex Giant System）。强调研究建筑科学不能用还原论的思想，而要用还原论与整体论相结合的系统论的思想。建筑科学是跨于艺术与人文社会科学、自然科学之间的第十一个大科学部门，需要有科学的建筑哲学思想作为建筑实践的指导思想。钱学森建筑科学思想集中体现在建筑科学定位定性理论、山水城市理论构想、城市学理论、建筑哲学思想和风景园林学理论等5个方面。目前这一研究普及工作有了一个好的开端，但任重道远，还要继续努力，并希望更多的有识之士参与到钱学森建筑科学思想的研究中来，使这项工作不断持续下去。

布正伟（中房集团建筑设计有限公司顾问总建筑师）

有幸应邀参加《钱学森建筑科学思想探微》（以下简称《探微》）首发式学术座谈会，喜阅厚达749页的巨著，虽然还来不及细读，但这部巨著独特的内容与形式，却已深深地打动了我。

我想，建筑科学，其实就是讲人类"生存"与"发展"的首要条件，以及如何去创造这种首要条件的科学。人类不仅有生存问题——先要能活得下去，而且还有发展问题——还要活得越来越好。那么，如何去"建"生存空间，又如何去"筑"发展环境呢？不同的时代、不同生产力发展水平的社会，就会有不同的答案。钱老所提出的宏观建筑与微观建筑理论（本人认为，把建筑科学的核心理论直接命题为"宏观建筑论"似更加鲜明和真切），则是人类面临生存与发展危机的全球化时代的必然产物，而具有普世价值意义的建筑科学诞生在改革开放的中国，这也正是中国建筑与城市发展开始进入新纪元的征象所在。为了能持久深入地探索宏观建筑理论体系，我有一些初步想法提出来请钱老和各位专家学者指教。

一是要充分吸收古今中外建筑实践的理论成果（避免"偏食而择"），为建构宏观建筑理论体系打下坚实的基础。譬如说，钱老将建筑科学列为现代科学技术体系中的第11个大部门，这是极富创见的，但"建筑科学"是否就是"城市、建筑和风景园林"3部分组成，则需要通过普遍的实践来检验。我认为将"建筑科学"的基本组成视为"城市、建筑和环境"才是符合实际的。我们现在讲的大地艺术、生态景观、地景设计、环境艺术设计等，并不能与"风景园林"画等号，但却都与人居环境的创造紧密相连。

二是宏观建筑理论的研究，其最终归宿是指导实践、掌控实践。因此，系统地寻找和分析我国城市建设与建筑实践运行机制中存在的诸多问题和弊端，是从反面来论证宏观建筑理论的正确而有效的途径，也是搞清楚应用技术层面中城市规划、城市设计、建筑设计与环境设计之间何以能有机衔接、解决其孤立分工、各行其是通病的关键所在。

三是持久研究宏观建筑理论的方式与途径，要有创新的勇气和精神。研究人员虽不必求多，但除了跨学科知名学者外，一定要吸纳在领导和管理岗位上、在规划与设计实践中有丰富经验并善于理论思考的各类型代表性人物参加，同时，可以找典型城市或乡镇做检验理论、总结经验的基地，还可以与高等院校就人才培养方向的探讨，和教学内容的吐故纳新等建立互动联系。此外，国内外典型案例的分析、交流与考察，也会为持久的制度化的理论研究增添活力与光彩。

马蔼乃（北京大学遥感与地理信息系统研究所教授）

地理科学与建筑科学的关系非常密切。在地理环境系统中，有自然环境系统与人工环境系统两部分，研究自然环境有自然科学作为基础，研究人工环境，应该有人工系统工程作为基础。钱老提出的"建筑科学"是一大部门的学科群，既包括了传统的建筑学，也包括了所有人工的建设，因此是一个新的大部门。

钱学森的科学技术体系中有11个大门类，实际上这11个大门类相互之间都是有联系的。钱学森认为"微观世界"有"量子论"，"宇观世界"有"相对论"，"宏观世界"长期以来被还原论的简单性科学——"牛顿力学"所"统治"。钱学森提出用"系统论"的复杂性科学来研究宏观世界，这是很大的创举，至少是与量子论、相对论具有相当水平的思想，可以说钱学森是中国当代的"思想家"。回顾历史，2200年前，在奴隶社会解体之时，中国出现了一大批"思想家"，其中最有代表性的是孔子、孟子的儒学，老子、庄子的道学。五四运动以来，中国又出现了一个产生思想家的时代，特别是新中国成立以后，在建设具有中国特色的社会主义阶段中，是应该出现大思想家的时代。然而我们"不识庐山真面目，只缘身在此山中"，却不见钱学森科学技术思想的博大精深。钱学森提出了"大成智慧学"，其实钱学森先生本人就是一位大成智慧者。中国人不能"妄自尊大"，但也不能"妄自菲薄"，对钱学森科学技术思想的认识、解读、发展是当代中国一代或者几代科技工作者的责任和使命。学习西方的科学，融入中国的文化，为我国的社会主义建设服务，走自己开创的新路，是有希望超越西方世界的。一切竞争，归根结底是人才的竞争，希望建筑科学领域的同志们，能够继续在"解读"钱学森建筑科学思想的基础上，写出《建筑科学》丛书。如果每一个门类都能够按照系统科学的新理念写出成套的教科书，那么教育改革就是实实在在的，培养大成智慧的新人，就是指日可待的了。

钱学敏（中国人民大学哲学院教授）

首先感谢中国建筑工业出版社为大家奉献了这么一部重要的好书！很有价值，意义深远。

钱老一贯钟情于中国的园林艺术，认为它是东方的一颗明珠。他提出"山水城市"理念，希望城市建设要与"中国的山水诗词、中国古典园林建筑和中国的山水画融合在一起"，这就突出了城市建设不仅要求每一幢微观建筑要美观、要艺术，而且要求每一幢微观建筑要与周围环境联系起来，作为一个整体，进行宏观的思考与规划，创造出更高水平的建筑艺术和人类最美的生活意境。

钱老把建筑科学作为单独的一个大部门列入现代科学技术体系中，他认为现代科学技术体系涵盖了数学科学、自然科学、社会科学、地理科学、系统科学、军事科学、行为科学、思维科学、人体科学、文艺理论等，它们相互渗透、相互促进，有着密切的关系。建筑科学的理论与实践需要各门科学技术的支持，因而也展示出建筑人和其他科学人一样，需要不断汲取广博的知识，借以丰富发展建筑科学技术并不断创新的广阔途径。钱老说过，人的创造性成果往往出现在不同学科的交叉点上，我们掌握的学科知识跨度越大，创新程度也越大。钱老还进一步指出："科学工作总是从一个猜想开始的，然后才是科学论证；换言之，科学工作是源于形象思维，终于逻辑思维。形象思维是源于艺术，所以科学工作是先艺术，后才是科学。相反，艺术工作必须对事物有个科学的认识，然后才是艺术创作。在过去，人们总是只看到后一半，所以把科学和艺术分了家，而其实是分不了家的；科学需要艺术，艺术也需要科学。"

今天，现代科学技术的飞速发展以及以微电子信息技术革命为先导的第五次产业革命和以生命科学、生物工程（包括大农业）为先导的第六次产业革命相继到来，我们已进入信息社会，完全可以通过我们的共同努力，以闪烁着科学与艺术光环的建筑科学为指导，在祖国的大地上，建造出更多的"山水城市"，让广大人民群众都能生活在青山绿水之间，安居乐业，静享"天人合一"的意境与快乐。

钱永刚（钱学森长子、教授）

如果有人问：在茫茫学海中，音乐和火箭相隔多远？从中国园林到航天科技，完成跨越需要多少光年？我们无法回答。因为我们已经习惯了一种思维定式：音乐和园林是艺术，而火箭、航天是科技。从美妙的艺术世界到尖端科技领域，它们之间隔着的是截然不同的两种人生。当我们羡慕着另一种人生的时候，往往会感叹：再活一次有多好！在这一感叹中的背后，其实是一种无奈的妥协和认同，那就是：人生注定只能选择一个领域去钻研和品味。当你选择了高分子化学，就意味着你从此告别了诗情画意；当你选择了诗词歌赋，就意味着在很多场合下你就要远离严谨。从这点出发，对大多数人来讲，注定只能以一种缺憾度过人生。

然而偏偏有一些人，他们却可以在众多的领域里探索，并成就斐然。如亚里士多德、笛卡尔、达·芬奇，他们研究的领域广泛而深入，且成绩卓著。黑格尔说过，一个深广的心灵总是把兴趣的领域推广到无数事物上去。

感谢鲍世行、顾孟潮两位老师，感谢中国建筑工业出版社的领导和编辑，由于你们的辛勤劳动，才有《钱学森建筑科学思想探微》一书的面世。

打开这本书，我们看到这位人民科学家的胸怀，他除了拥有一个广阔无垠的科学世界，同时还拥有一个灿烂绚丽的艺术世界。我们看到：他站在一个常人无法企及的高度、深度和广度，用系统的思维综观各个科学领域，以理性智慧的头脑和感性浪漫的情怀去品味艺术世界，从而得出独到而精辟的结论。

陈明松（中国城市建设研究院高级工程师）

国家杰出贡献的著名科学家和一级英雄模范钱学森教授在1990年提出了"社会主义中国应该建山水城市"。中国古代城市建设选址离不开山和水，沿长江、黄河、珠江、黑龙江、松花江和沿黄海、渤海、南海边建城市，靠山靠水边城市的例子也不胜枚举。古代城市建设是山水城市与城市山水的有机结合，它完美衬托出融合而成的山水城市和城市山水的文化，因此，这也是山水文化的一个重要组成部分。钱老说："山水城市的设想是中外文化的有机结合，是城市园林与中国城市构筑的模型吗？我提请我国的城市科学家和我国的建筑师考虑。"钱老所指的问题，在当前城市建筑中普遍存在着，可谓切中要害、十分及时。钱老提出把中国的山水诗词、中国古典园林建筑和中国的山水画结合在一起，创立"山水城市"的概念。山水城市创建融科学与艺术于一体，有为人民服务和为社会主义服务的内涵，正好奠定了山水城市的灵魂，具有东方文化的特色，继承了我国的传统文化，又发展了现代科学技术的内容。山水城市的本质就是研究未来城市模式的问题，研究如何科学地认识城市，树立正确的城市发展观的问题。它是一颗引导我们发挥创造性的"导弹"，具有构想和建设"山水城市"的深远意义，具有深远的"山水城市文化"的战略意义。

刘临安（北京建筑大学建筑与城市规划学院院长、教授）

钱老的建筑思想中有一个关于山水城市的理念，借此我想谈一谈我国传统文化对于山水特性在塑造人文品格与修养方面的涵义，以便更加深入地认识钱老的优秀品格。我国的历史贤哲孔子说过：仁者乐山，智者乐水。实际上，孔子是把山水的自然特性与人的品格修养做一个比附，今天我们叫做"比喻"，古人称为"比德"或"比兴"。山水有什么样的自然特性呢？古人说过，大山出江河、吞日月，藏之不尽，取之不限，就像一个仁者的品格修养；大河缘理行流、防清防浊，不惧壑险，不怕峻阻，奔腾向东，就像一个智者的品格修养。中国的古典园林为什么以山水为骨干？重要的意义就是山水的自然特性与君子的品格修养有着密切的关系。

在这里，我们学习钱老，学什么？我认为要学钱老具有的仁与智的人文品格。钱老的"智"表现在他对科学事业的孜孜不倦和功勋建树，钱老的"仁"则表现在他对祖国和人民的无限热爱和的赤诚之心。

李钢（雕塑家）

钱老肖像的创作持续了几年的时间，是我从事雕塑以来用时最长的一件作品。钱老的学识博大精深，其人生经历波澜壮阔，可以说是钱老集大爱大智于一身的。钱老的境界是常人难以想象和达到的，这需要仔细地理解、慢慢地消化。我想塑造一个人就必须踏踏实实地了解这个人的全部，包括他的过去和现在，要像演员一样去体会、去感受、去假设，尽可能地走进他的精神世界，这样才能创造出好作品，虽然用时很长，但很值得去付出。

钱老头部的凸凹点、骨点具有特殊性，头部异常地饱满发达，有一种由内向外的扩张力。钱老的眼神给人的感觉是深邃、睿智和神秘的，目光似乎洞察到了无穷的宇宙世界。钱老嘴角微微上翘所显现出的慈祥笑意，表现了钱老不可动摇的革命乐观主义精神。

吴宇江（本书责任编辑，中国建筑工业出版社编审）

"山水城市"的概念是杰出科学家钱学森先生1990年7月31日给清华大学教授吴良镛先生的信中首先提出来的。钱学森先生在信中这样写道："我近年来一直在想一个问题：能不能把中国的山水诗词、中国古典园林建筑和中国的山水画融合在一起，创立"山水城市"的概念？人离开自然又要返回自然。社会主义的中国，能建造山水城市式的居民区。"钱老为什么会有"山水城市"的构想呢？本人在钱学森先生关于为什么对中国古代建筑感兴趣给中国建筑工业出版社的信中找到了答复。钱学森先生在信中这样写道："你们也许会问，我为什么对中国古代建筑感兴趣。这说来话长：我自3岁到北京，直到高中毕业离开，1914~1929年，在旧北京呆过15年。中山公园、颐和园、故宫，以至明陵都是旧游之地。日常也走进走出宣武门。北京的胡同更是家居之所，所以对北京的旧建筑很习惯，从而产生感情。1955年在美国20年后重返旧游，觉得新北京作为社会主义新中国的国都，气象千万！的确令人振奋！但也慢慢感到旧城没有了，城楼昏鸦看不到了，也有所失！后来在中国科学院学部委员会议上遇到梁思成教授，谈得很投机。对梁教授爬上旧城墙，抢在城墙被拆除前抱回几块大城砖，我深有感触。中国古代的建筑文化不能丢啊！20世纪70年代末，我游过苏州园林，与同济大学陈从周教授有书信交往，更加深了我对中国建筑文化的认识。这一思想渐渐发展，所以在20世纪80年代我就提出城市建设要全面考虑，要有整体规划，每个城市都要有自己的特色，要在继承的基础上现代化。我认为这是一门专门的学问，叫'城市学'，是指导城市规划的。再后来读到刘敦桢教授的文集2卷，结合我对园林艺术的领会，在头脑中慢慢形成要把城市同园林结合起来的想法，要建有中国特色的城市。到1990年初就提出'山水城市'的概念。"其实，早在1958年，钱学森先生就在《人民日报》上发表"不到园林，怎知春色如许——谈园林学"的文章。1983年6月，钱学森先生在《园林与花卉》（1983年第一期）上又发表了"再谈园林学"的文章。同年10月29日，钱学森先生在第一期市长研究班上还专门作了"园林艺术是我国创立的独特艺术部门"的学术演说。不难看出，钱学森先生对中国园林艺术的兴趣是浓厚的，情感是深远的，造诣也是极高的，这不得不让人油然起敬，深表钦佩。

（《钱学森建筑科学思想探微》首发式学术座谈会发言摘要刊于

《中国建设报》2009年6月30日）

张祖刚论建筑文化系列丛书首发式
学术座谈会发言选登

张祖刚论建筑文化系列丛书首发式学术座谈会会场

　　2010年11月5日在中国建筑工业出版社隆重召开了"张祖刚论建筑文化"系列丛书首发式学术座谈会。会议由中国建筑工业出版社总编辑沈元勤主持，到会的领导和嘉宾有：中国工程院院士、北京市建筑设计研究院资深总建筑师马国馨，中国工程院院士、中国城市规划设计研究院学术顾问邹德慈，中国社会科学院研究员叶廷芳，全国勘察设计大师、清华大学教授胡绍学，全国勘察设计大师、中国建筑设计研究院总建筑师崔恺，中房集团建筑设计事务所资深总建筑师布正伟、中国艺术研究院研究员王明贤、中国建筑学会秘书长周畅等。与会嘉宾怀着对作者无比崇敬的心情畅所欲言，大家一致认为张祖刚论建筑文化系列丛书是一部思想深邃、意境隽永、提纲挈领的建筑文化知识读本。

沈元勤（中国建筑工业出版社总编辑）

今天我们很高兴举办"张祖刚论建筑文化"系列丛书首发式学术座谈会，我首先代表中国建筑工业出版社对到会的专家表示热烈的欢迎和感谢！

本书作者张祖刚先生，1956年毕业于清华大学建筑系，曾在城建部城市设计研究院从事城市规划设计工作近10年，1965年调入中国建筑学会至今。从1984年起先后担任中国建筑学会副秘书长、秘书长兼《建筑学报》主编、中国建筑学会副理事长，现任中国建筑学会顾问。1987年作为创建人之一筹建中国科学技术期刊编辑学会，后连任3届该会的副理事长，并获这一学会颁发的"金牛奖"；2003年获得法兰西共和国艺术与文学骑士勋位。张先生的主要代表作品有《世界园林发展概论》、《中国传统民居建筑》（副主编）、《当代中国建筑大师戴念慈》（主编）、《建筑技术新论》（主编之一）等。

中国建筑工业出版社作为一家建筑专业科技出版社，55年来一直肩负着整理、保护、弘扬中华民族的优秀建筑文化，促进中国建筑业的科技进步，宣传中国建设成就的社会责任和历史使命，为广大读者奉献了大量优秀的精神食粮。今天出版"张祖刚论建筑文化"系列丛书就是我们义不容辞的责任。这次，我社连续推出张先生《建筑文化感悟与图说·国内卷》、《建筑文化感悟与图说·国外卷》、《建筑文化摄影艺术》系列丛书，张先生可谓是著作等身，他对建筑理论与建筑文化孜孜不倦的探究精神值得我们大家学习与崇尚，我们表示由衷的敬意和钦佩。同时，我们也希望在座的各位专家学者继续支持我社的工作，将来写出更多更好的学术专著，为我国的建设事业做出更大的贡献。

张祖刚（中国建筑学会顾问，中国建筑学会原副理事长、秘书长）

非常感谢各位朋友到会来捧场，刚才沈总编已对丛书作了大致的介绍。这套丛书讲的是建筑文化理念与知识，并兼谈建筑文化摄影表现。这本《建筑文化感悟与图说·国外卷》，是我从1979年6月出访瑞士后，迄今到过的20多个国家几十座城市中挑选出的170个精品实例资料，介绍了带有个人感悟的分析，可使读者了解到西方建筑文化发展的梗概和对我国城市、建筑、园林事业发展有参考价值的内容。另一本《建筑文化感悟与图说·国内卷》，是我从1956年3月在国家城市建设总局城市设计院从事城市规划设计工作以后，至今半个世纪到过国内除西藏外的百余座城市里选出的210个精品实例资料，同样写出简要介绍与个人感悟，使读者可以看到中国建筑文化近1000年来发展的一些情况和正反两方面的经验。

这套丛书所说的建筑是"大建筑"，包括城市、建筑和园林，这三者是一个不可分割的整体，是有这三位一体的本质联系的。钱学森先生将这三位一体命名为"建筑科学"，作为一门独立的大学科而存在。中外几千年来的城市建设都体现着城市、建筑、园林三位一体的内容，三者关系十分密切。这一建筑科学理念、整体性的哲学思想会逐步被人们所认识。

这套丛书所提的文化是"大文化"，从大文化概念来看，它包括科学技术和文化艺术。一个文化圈或一个地域的文化，可以说是地域的特殊生活方式或生活道理，它包括这里的一切人造制品、知识、信仰、价值和规范等，它综合反映了社会、经济、科学技术、观念、习俗以及自然生态的特点。由此可以看出，大建筑属于大文化的范畴，它既有文化艺术，又含有科学技术。什么是科学技术，就是以逻辑思维、逻辑语言对大自然对事物的探索、研究和认识，这是科学家、工程技术专家的事情；什么是艺术，就是以形象思维、形象感受对大自然对事物的描绘、表现和传播，这是文学家、艺术家的事情；包括规划师、建筑师、园林师的建筑科学家是兼上述两家、融两家的专门家，这是由大建筑事业的性质、本身属性所决定的。因而，我们从大建筑文化的观点来分析研究中外建筑文化的情况，以得到比较深刻和综合的认识，有利于建筑文化的发展。

通过改革开放后30多年来的建设实践，中国城市与建筑、园林事业取得了很大的发展，积累了一些好的经验，结合我近30年来考察国外几十座城市后选出的有参考价值的实例，并吸取国外关于"现代主义"（Modernism）、"现代主义之后"（Post-Modernism）、"新城市主义"（New Urbanism）、"批判性的地方建筑"（Critical Regionalism）等理论中合理的观点，本人提出"发展"、"环境"、"历史"、"文化"、"自然"、"艺术"、"人行"、"公正"的八大理念，期盼我国的建筑文化，全面贯彻落实"三个代表"的重要思想，是中国的城市、建筑、园林事业的发展确实走上科学发展、可持续发展的道路，为现阶段至2020年实现全面建设小康社会发挥自己应有的作用。这些理念，可集中为"中国文脉下、走向大自然、为大众服务、可持续发展"的建筑文化理念。

邹德慈（中国工程院院士、中国城市规划设计研究院学术顾问）

很高兴参会。我与祖刚是同一年，从不同的学校来到规划设计院，同时很有缘分，第一个规划项目就是一起参与到一个德阳的项目组中。祖刚先生阅历很广，一直在做一些学术的东西，去了很多地方，让我非常地尊重和羡慕。我就做得比较杂，具体经历的不同就不说了。近年看到祖刚先生的很多文章，在说建筑、建筑艺术和文化等方面，这都会涉及城市、城市规划与设计，这一点是很突出的。比如说今天的演讲，前面这八条都说的是城市，这也是很自然的，起码说明了建筑与城市是密切相关的。我非常赞成这样的观点，建筑不是孤立的，城市如果没有建筑也不能称其为城市，虽然城市是一个很复杂的综合体，但是建筑是其中重要的组成部分，这个关系就是这样。

这套丛书，我先翻的就是建筑摄影艺术，这本书真让我爱不释手，其中的作品非常好，全部都是你自己拍的。你走的地方比较多，在建筑方面的造诣也很深，摄影艺术又很棒，因此这本书很好，特别感谢出版社，虽然只是简装本，但是却很精美，定价也合适。这是你几十年的结晶，对你表示祝贺，你可以再出一些东西，这对于业界也是一大贡献。

叶廷芳（中国社会科学院研究员）

建筑文化建筑美学方面我有所接触，但是还是个外行。张先生在工作繁重之余还能有这样的作品，值得我们学习。八个理念在人文观方面很深厚，审美方面也很周到，这本书很有价值，可以普及，中等文化以上都能看得懂。

从与张先生的接触中，我觉得张先生思路比较开阔、见识比较广，是很有胆识的一个人。比如当时在国家大剧院的争论上，我本来是不赞成这么大的体量的，因为它在耗能方面很浪费。但是大剧院的特点是：一看就是大剧院，一看就是中国的，一看就是天安门边上的。它体现了中国当代建筑建造技术的成就。另外，在天安门，这一片政治意味很强的建筑群中，大剧院无法比其他建筑辉煌，又不能过于谦让，因此，就选用了二元对立的观念。它不好处理协调，就运用反差，这体现了现代人在建筑设计上的高度，有一种对话的感觉，是非常可取的。其实，像悉尼歌剧院、朗香教堂等著名的建筑，都不是按照当时的理念建造的，但都是成就。柏林纪念教堂，旁边是风格完全相反的建筑，卢浮宫的玻璃金字塔也是如此。既尊重你的成就，你的辉煌，但是我作为现代建筑，又表现了当代建筑的新理念，以及现代人在建筑智慧上获得的成就。鸟巢以及水立方也是如此。在我看来，这是一种不协调中的大协调，就像交响乐一样，不和谐音孤立来看是奇怪的，但是从整体来看也是4个乐章中不可或缺的。

当时，其他地方都不敢发表这方面的观点，或者组织这方面的讨论。张先生敢在报纸上发表，而且还组织了其他几篇文章，很有勇气，所以说刊物或者宣传方面的领导人必须是视野开阔型的，可以容纳不同的观点，不管自己同意不同意，不可取的自然有人来反驳。这本书正是出自大文化大视野下的，回去要好好拜读。同时，张先生的勤奋也值得我们学习。

胡绍学（全国勘察设计大师、清华大学建筑学院教授）

很高兴参加这个会，张祖刚先生是我的老学长、老领导、老朋友。我很欣赏"感悟"这两个字。我也去过不少地方，虽然不如张先生多，也有感触，但没有感悟。我20世纪80年代出国时，感触很深，但是没有悟出什么道理。这些年搞设计、教学，也有一大堆照片在那边，但是不够勤奋，没有工夫整理。张先生在这么忙的情况下，能够锲而不舍，把所有的东西整理出来，非常地佩服。这本书图文并茂，非常精美，而且文字精心思考，定的书名——《建筑文化感悟与图说》很好，而我就没有上升到理性的概念。

张祖刚先生倡导的八条理念，我很欣赏，它是用发展的眼光来看城市，有包容性，而且关注环境问题，注重历史脉络，对建筑文化、地域文化、建筑艺术也都有关注，还有自然、社会公正等方方面面。此外，行人的问题，我们在国外感触很深。国外很注重行人，行人比车要重要得多。前几年在某市做项目，当时我设计的道路断面，有快速道、自行车道等，功能划分很清晰，但是当地市长就是不同意，希望要一块板，要非常气派。当时我争了半天，汽车全走，行人和自行车怎么办，争到最后，也只是争取到做成了三块板。我们现在是反了过来，本来行人是神圣的，但是现在却变成了汽车是神圣的。

张祖刚先生的八条很好，是他十多年思索的结晶，说到底就是我们现在讲的科学发展观、和谐社会等。这本书不仅仅是图说，还有他自己很多的感悟，并且还上升到了理论的高度，确实不易，值得祝贺！

马国馨（中国工程院院士、北京市建筑设计院顾问总建筑师）

我主要说4点：

第一，这几本书凝聚了祖刚多年的心血，这是系列，要比单本厉害得多；再一个是编辑，这么多图片文字，没有出任何差错，很不容易；另外就是对出版社表示感谢，提供了这么好的精神食粮。

第二，祖刚是我的老学长、老领导，而且工作非常繁忙，既要关注城市，又要关注建筑，所以这个作品既有宏观的思考，又有对每一个建筑物的感受。而我们就比较注重微观的个体的东西，所以说这对我们搞建筑的是一个很好的启发。我也同意胡教授的观点，祖刚在国外参观就会思考，会琢磨，我们就不会，如果没有思考和理性的提升，就不会有这样的作品。其实大家都有机会看到这些经典的东西，但是有人看了有感悟，有人就只是看看热闹，这给我们相对年轻一些的人很大的启发和教育。祖刚经过五六十年的耕耘，现在是到了收获的季节，有了这么多的成果，希望以后能够再接再厉，不断有新的作品问世。

第三，这是对建筑文化、建筑艺术的普及。现在是一个读图时代，图文并茂的书非常好，它影响到全民的美学素养。民众对建筑的理解、审美、品位、眼光都需要不断地提高，所以我觉得这本书既有相当的学术含量，又是普及建筑文化的很好读本。特别是对于没去过这些地方，或对建筑特别感兴趣的人来讲，是非常有用的，其读者群也会比较庞大的。

第四，摄影方面，祖刚是准专业级的，他很早就用上了PC镜头，这在他们那一辈里也算是在建筑摄影上有所钻研、有所追求的了。老一辈人在当时那样的技术条件下，也会有好作品问世，这应该也有技巧方面的问题，也希望祖刚可以与我们一同分享一下。

崔恺（全国勘察设计大师、中国建筑设计院总建筑师）

几位前辈讲得都非常好，我也说几句。我一般多叫张老，毕竟还差着辈。张老一直对我非常关心，这次看到张老的书，我也非常高兴，表示热烈的祝贺。

这套书是集大成之作，对于中国建筑的观察与思考是非常有深度的，不仅仅是一部漂亮的摄影集，在建筑思考和评论方面也很到位，所以我觉得这是很有价值、也很难得的作品。我在想，如果这本书配上英文，在世界各地推广开来的话，就可以很好地宣传中国建筑文化。我国在对外文化宣传方面往往是比较被动的，我觉得在文化交流方面我们应该更加主动一些。

这本书所提到的对建筑文化的感悟是我们专业人员应该细心体会和学习的，也是可以引起社会大众共鸣的。现在的媒体是立体的，我看电视媒体，比如凤凰卫视百家大讲堂等，张老是不是可以去做一些建筑文化方面的讲座，出版社能否在社会宣传和交流方面多做一些工作，以此来推进建筑文化的立体传播。张老还可以到学校去讲座，张老讲的都是经典的东西，对年轻一代来说是受益匪浅的。

另外，如果张老还有精力的话，可以做点建筑批评，把要批评的东西，也收集整理出版出来，这个价值很大。因为人们对建筑的观察也是立体的，我期望着早日看到这样作品的问世。

布正伟（中房集团建筑设计事务所顾问总建筑师）

我和张老沟通很多，他给我的印象很深，可以说他是和彭一刚院士一辈的，是我的老师。我对张老的学术思想有这样3个感触。

第一，开阔的视界。这套书主要是从大的文化、大的思路、大的眼界来进行考察研究的，我觉得这一点在学术界里面是比较少的，虽然我的建筑师生涯没有停，但是我觉得建筑师的高峰应该是做大综合体、大的环境、大的城市等。

第二，真挚的情感。这一点非常重要，你对事物的判断离开了情感是没有基础的。我最讨厌官话、套话，这是几十年如一日的。我觉得张先生在这方面是很实事求是的，这种真挚的感情促使您进行学术的思考与探索。

第三，包容的情怀。在行业圈里面不可能什么都是你所喜欢的，这里面肯定有奇花异草，但是你要有一个好奇心，去研究它、认识它。我觉得张先生就有这样的心态。比如去巴塞罗那的那次奥运会申办，您当时就给我讲过，想请解构主义大师弗兰克·盖里以及当时很多我们不能容忍的非主流的流派过来，目的就是来沟通。您这样做，我非常佩服，这个情怀很难得。

出版社的首发式，已经成为一个品牌了，这个品牌很好，希望把这个平台宣传出去。另外，能不能做一点建筑评论方面的东西，比如可以召开一些会议，把热点问题拿出来评论，一次会议弄一个专题。

最后祝贺张先生，同时也希望能够多开几次这样的会。

王明贤（中国艺术研究院研究员）

这套丛书对于建筑文化的普及是很大的贡献，我觉得中国的建筑问题非常糟糕，中国大众的建筑审美也非常差，很多文化人其实对这方面的东西很有研究，像叶廷芳先生、刘心武先生等。

中国建筑文化普及确实很差，从市长到开发商，一点建筑知识都没有，我觉得这个工作应该由中国建筑学会以及建工出版社来做，要把中国的建筑文化问题抓起来。现在的媒体很重视这一点，但是不知道应该如何宣传，找不到合适的资源，比如一些讲坛，没有合适的片源，没有人做过这方面的东西。张先生书上的图片很漂亮，赏心悦目，雅俗共赏，同时也做了思考，有很多感悟。而且我发现，国外卷这一本以近现代建筑为主，而国内卷就多是古建筑了，这也体现了我们现代的很多东西都拿不出手，而近代的又有很多都被毁坏了。中国现在的发展太快了，很引人瞩目，但是建筑质量很有必要提高。

另外，就是建筑风格、建筑文化方面也十分混乱。比如北京的发展，一开始是保护古都风貌，很保守，但是后来又突然变得很前卫，比上海还前卫。世界上最前卫的都在北京，但是回过头来，又有点走过头了，所以一些竞赛都不让国外大师来参加了，现在提出了世界城市，政策又变了，又让很多外国知名设计师参与招标了。因此，张老这套丛书的出版，可以说是非常重要的建筑文化事件，他本人的思考和体会，也同样精彩。

今天，我是第一次来建工出版社的新楼，希望张先生将来能有更多的大作推出来。

周畅（中国建筑学会秘书长）

我是发言人中最小字辈的，不敢多说，虽然我最年轻，但是和张老师接触比较多，还是有发言权的。我有3点体会。

首先，一工作就在张老师身边，相当于徒弟了。从审对稿子、排版开始，得到的体会就是不能把工作分为三六九等，要把工作扎扎实实干好。编辑很不好做，首先要有宏观思想，要组稿，又要能够细致到一个标点、一个错字，所以做好编辑很不容易。张老师这种精益求精、严谨的治学作风值得我们晚辈学习和继承。

第二个体会，张祖刚先生多年来一直追求和探索。这套丛书不光是传统的、历史的经典，对于目前以及未来将要进行评判的东西都有所涉及。这对于我们建筑学会的老领导而言尤其难能可贵。

第三个体会，这套丛书是张先生多年收集保留的资料，又加以理性思索提高的成果。我们每个人可能都有一批东西，但是我们没有人去整理。这套系列丛书，一下推出3册这是很不容易的，回去以后一定要认真学习。而且出版社的文风也很好，不是一味追求华丽、高标准，在内容上更加讲究了，这种朴实的工作作风，我也很欣赏。

最后，也希望张老有更多更好的作品问世，把我们的建筑理论工作延续下去。

（本文刊于《中国建设报》2011年1月25日）

学术聚谈，情切意浓

——记《风景园林品题美学——品题系列的研究、鉴赏与设计》
首发式学术座谈会

《风景园林品题美学——品题系列的研究、鉴赏与设计》首发式学术座谈会会场（曹扬　摄）

著名园林美学家金学智先生的《风景园林品题美学——品题系列的研究、鉴赏与设计》（以下简称《品题美学》）首发式学术座谈会于2011年7月6日在建工出版社新楼会议室成功召开。学术座谈会上，建工出版社社长兼总编辑沈元勤介绍了与会的领导和嘉宾，并热情致辞。他高度评价了《品题美学》多方面的价值，作者金学智介绍了该书的写作经过和心得体会，与会嘉宾争先发言。专家们畅所欲言，座谈会开得认真热烈，洋溢着和谐的气氛。发言主要可梳理归纳为以下几个主题层面：

1. 2本专著，2个10年

金学智的《中国园林美学》，1990年由江苏文艺出版社出版；修订后的《中国园林美学》2000年版由中国建筑工业出版社重新出版，后来他又以生态美学为主线重组改写，2005年由建工出版社出版《中国园林美学》（第二版）。2011年，建工出版社又出版了他的新著《品题美学》。这2本书，先后经历了2个10年，与会者们对此颇有感触。

沈元勤社长致辞一开头就说：我们之所以要举办首发式，是因为本书的作者金学智教授的《中国园林美学》在我社出版，先后重印了8次，在出版界和读者中受到了广泛的好评。他是我社50年社庆评出的优秀作者之一，而今天这本《品题美学》又是他的力作，是近期我社出版关于风景园林的好书，作者用了10年的心血写成，其治学精神值得敬佩。

住房和城乡建设部风景园林专家、城市建设司原副司长王秉洛说，金先生孜孜不倦地研究园林美学，下了苦功，一本又一本，10年过去了，再来10年，长时间执着地不断提升，应感谢他的努力。《中国园林美学》深入细致地解剖了传统园林的每个细部，从哲学和美学的高度来鉴赏，并加以理论化，这对我们学科的基础建设起了很好的作用。该书还请了王朝闻、李泽厚两位我们非常崇拜的美学大家作序，序中的一些观点对我们学科理论建设也起了提升作用。但在今天大规模的建设中，人们宁肯去学西方规整式的园林，搞规则式的色块，而不去做自然风景式的园林，这忽视了我们自己传统的继承和发扬，因此，特别需要宣传金先生突出民族美学精神的著作。

中国城市规划设计研究院教授级高级工程师刘家麒说，今天能够看到金先生这两本书，特别是新出版的《品题美学》，觉得这确实对我们园林学科作出了很大贡献，要向金先生致谢。从学科来讲，国务院、教育部把风景园林提升为一级学科了，它和建筑学、城市规划学一起都作为人居环境学的一级学科，而风景园林是一个既古老又非常新的学科。金先生这两本书对我们风景园林的理论很有贡献，特别是改革开放以后，很多外国的理论、技术都进来了。中国园林号称世界园林之母，却没有理论，或者说为数不多。明代有计成的《园冶》、文震亨的《长物志》，清代有李渔的《一家言》，就这么几本，因此我们特别需要理论。在风景园林行业里，我们实际的工作做多了，而没多少工夫钻研理论，像金先生这样的，确实是难能可贵，他也是园林界的理论专家了，他的书不但把古代的规律都总结了，而且有新的实践，和现实生活很贴近，既有理论价值又有实践价值。

北京山水心源景观设计院总设计师、副院长夏成刚说：我们现在的社会很少有人愿意坐下来认认真真研究学问，所以我首先要为金先生鼓掌，我们的时代最需要这种精神的。应该说，风景园林的理论基础工作很重要，这牵涉到了整个中国园林文化的奠基，关系到风景园林整个行业的走向。我们面临着理论基础薄弱的现状，当然现在也有人在搞，但有多少是原创的，是从中国历史脉络深处发掘出来的，可以说很少，寥寥无几。

中国城市科学研究会研究员、原秘书长鲍世行说，这两本书都是重量级的，十年磨一剑，真是不容易，现在能够坐下来这样做学问的人真是不多了。另外，出版社也有慧眼，很好地出版了这本书，为学术界做了一件非常好的事情。

中国城市建设研究院高级工程师陈明松发言时，拿出一封信引起了大家的注意。他说："1990年金先生的《中国园林美学》在南京出版，1991年开风景园林美学学术讨论会时，我们也请他参加，但他没有空，就回了一封信，他忙得连信后面的署名都忘了（笑声），现在我把保存了20年的这封信给大家看一下"。会场气氛顿时活跃起来，这虽是个小插曲，其中却含孕着可贵的学术和友谊，发人深思……

中国建筑学会编审、著名建筑评论家顾孟潮说，我们实践很多，但理论著作相对太少。我们中国古代园林到今天能达到"世界园林之母"的高峰，是各界人士共同合作的结果。金先生作为一个学者作家，参与我们中国园林的理论建设，出了很好的成果。从科学技术发展史上看，都是边缘科学首先突破，所以必须有圈外人介入，旁观者清嘛，何况金先生有深厚的文化积淀。我们应该吸引更多的艺术家、文化人来共同建设我们的建筑文化和风景园林学。我们中国的风景园林学有一个很高的水平、很高的起点，这就是世界公认的园林艺术理论经典《园冶》。今天，中国风景园林学最有希望突破并居于世界领先地位的，这就需要我们大家共同来努力，而金先生的这本书就是这方面的佳作。

2. 熟悉而又陌生的"品"与"品题"

品或品味，是流行在广大民众口头上的热门词语，人人熟悉，如品茶、品酒、品花、品戏、品古玩、品奇石、品唐诗、品三国……直至园林的品题，这是中国的一大特色，但是，学术界却对其颇感生疏，几乎是无人问津，缺少深入的开掘和系统的研究。

金学智把此书第一编"理论编"的标题定为"中国特色，重'品'尚'味'"。他说，品、品味、品题这类概念，不但在古代，而且有些在今天的生活中也仍然很有活力，有着丰饶的民族文化内涵。但连中国最权威的辞书对由品、品味所衍生的

"品题"的含义，也缺少较全面准确的概括，其解释并不适用于风景园林，因此品题的研究在学术上基本还是未开垦的处女地。他说，长期以来他通过多方收集自古至今与品、品题有关的书证，力求较全面地阐明品与品题的价值意义，并将这作为写作的起点。

刘家麒指出，金先生提出"品题"这两个字，确实点到了核心问题，因为中国园林本身就是一种文化。童寯先生在《江南园林志》中提到中国园林的要素，是花木池鱼、叠山和屋宇。其实不止这些，还有文字也很重要。前几个是硬件，文字则是软件，中、西园林的区别就在品题上。《红楼梦》第17回，元妃省亲建了个大观园，贾政领着贾宝玉去了，一进门贾政有句话：偌大园林若干亭台，若是无字标题，断不能生色。这就是说中国园林要是没有品题，绝对不能生色。品题是引导品赏的重要的元素，启发人们用眼耳鼻舌身去感受：如西湖十景，春夏秋冬、风花雪月，它都包括了。这些品题，先是品赏，细细体味，品后还要题，是要画龙点睛，点出你的感受，并把它传达给别人。所以，中国风景园林有匾额楹联，包括书法和文学。题名还能够传达主人的造园宗旨，如拙政园、退思园都很有内涵，还有描写景物，可引起联想，这就产生意境，如拙政园的"与谁同坐轩"，"与谁同坐，明月清风我"，于是可引发观赏者的意境，这里有很多学问。

中国科学院院士、生态环境研究中心研究员王如松说，20世纪五六十年代要求我们认识自然、改造自然，但是没有告诉我们怎么去品味自然。认识自然是哲学层次，改造自然是科学和工程层次，而品味自然则是美学层次。我是搞城市生态的，经常说这四句话："环境为体，经济为用，生态为纲，文化为场"，今天我还想再加一句，就是"美品为魂"。我们现在很多城市建设，心浮气躁，节奏太快，没有魂，没有品质，缺少审美情趣。现在人们看到物质的东西多，精神文化的东西少，所以美学相当重要。金先生提出"重品尚味"，这个"品"字非常好，要让人学会不光品赏形态的东西，而且能品赏神态的东西。要品得有味道，像青梅，越嚼越有味。

鲍世行说，金先生把"品"字提出来，这一境界很高，中国的园林特色可能就在品字上。他住在马连道茶叶街，茶叶街就是要人品茗。品就是要求慢节奏，风景园林就是要慢慢地品，才能品出滋味来。

金学智又讲道：中国现代美学基本上是从西方引进和发展起来的，其体系、骨架总令人感到缺少中国的民族气派和民族特色。因此，我们更应侧重构建具有中国特色的美学体系，并以"品"作为构建这一理论大厦的基石之一。他说："我相信，迥异于西方的、具有中国特色的美学体系，一定会在不远的将来构建起来。"

中国艺术研究院美术研究所研究员、《美术观察》主编李一十分赞同这一想法。他写过一篇《品味与分析》的文章，讲中、西美术批评的区别，金先生很赞成并引用了其中的观点。李一说，品题不仅涉及建筑、园林，更涉及中国美学。跟西方美学相比，中国更重体验，更重这种审美感受，金先生抓住这一点来研究，对建设有中国特色的美术体系是有帮助的。2010年这一年时间里，我们《美术观察》一直在讨论走向文化自觉，构建中华美术观。中国古代有我们自己的美术体系，但这100多年以来，用的却大多是西方的体系，当然借鉴西方是必要的，但有时不能解决中国的问题，抓住"品"字来研究，对我们建设中国的价值体系和评判标准，有很大的启示。

3. 风景园林品题系列及其鉴赏

中国风景园林往往以数来选景，如北京附近就有燕京八景、静明园十六景、避暑山庄康熙和乾隆分别题三十六景、圆明园四十景等，全国各地就难以尽述了。对于这种现象，应该用什么名称来概括呢？

金学智说：我通过对品、品题的研究，进而把历史上和现实中的八景、十景等，概称之为"风景园林品题系列"。品题系列有突出的美学功能，如西湖十景的苏堤春晓、断桥残雪、雷峰夕照、南屏晚钟、三潭印月……这一系列画龙点睛的品题，凸显出幽雅的诗情画意和自然、人文信息之美，它不但让人品味不尽，浮想联翩，而且还使其蜚声神州，流播久远。从历史上看，品题系列已成为中国人喜闻乐见的悠久传统，它言简意赅，雅俗共赏，朗朗上口，便于记忆；在今天，从经济上说，作为旅游资源的整合，能帮助旅游经济的开发；从文化上说，能帮助人们把握该地风景园林的精华所在，把旅游观赏和文化享受结合起来。

陈明松说：我研究八景，也发表过文章，现在看到金先生的书，很高兴，想到一块来了。我这些年在搞风景区、做城市规划的时候，都把老城市的八景恢复起来，再创一些新八景。因为八景是以数字集合起来的，所以我把它称作风景名胜集成文化，不知道合不合适？这种集成文化的鉴赏对象是有一定规律的，如春夏秋冬、渔樵耕读、风花雪月等，八景文化应该申请非物质文化遗产，而且其内容和表现都很丰富，有八景诗、八景画、八景菜、八景戏、八景楼、八景台……这就是文化，它们不仅仅在风景园林里。今天见到金先生，我又找到知音了。

金学智说：在本书的"鉴赏编"，对于风景园林品题系列，我尽量纵贯历史，横跨地域，从全国20个省、市、地区中，选出了37个品题系列中的100多个景点，从岭南到北国，从江南到关中结合照片图版进行鉴赏、品评。我的鉴赏决不作一般导游性的介绍，而是以不同学科交叉的视角切入，注意深度和新意，力求从景点的品赏中抽绎出某些规律性的东西来，这或许对造园、赏景、审美、悟理、导游、保护遗产、城市建设等有所裨益。

对鉴赏这一部分，王如松生动地概括说，在本书的第二编中我们吃到了一个满汉全席、文化大餐，书中从唐、宋、元、明、清，一直到当代，时间线索很清晰，把东、西、南、北的风景园林作了一个较全的展示，体现了生态上的时空量。金先生把中国风景园林的精华展现在世界面前，写得相当好。

该书主要摄影家蓝先琳说，我和金先生交往有了七八年了，很荣幸。金先生要我按要求去各地拍一些供鉴赏的景点照片，包括有关的遗迹。对此，我像考古一样按图索骥，凭着有限的资料到处寻找。在这个过程中我学到了很多东西，不仅仅是知识，而且还有他治学严谨的人品。我感到这是件填补学术空白的事，所以虽苦犹乐。以前我背着摄像机自己去拍，也不知道这叫题景还是景题，这本书把"品题"概念建立起来了，意义深远。现在旅游业很发达，但老是听到导游在哪里凭空胡编，离奇而低俗，有损于传统文化，金先生这本书博大精深，对提升旅游者以及导游们的鉴赏水平是会有作用的。

夏成钢说，我写《湖山品题》这本书时，常去颐和园，听到导游说什么慈禧太后和李莲英之间怎么回事，这是瞎扯，完全是用庸俗的趣味来讲，所以我们的鉴赏，应该引导民众朝高雅的方向发展。如果世界遗产都是这么乌七八糟，不就把自己的价值降低了么？事实上有多少绯闻的书是非常严谨的呢！

4. 品题及其系列也是文化软实力

《品题美学》对中华传统优秀文化进行了有力的弘扬，对此，座谈会也进行了讨论。

沈元勤社长在致辞中，除了指出《品题美学》具有很高的学术价值，具有原创性，又能推动行业科学的发展外，还指出了它具有很高的文化价值，对于弘扬我国传统文化特别是园林文化具有重要的意义，国家也在大力推进文化大发展大繁荣，希望有更多具有文化价值和文化含量的出版物出版，这本书是一个很好的体现。

金学智在谈体会时说：品题系列能集中承载优秀的民族文化传统，很好地体现生态文明的时代精神，它是城市的文化名片，能提高该地的文化软实力。同时，还有助于凸显和保持该地独特的风景个性和审美特色，通过它的功能性辐射，可能在现代化进程中延缓或避免城市趋同化现象的产生……

夏成刚说，胡锦涛总书记"七一"发表讲话，提到了文化软实力。从我们现在的情况看，我们中国的文化和中国在国际上的经济地位不匹配，它没有得到很好的弘扬。我在温哥华呆了10年，感到西方人对日本园林非常熟悉，而对中国园林的认识非常浅薄，他们写中国园林的书，是辱骂、歪曲，是浅层次的，中国文化在国际上几乎没有地位。在北美、欧洲，每个城市甚至小城镇都有日本园林，这显示了日本的文化软实力。而我们现在大家见面都是恭喜发财，"财"字的结果使民族的利益受到损害。所以对金先生的书，应该提升到中华文化软实力的角度来评价。

讲到中国园林文化，中国社会科学院哲学研究所研究员王毅说：我们中国园林有它自己独特的文化内涵，有它在技术层面以外需要更深入研究的东西，例如中国书法和中国园林有着密切的关系。我看到金先生特别重视园林美学和书法艺术在精神气质上的联系，书中阐发了形而下的器物层面和形而上的精神层面更多更深的联系。我又觉得此书的封面很有意思，是从书里选出来的南宋团扇画面，它很好地体现了中国园林的精神，中国山水美学和园林造景空间艺术就凝练在这绘画中。中国园林与中国绘画、中国文学都有血缘的关系，这和西方是很不一样的。

《品题美学》中提出了"文化生态"的概念，陈明松和王如松交换意见后，表示赞同文化生态这个新提法。

5. 结合房地产，理论有用武之地

风景园林美学研究和房地产开发相结合，这是金先生的一个独创，他还在《品题美学》的第三部分"实践编"加以总结，体现了理论与实践的循环往复、相互提升。

沈元勤社长在介绍时就指出，金先生不仅有深入的理论研究，而且还把理论应用于实践，设计了大量的小区园林作品。今天园林企业的老总也参加了座谈会，这对我们行业会产生影响，我们出版的书籍不仅希望应用于教学和阅读，也希望能在实践中发挥作用。

金学智介绍他的写作经过说:"几十年来,我对美学研究的重点是中国园林美学,发表过一些著作和文章,也算是跨进了理论的门槛,但也希望理论能渗入到生活实践中去。有幸的是在21世纪初,先后有2位房地产开发商看到了我的书就来找我,他们是很有传统文化素养的儒商,也是苏州园林的知音。他们希望我能把苏州园林文化导入于他们所开发的小区环境,以符合可持续发展的时代走向。"

金学智说,"我原先研究的重点是苏州私家园林,这是典型的'壶中天地',而今居民小区的室外环境却是开放型的,面积很大。于是他就想到了大型风景园林的那种组景方式,也设计了八景、十景的品题系列。"他说,书里除了选介自己设计的小区园林品题系列文本外,还介绍了设计原则——以双重生态为主导;以地域文化为依托;以撷古题今为创造;以品题系列为模式;以艺术聚焦为方法。小区里作为高雅艺术的苏式园林景观,能较好地含茹原生态的古典诗文书画,体现天人相和、山水相亲的人居环境理想,能修复人性异化,消除人心浮躁,让人们在慢生活中实现诗意地栖居。这一设想,是企图体现钱学森先生"社会主义中国能够建设山水城市式的居民区"的思想。

苏州万国房地产公司董事长饶晓凡说,我是专程从美国回来祝贺的。这本书的出版,不仅是理论界、出版界的喜事,也是我们搞建设的和园林爱好者的喜事。和金先生有缘相识,是10年前在苏州搞开发,看到了建工出版社最早出的《中国园林美学》,就想到了可以将园林文化遗产转化为生产力。我们能和金教授结缘,媒人还是出版社,这是要感谢的。当时,金教授还提出"两个回归",即"回归自然,天人合一;回归文化,人文合一"。这种符合时代精神的理念,对我们的开发建设真是一种指导。在实践过程中,金教授还以其倾情的投入给我们做了榜样,如在炎热的夏天冒着烈日对工人的施工悉心指导,我们也从中学到了谨严的治学精神和一丝不苟的认真态度。我们把研究成果加以应用,理论就不再是"象牙塔"里的东西了。今天,这大部头《品题美学》的出版,是建工出版社做了一件大好事,我相信读者和从业者会惊喜地发现,有无数的财富在这里面。

三盛投资集团副总裁陈锡年说,金教授不但几十年从事研究,而且还更是理论转化为实践的典范,他把苏州园林文化引入我们的家园,让千家万户都能够享受到园林的美。他充实了我们"家居园林"的概念,提升了我们"园林地产"的品牌,赋予了我们产品深厚的文化底蕴和生命力,事实上很多客户都是冲着我们的园林文化来购买我们的产品,例如,我们在广东佛山的项目,就深受当地人欢迎。我们希望在建筑史、房产史上留下一点痕迹。

中国人民大学哲学院教授钱学敏说，金先生提到受钱老（钱学森）山水城市思想的启发，我看了这本书以后，确实如钱老给吴良镛院士写的那封信所说，城市园林建设要结合古代园林艺术和中国传统文化艺术如绘画、诗词等，结合而为综合艺术。我又想到钱老说，建筑科学本身就是科学的艺术、艺术的科学，山水城市园林设计的最终目的，是要给人以一种意境美，这些在金老师的书也都有体现。.

王秉洛说，和《中国园林美学》相比，这部《品题美学》和实际更接近。从现代观点来讲，从传统园林到城市规划，从城市绿化到大地景观规划，有不同的领域和层面。而《品题美学》已远远走出了园林的围墙，在整个城市环境中发挥作用，体现了钱学森先生提出的把每一座城市建成一座大园林的思想。金先生所作的努力，已经拓展到整个大地景观的规划中来了，对继承和发扬中国传统，推进景观建设会有很好的影响。

鲍世行则指出，金先生能与房地产结合起来，英雄有用武之地，而且房地产也应该和园林美学结合起来。

6. 结语

在座谈会上，嘉宾们发言非常踊跃。由于时间紧，苏州市园林局遗产监管处处长、《苏州园林》杂志主编周苏宁、中国社会科学院访问学者蔡斌等都作了准备，但没有来得及发言，只能简单地谈了些建设性意见。本人作为《品题美学》的责编在会上提交了书面发言，题为《中国特色品题系列美学理论的开创之作》。大家一致认为，这次座谈会开得很成功，很有收获，还广建了学术友情，意味是深长的。

清华大学著名教授、中国科学院院士、中国工程院院士吴良镛认真地看了《品题美学》，在身体欠佳的情况下于家中接见了金先生，谈了一些很好的意见。金学智先生向吴先生赠送了他自己2011年第8次新印的《中国园林美学》，吴良镛教授则将他的代表作《广义建筑学》送给金先生，并当场签了名，现场的情景令人感动。

（本文刊于《中国园林》2011年第10期）

善在哪里？善在生命，善在人心
——《只是为了善——追寻中国建筑之魂》首发式学术座谈会纪实①

北京龙泉寺东区设计全景图（焦毅强　绘）

6年前，因为办一次个人展览，马建国际建筑设计顾问有限公司首席总建筑师焦毅强认识了一位在北京龙泉寺做义工的漆山居士。是年，生于天津，毕业于清华大学建筑系的焦毅强62岁。

漆山当时正在读博士，他对这位正在办个人展览的建筑界前辈很是景仰，就主动向焦毅强请教："我正在设计一个庙，您能否帮我看看？"

"设计费多少？"焦毅强谨慎地问道。

"没有设计费。"漆山的回答让焦毅强吃了一惊。

出于好奇，焦毅强跟着漆山来到了位于北京市海淀区凤凰岭下的龙泉寺。

"在这里，我感觉到的是'双手合十'的氛围，见到了贤立法师和贤然法师，看到了一个寺庙建筑的框架。"自此，焦毅强就以义工的身份，和龙泉寺的一群和尚们结下了不解之缘。

6年后，2013年9月6日下午，已是68岁高龄，法号贤苦，在书中自称"龙泉寺居士"的焦毅强所著《只是为了善——追寻中国建筑之魂》新书首发式暨学术座谈会在北京龙泉寺明心阁举行，这是他继《建筑构思与表现》、《中国建筑的双重体系》两部著作之后的又一部力作。

当天，中国佛教协会副会长、北京龙泉寺方丈学诚法师以及来自建筑界的数十位嘉宾出席新书首发式并参加学术座谈会。

一、建筑是时代的镜子

中国建筑工业出版社副总编辑王莉慧在《只是为了善——追寻中国建筑之魂》一书首发式致辞中表示：该书包括"追寻中国建筑之魂"、"凤凰岭下的龙泉寺"、"中国建筑之魂对现代建筑设计的实际意义"等内容。焦毅强先生以独特的视角，创造性地提出了"要以自己的'善心'来对待自己的设计"这样一种理念。阅读本书，读者可以感受到焦先生对中国传统文化的热爱。在经济快速发展的今天，他对中国传统文化的思考，值得读者深深回味。在书中，读者还会欣赏到焦毅强先生的水彩画作和书法作品，这些都令人由衷赞叹。

"各美其美，美人之美，美美与共，天下大同。"82岁的住房和城乡建设部原总工程师许溶烈教授在致辞中，引用已故著名社会学家费孝通先生的名言对《只是为了善——追寻中国建筑之魂》一书表示祝贺，他还表示"这本书的出版，是对焦毅强先生做人、做事、做学问的推崇和肯定。他给我最深刻的印象是勤奋钻研，有很深厚的专业功底。特别是他成为居士以后，思想境界和设计理念都有显著的升华。在这方面，他不但为青年人所称道，也是年长者虚心学习的榜样。"

中国建筑学会原副理事长、秘书长张钦楠教授从小是在具有佛教气氛的家庭氛围中成长起来的，他的祖母曾是上海一位著名的居士，他的老家就紧临着上海居士林，他至今记得"放生池中的鱼露出水面时，那生机盎然的景象"。

已是头发花白的张钦楠说："我赞赏佛教的教理及其逻辑思维，例如：唯识论的八识，我认为它是世界逻辑学的一个顶峰。我相信佛教和佛教建筑有永恒的生命力。这是我第二次来到龙泉寺，我喜欢龙泉寺的景观与背后的山体相呼应、相融合。在这样的环境下阅读与讨论焦毅强先生的书，很有意义！"

张钦楠指出，建筑学是一门综合学科，它包括建筑科学、建筑艺术、建筑哲学和建筑伦理。国内外专门讲建筑伦理的书虽然相对较少，但现代社会仍摆脱不了建筑伦理这个问题，建筑师更回避不了这个问题。一幢建筑，不仅要回答它是否适用，是否美观，还必须回答它是否给社会增添了价值，是否是善的这一问题。市场经济是一把"双刃剑"，它能产生巨大的驱动力，也能产生巨大的破坏力。社会的发展，不仅靠物质利益，还要靠精神建设。只追求物质利益，忽视精神建设，社会就会走上歧路。

"建筑是时代的镜子，一个社会是欣欣向荣、团结有力？还是贪婪腐败、醉生梦死？从它的建筑就可以看出来。不管你建造了多少摩天大楼，还是建造了多少'鬼城'，人们在建筑上都能看到这个社会的前景和走向。"张钦楠认为，一个社会要防止走向腐败和衰落，必须要有两条防线（或者说两个界限）：第一条防线是个人的行为以不损害他人为原则，这是一条法律原则，违反了要受到不同的法律制裁。第二个防线是要求个人的行为能为社会谋福利，这是道德伦理界限，是我们精神建设和教育事业、文化事业所要大力提倡的，也是建筑师所必须遵守的基本原则。例如，设计一个建筑项目，结果是造成了环境污染或破坏周围环境就不是好建筑。当前，许多地方环境恶化、垃圾成灾，已不是好坏的问题，而是是否能够持续发展和生存的根本问题，我们再也不能无动于衷了。

在致辞中，张钦楠对龙泉寺的建筑设计表示肯定。他说："龙泉寺得天、得地、得水，它不是和天对立，不是和地对立，不是和水对立，而是顺应周围的环境，整个的设计风格看起来比较温和、温雅，不是要刺破天空似的。虽然理想的建筑永远追求不到，但我认为建筑还是要和周围的环境相协调，能做到这一点就是好的建筑。我相信龙泉寺会建设得更好，更有影响力，并在国内寺庙建筑中开辟出一条新的道路。"

中国工程院院士马国馨过去对寺院的印象就是山门、钟鼓楼、大雄宝殿、藏经楼等一个固定的模式，"而龙泉寺给我一个面目一新的概念，这个地方高低错落的比例、屋檐翘角很吸引人。"他说。

"看到贤立法师从建筑工地上高高的脚手架上摔下来的镜头，我当时觉得这里真是筚路蓝缕、艰苦卓绝的创业，体现了佛门弟子为了自己的信仰而做的一切，非常感人！"马国馨感慨道。

尽管从小离开了老家山东济南，但老家千佛山上的一副对联："暮鼓晨钟惊醒世间名利客，钟声佛号唤回苦海梦里人"，直到现在马院士还背得烂熟，他说："这是佛教对我最初的启蒙。"佛教对马国馨的另一次"启蒙"则是后来的事。他回忆道：有一年，他去日本学习，并在日本参与了一个工程的建筑设计，就是对尼泊尔蓝毗尼的规划。那时候，联合国的秘书长是吴丹（于1961～1971年任第三任联合国秘书长，出生于缅甸），吴丹是佛教徒，就把这个工程委托了日本丹下都市建筑设计株式会社，马国馨参加了这个工程，还专门为此写了一篇短文并在公开刊物上发表。

"以前我只是认为宗教是人生的润滑剂，现在看起来是不对的。每个宗教都有它博大精深的地方，无论是它的思想还是思辨，尤其是佛教更是如此。寺庙的建筑更要体现僧众、居士的一种精神、一种追求、一种信仰。龙泉寺的寺庙建筑不管从什么角度看，都渗透了佛教的一种精髓和灵魂，它对我的启发很大！"马国馨说。在马国馨看来，有很多建筑见面不如闻名，有很多建筑闻名不如见面。很多建筑尽管非常出名，但去看了，不过尔尔。龙泉寺这个建筑，闻名不如见面，要一步一步体味。龙泉寺的建筑之所以评价这么高，除了焦毅强先生建筑设计的专业技巧外，更重要的是他遇到了一个非常通情达理、非常有思考、非常有想法的业主——学诚大和尚，实际上这是这个工程成功的关键之处。

马国馨引用被誉为"现代建筑的最后大师"的美籍华人贝聿铭的观点："我接这个工程，和这个工程相比，更看重这个工程的业主，如果他不能很好地理解我，有一个很好的沟通，宁可这个工程不做。"马国馨据此认为，龙泉寺和焦毅强先生在寺庙建筑设计上有着很好的沟通和交流，"这个交流不仅仅是技术和技巧上的，而且是思想上的，有对于佛教各个方面的深入考虑"。

座谈会上，中国社会科学院外国文学研究所、原中欧文学研究室主任叶廷芳研究员从社会学谈到了建筑学。在论及现代文明之进步和佛教的存在价值时，叶廷芳表示，现代文明有和人类"作对的一面"，人类的智慧推动了科技的发展，科技的发展推动了生产力的发展，生产力的发展推动了现代文明的进步，现代文明的进步又推动了人类欲望无限的膨胀，这个膨胀现在非常迅猛，消耗了人类的资源。如今，人类本身出现了生存危机，这种危机用什么力量来制衡？包括中国佛教在内的宗教的力量不可或缺。

叶廷芳说，一方面，龙泉寺依山而建，负阴抱阳，在建筑设计上集中了很多的智慧，有一个合力。另一方面，从外观上看，龙泉寺的建筑高高低低、错落有致，非常有韵律感、节奏感，既正视了传统，一看就是宗教建筑、古典建筑，里面又有很多现代化的适用功能，使用起来比较舒适。

龙泉寺的建筑给叶廷芳最深刻印象的是把"无我"的理念，运用到了建筑设计上，"它不和周围环境争高、争大、争辉煌，而是互相照顾、互相协调。这样一个美好的建筑群，将来在接引信众方面定会直接或间接产生影响。"

"焦毅强先生在龙泉寺的建筑设计上功不可没。他本来就是一个很有建树的建筑师，只是一个偶然的因素，遇到了一位熟人讲起龙泉寺，然后作为一名义工就参与了龙泉寺的建筑设计。6年来，他非常情愿在这里当居士，这种'无我'的精神将来在建筑界一定会发生积极的影响。"叶廷芳动情地说。

二、龙泉寺的建筑就是在排音符

焦毅强先生用"君子尊德行而道问学"（《礼记·中庸》）来概括《只是为了善——追寻中国建筑之魂》一书的写作心路。

"'尊德行'要求我们用高尚的道德标准、崇高的思想境界去做事情，'道问学'要求我们放下，在这里，我只是作为龙泉寺的义工和一员参与设计。"座谈会上，焦毅强谦和地说。

初到龙泉寺，焦毅强没有想到：在当前浮躁的社会中，竟然还会有这么一个场所、一个团体，不为名利，为善而行。他们到底在做什么？这些高学历的僧人和义工看起来只是在此扫地、洗碗、建房、修行。6年下来，焦毅强慢慢悟出：他们在"道问学"，在扬善。在这个善的气场里，焦毅强感到了"一种大爱的力量"。

焦毅强大声疾呼：100多年前，西方的高速发展，牺牲了环境，漫步欧洲，世俗建筑曾到处都是。环境的恶化，需要自我节制、自我调整。这种自我节制、自我调整的思想是东方的思想，也是佛教的思想。今天中国的高速发展，同样造成了对环境的极大破坏，也出现了世俗建筑的混乱。因此，我们今天也需要自我节制、自我调整。

焦毅强指出，中国传统建筑要继承，就要了解它的外在形式，更重要的是要了解它的思想来源。在龙泉寺与和尚们在一起，有助于他对传统的进一步了解，这也是"尊德行而道问学"。中国传统建筑有"德"在其中，其组成有两方面基本因素：一个是物质的基本体，另一个是精神的组织规律。物质的基本体，就像建筑里的亭台楼阁和音乐里的"多来米发索拉西"，从未改变。

焦毅强的感悟还在于：音乐的重点不在音符，而在音符的组织。很多感人的音乐，是由于不同的"组织"而生成。中国古建是以亭台楼阁为音符而组织的，几千年来，古人做的事，就是如何去组织这个音符。故宫是一种组织，颐和园也是一种组织，（建筑的）组织不同，对人的感染力就不同，这就是中国建筑的高深之处。我们需要贴近古人，如果贴近了，就会感到古人从事建筑就像是在排列音符，这个排列"只是为了善"，对于古人来讲，这个善就是"尊德行"。

"龙泉寺的建筑就是在排音符。音乐创作基本运用的就是一个音符，我来到龙泉寺参与建筑设计，就是与和尚们一起排音符。"焦毅强娓娓道来，"排这个音符，我是借和尚们的力，是借寺院的力，除此之外，我一无所有。我参与排音符，后退，后退，再后退，在后退中我感悟到了和尚们善的力量！"

"我们进入凤凰岭，让我们说，高山哪，让我们仰望着吧！凤凰岭下的龙泉寺建筑的确是延续了古人建筑的实践。"焦毅强认为，这个实践至少提出了以下中国建筑所面临的现实问题：一、中国古建筑的继承重点，不在个体表现上，而在组织规律中；二、中国传统建筑的基本体和音乐的音符一样无自性，在现代和未来，我们能否用现代材料组织成的建筑基本体来代替传统的基本体；三、中国建筑有2个支撑点：人文的和科学的，这对一个建筑而言是同一体；四、中国建筑是真实存在，真实存在是指与现实社会相融，而不只是景点和文物。

焦毅强以北京颐和园举例：如果颐和园由西方人来设计，可能只有昆明湖和万寿山前面的这块地方，但是由中国人来设计，它就必须会有后山，会有气流迂回的这个空间，这是不一样的。宇宙空间覆盖着"命力"，有气场在，大空间贯穿着小空间，小空间贯穿着人，而人要不断和小气场、大气场沟通。

焦毅强告诉记者，他现在又在写一本书，呼吁要建立起中国建筑的"双轨制"。西方的建筑，一个是古希腊体系，这是人的体系；一个是希伯来体系，这是宗教体系。西方是两个体系都互相利用。中国在鸦片战争之前，只有人文体系，没有科学体系，而鸦片战争和"五四运动"，又使得中国的整个人文体系几乎丧失，到现在都没有建立起来。"由于没有建立起人文体系，中国人就失去了信心，光存在科学体系，你与外国人相比，你是弱者啊，人家是强者啊！""中国建筑一个是在人文上，一个是在科技上，必须建立我们的'两条腿'：第一，它是宗教的，它必须符合人文起码的标准；第二，正如学诚大和尚所说，它要符合寺庙现代宗教活动的使用，而不是几百年前寺庙的要求。科学和人文是两极，你不能用科学去验证人文，你也不能用人文去解释科学，没有必要。"

"我们以前常提到，这个建筑搞成人文的，那个建筑搞成科学的，这个区域搞成科学的，那个区域搞成人文的。现在看来，建筑必须要人文和科学同时搞。以国家大剧院为例，如果用科学的尺子来量，可能得95分；如果用人文尺子来量，可能得0分。中央电视台'大裤衩'用科学尺子量，可能得98分，用人文尺子量，也可能是0分。对建筑要建立双轨制来量，每一种建筑的考量比例尺度是不一样的。比如医院的建筑，它的人文可能要求相对较低，如6%、4%，但科学成分可能要较高。作为住宅，人文的尺子可能要求高达40%，科学的尺子可能要求达60%。所有的建筑现在必须赶快回到人文和科学两个支点上，但现在一直是只有一个支点。"

针对大学刚毕业不久的年轻建筑师，焦毅强给出的忠告是："我们通过科学来看利益、看物质的东西太多了。现在要回归，要看人文、看文化的东西，年轻人补这一课，先要学做人并树立起道德标准。"

当被问及对龙泉寺的建筑设计未来有何规划时，焦毅强回答："只有和尚们觉得好用不好用，居士们觉得合适不合适才是最重要的。至于未来的规划，我没有规划，不但我没有，就是学诚大和尚也没有。佛门讲一切随缘，你规划不了，你想象的东西，明天可能是另外一个样子，你就要调整，就要跟着走。但没有规划，不是说没有目标，这个目标就是龙泉寺要越建越好，要符合今后会有越来越多的人在这里参加活动的要求。"

"他的设计像集体创作，是比较松散的。"焦毅强先生的夫人张巧云女士耳闻目睹了丈夫参与龙泉寺建筑的设计过程，她讲述了这样一个细节："有一次，贤立法师带着两个小和尚到我家画图，他们还不是专业的。当时，我很担忧，感觉这种设计从来没见过，非常不正式、不正宗，能不能设计出好的东西？假如设计不出好的东西，会影响一个建筑师的声誉啊！所以我当时想得比较多。"

在张巧云女士的眼里，焦毅强"睡得好，吃得好，长得胖"。她还透露："焦毅强学佛是我的因缘，假如我不学佛，他就会和漆山居士擦肩而过，就会和龙泉寺擦肩而过。学佛就是要颠倒过来。以前，焦毅强在设计其他建筑时是很坚持自我的，但在做这个（龙泉寺）建筑方案中，非常随缘，法师们可以随意变动。一般的建筑师是很反感甲方参与的，没想到和尚们比社会的老板还难对付（笑）。我觉得这个建筑与其说好，不如说它是不完美、不纯粹的，但就是因为它的不完美、不纯粹，这个建筑才带有佛性和生命性。"

"对他的工作，我夸奖得少，泼冷水多，但我以后不会再给他泼冷水了。"当着座谈会现场诸多嘉宾的面，张巧云女士借用女儿曾经写给父亲的一段文字来表达自己对丈夫的夸奖：父亲几十年沉浸于绘画，并不太喜欢思辨。他做设计、画画，养家糊口的同时，努力地追随着自己的内心去做事，没有价值判断的束缚，没有各种理念的困扰，就像一个干净的池塘，几十年承接甘霖。他以艺术为滋养，进行着新鲜而活泼的思考。

身为焦毅强先生的女儿，建筑师焦舰深感"因缘的力量非常大"。通过父亲，她和龙泉寺也结上了很深的因缘。她说："我和先生在思想上是西化的人，以前见了寺庙是绕着走，有一种敬鬼神而远之的态度。在和贤然法师聊了一个下午后，我感觉在精神上获得了新生。"

知识分子"顽固"的特性让焦舰夫妇俩回去买了很多佛学的书看，再忙也要读佛经，这似乎成了两人的定课，"由于古文的水平比英文差，以致于我们买了很多英文版的佛经看，包括杂阿含经，我的先生已经快看完2遍。"

"作为40多岁的中年人，用一颗什么样的心去面对未来几十年职业的摸爬滚打，佛教并没有一个现成的答案，而是看我们用什么样的心去做。我的专业是无障碍设计和绿色建筑，如果需要，我也非常愿意做一名义工。"焦舰讲述。

焦舰也给父亲焦毅强的新书写了序言，之前，父亲向家里人提起这本书的写作，家里人多不理解。在序言中，她这样形容她的父亲："父亲在这本书里写了他所相信的，也就是到了这个年纪，其人生领悟与职业思索的合一。他把几十年追索得到的这一感悟写了出来。他的'相信'在于佛法，更来自内心。他所说的'善'是人与天地和谐的生存方式，以及超越欲望的精神层面的支持。"

三、你若盛开，清风徐来

"烟雾缭绕、人很拥挤，我只能站在边上看一下。"这是很少到寺庙参观的75岁的全国勘察设计大师、中国电子工程设计院总建筑师黄星元曾经对中国寺庙最多的印象。

寺庙建筑是建筑业中一个很重要的类型。龙泉寺之行，给了黄星元全新的感受："下车以后，我看到的是一组非常漂亮的建筑，建筑的比例'推敲'得非常好。我本来以为龙泉寺应该有一个中轴线，但它自由地依山势和地形以及不同的材料而建，使得这个建筑更加生动、更加完善。如果按照这种创作方式，最后一定会得到一个很好的创作结果。"

黄星元指出，建筑要经得起历史和时间的考验，建筑应回到建筑的原点，做到经济、适用、美观。此外，建筑应从功能出发，不要过分从形式上夸大。"特别是高层建筑，你建600m，我建800m，现在迪拜要建1200m的高层建筑。面对这些，特别需要我们静下心来，以忘我的心态来对待。否则，这些高层建筑就是一个强势的资本的表现，是负面的东西。"

在看了龙泉寺整个建设过程的视频后，黄星元想到了我国已故著名建筑学家梁思成先生曾经说过的话："建筑师要具备对建筑功能的考量、对建筑美学的考量，对社会学的考量。"他认为焦毅强先生在龙泉寺的建筑实践，对中国的建筑师有着非常现实的参考和借鉴意义，而且工程的结果非常令人满意。他不是在设计，而是在修行。

作为焦毅强的清华校友，中国科学院研究员、中国颗粒学会荣誉董事罗保林教授也参与了龙泉寺的建筑设计。在他看来，焦毅强先生不仅创造设计了物质世界，更重要的是他有一个精神世界的追求，才会写出一本书来，这不是一般常人能做到的。这个世界很浮躁，外部世界的矛盾来源于人们内心的纠结，它与信仰的缺失有关。信仰一缺失，有感悟的人，内心挣扎的过程就很痛苦。在纷扰的俗世里，有一颗平常心，进而舍世间心，修菩提心，才能对世界的万物产生一种大爱。焦毅强把建筑看成是有生命的，这样才能传承下去。

清华大学建筑系副教授、北京市水彩画学会副会长高冬认为，新旧的"新"是建筑设计一个重要的命题，在建筑设计过程中，我们总是强调大量的"新"，而不强调内心的'心'，以图通过所谓的创新，在同行中表现自我，达到在竞争中战胜对方的目的。认真想起来，这种做法是有问题的。为什么要创新？现在实际上是为了创新而创新，是没有价值观、没有终极的价值体系的表现。这本书的价值和地位还在于：焦毅强在这个沸腾的世界里，作了一次无声的呐喊。我们乐见这种力量将来会越来越大。

北京市建筑设计院张果建筑师认为，真正好的建筑要经得起岁月的考验和认可。他在去国外特别是欧洲时注意到，国外的教堂经过时间的洗礼后，会越来越好看，他相信龙泉寺未来也会如此。

"他在设计市场里摸爬滚打这么多年，还拥有一颗赤诚的心。在工作上，我很愿意与他配合。"龙泉寺工程部义工林广居士这样评价焦毅强。

"你若盛开，清风徐来"，来自西安的卢德望居士说，"一名真正的设计师要放下自己，放下自己原来的思路，到现场去，按照现场自然的地形和现实的材料进行建筑设计，他要参与这个过程，而不只是设计。"

"南朝四百八十寺，多少楼台烟雨中。"《只是为了善——追寻中国建筑之魂》一书的责任编辑吴宇江表示，寺庙是僧众共住的园林，是一个静息的场所。编辑这本书，让他对焦毅强先生在书中所写的"调心要到龙泉寺"有了更多的感悟。

负责龙泉寺工程部的贤立法师曾经在龙泉寺的建筑工地上摔断了腿，这让学诚法师"心如刀绞"。由于设计的需要，贤立法师和焦毅强先生接触较多。

"从对建筑和建筑师不了解，到对建筑和建筑师有一定的了解，从寺庙的角度讲，功能需求是第一位的。龙泉寺在发展的过程中，由于客观的需要，空间发展一直非常紧张。焦毅强先生的悟性非常高，他的身上有一种无我的精神，在佛法上非常深入。我们在一起很少谈佛法，主要是因为他有个人内在的悟性。他说，这个建筑不是我设计的，但从法师的角度看就是你设计的。你不设计，我们可能不知道怎么干。"贤立法师说道。

在长期打交道的过程中，贤立法师发现焦毅强有一个特点，"基本上从来不会否定别人。他非常尊重法师们的想法，他会给你建议，或者告诉你更确切的做法，这样我们彼此之间就有了一种和谐的互动关系。有些设计师对自己的作品和审美标准，执着性非常强，别人是不能动的，很难商量。焦先生以一种无我的态度对待建筑设计，这与一般的建筑师对自己作品的执着不一样，这非常符合佛教的思想"。

佛法讲缘起法，建筑亦复如是。如今，贤立法师从佛法的角度对建筑的理解有了新的思考：建筑所产生的功用和对人产生的感觉，有很多因素。建筑师是一个因素，参与的甲方和建筑的功能需求都是相关因素。龙泉寺在建寺过程中，与世间的许多建筑不同之处在于，作为甲方，龙泉寺是自己找人设计，自己找人买材料，自己监工、自己管理质量，就像自己家盖房子一样，这样的过程是彼此和合，最后建筑产生的效果就不一样。

贤立法师说："首先，焦先生把自己总设计师的身份减低到是法师们设计的，是法师们建议的，他的谦虚的态度和这种对设计方式、设计思想的定位，我们认为可能是出好作品、好建筑的原因。"

"再者，我们的寺庙在开始建时，好多人和我们讲，这个房子建好了才想到要和一个新房子彼此连接，彼此之间会互相干扰，设计过程和施工过程会非常麻烦。没有一个设计师会这样设计房子。这个房子你应该做出一个完整的规划。实际上，像平遥古城、丽江古城，任何一个非常有代表性的、给人印象无比深刻的好的城市，都是历史积淀，一步步发展起来的，而不是设计师一步把它设计造好的，一个好的建筑与它的建筑发展历程有直接关系。"

贤立法师进一步补充道："第三，不同的建筑带给人的感受会不一样。为什么感受不一样？因为气场不同，缘起不同。施工人的责任心、心力的投入，最后产生的结果，就有一种气场，就会产生力量，使人的感受就不一样。"

"还有另一点，由于有出家人在这里修行，因此建筑过程中所凝聚的气场和心业力，以及后期使用人的心业力，都会造成建筑物对人的心理感受，这是最关键的一点，也是许多人所忽视的。有些建筑建得很好，但人待在里面不舒服，人心躁动。修行人带给人的就是祥和、宁静、美好，这与宗教建筑带给人的心理感受有直接影响。"

"龙泉寺的建筑有它非常特殊的因缘。"较早和焦毅强接触的贤然法师在座谈会发言中透露，"我们会因为居士改变了供养的（建筑）材料而改变建筑设计，这种事情在寺庙建筑的流程中是很有意思的。"

四、寺庙建筑应该要有新的宗教标识的代表

当天，学诚法师为《只是为了善——追寻中国建筑之魂》新书首发式暨学术座谈会作总结开示。

"在新的历史时期，盖的庙是一个什么样的庙？如果是说我们仅仅是复古，那么所谓复古后的建筑也不是文物，并且土地、资源等各个方面都不会允许再建筑。古代的建筑，唐朝也好，明清也好，即便是花了很大的代价完全复古，也不是文物，也依然是一个新庙，所以在新的历史时期，寺庙建筑应该要有新的宗教标识的代表，这个宗教标识的代表，我觉得应体现宗教的传统和现代的风格。"学诚法师呼吁道。

第一，过去的寺庙建筑只是代表历史上那个时期的建筑的特征，怎么样做到既好看，又好用，又安全，这是新的历史时期寺庙建筑首先要考虑的。

好看。就是指寺庙的外观形状和色彩，它像一个什么东西？这与焦居士（焦毅强）谈到的"秩序"有关，怎么符合大部分人的看法，才比较合适。同时，又能和这个区域的传统的文化相结合的一个特点。

好用。就是要把现代的一些元素吸收进来。过去广济寺、法源寺、雍和宫里没有暖气，冬天冷得不得了，通风、采光都很差，没有现代卫生的设备很不好用。

安全性。寺庙是一个公共场所，人来来往往，不牢固，容易出事，这就给设计带来很多困难。因此，要考虑到适用和安全并充分利用空间，如果空间是孤立的，就没有生命力。既好看，又好用，又牢固，特别是牢固非常重要，因为要确保安全，如果不能确保安全的话，就会发生问题。

第二，宗教的神圣性和世俗的观感要相兼顾。我们常常谈到宗教和社会要相适应，相适应就是说社会和民众要能普遍接受，符合大家普遍审美的观感，如建筑的风格、建筑的特点、建筑的个性等，既要符合宗教的传统，又要符合民众的审美

观，这是一个很难的题目。只有符合民众的审美观和情绪，大家才会愿意来。如果和大家的审美观距离太远，人家可能就不愿意来这个寺庙。因此，宗教的神圣性和世俗的观感要能兼顾得到。

第三，艺术性和适用性如何相结合的问题。艺术应该有时代感，艺术有古代的艺术，也有现代的艺术，如何把古今中外的艺术结合在一起？我们这个庙，看起来既像古代的建筑，又像藏传佛教的建筑，又像西方的城堡。佛教讲法无定法，你一定说要像哪种模式的话，那么好多元素就不能结合在一起。反过来说，如果结合不好，就会不伦不类。比如说木头，这里的木头没有用涂料，保持它的本色，那时候很多人是反对的。如果用涂料，颜色一上去，木头你就看不出来。过去庙里的木头很多，也是主要的建筑材料，现在木头很少，很稀缺，人们看到木头就会很亲切，内心会感到很柔软。其次，木头为什么不上颜色，上颜色有什么坏处？南方好多庙，因为木头外面刷了油漆，木头里面被蚂蚁吃掉了，你都不知道。

"几年来，龙泉寺边设计、边施工、边筹款，可称作'三边'工程。"学诚法师幽默地说道，"这不是说，把龙泉寺全部设计好，才去建，才去做，这么做的话，就不会充分体现集思广益。我觉得人力、物力、财力只是基础，最重要的是人的智慧。有智慧还要发心，如果不发心，就谈不上是真正的智慧。"

"我们在讨论方案的时候，五花八门，意见非常多。意见多，非常好，这说明大家都在动脑筋。"学诚法师透露，龙泉寺（做事）的特点，就是会有很多方案，但选择一个方案，要注重局部和整体的关系，这都要照顾到。同时，还要兼顾到方案在施工的过程中是否可行。有时候，设计方案可能很好，但到施工的时候可能就弄不了。建龙泉寺，体现了聚沙成塔，体现了众志成城，体现了大家的发心，因为在这里所有的人都是没有报酬的，都是靠发心，这个就不一样。寺庙的建筑，可能刚开始的时候，不是很完美，但在建的时候，就会很完美，就会有一个比较好的结果。

在谈及当前寺庙的适用性时，学诚法师分析道：首先，寺庙是佛法僧三宝的体现。其次，寺庙也是传统文化的重要的载体。现在我们国家的好多传统文化缺乏载体，但寺庙里边的出家人行走坐卧、饮食起居，其所有的一切都保持着过去的方式和传统。第三，寺庙能够让广大的信众参加宗教活动，过宗教生活。第四，寺庙是开展公益慈善活动的基地。第五，寺庙可以联系海外很多的朋友，也就是在对外交流上，寺庙能够发挥重要的作用。

此外，中国的儒家文化因为社会的发展进步和变迁，基本上使得家族不能团聚，并且分散得很厉害，祖父祖母住一个地方，父母住一个地方，孩子住一个地方，很难会像过去团聚在一起。儒家文化注重血缘亲情，寺庙今后会为儒家文化的复兴，为家族的团聚提供空间。当然，这也要得到政府和社会各界的支持。

同时，寺庙也可以提供空间让作相关研究的人，可以在庙里边住和用餐，让庙里的资源和图书发挥作用，寺庙在这方面所作的贡献会比较大。寺庙建起来，不仅是让人来参观，来观赏，它还有很多的社会的功能，让它的社会功能发挥的时候，在设计、建筑很多方面都要配合。许多人来到龙泉寺，就觉得这里像一个研究机构，像一个学校，我们这里有几十间教室，还有电脑室、图书馆、阅览室、动漫室等。

"艺术性和适用性要兼顾是非常不容易的，这极其困难。"在学诚法师看来，"设计一个庙，要考虑它的适用性。如果甲方和建筑师只照着传统的一个设计来进行，这个设计可能会很传统、很规范，但很难说有很好的适用性。"

学诚法师是一位"对人、对文字、对建筑很敏感"的法师。从1982年在福建莆田广化寺出家31年至今，他一直和寺庙建筑打交道。学诚法师回忆道："那个时候，就是木工、泥瓦工在做。当时的负责人是圆拙老和尚。他说，这个寺庙建筑，你要能想象得出来，想象出造完了是一个什么模样。然后，我们就请木工来，画一个图，告诉他们就这么做，这给我的印象很深。从1982年到现在，我一直在盖庙，从法门寺到南少林寺，这些庙盖的都不一样。"

"龙泉寺的建筑是传统与现代相结合得相对比较理想的地方，原因就在于北京的资源和人才比较集中，在福建和其他地方相对就比较难，你可能不知道找谁去讨论。我有一个特点，会把设计方案拿给别人看。我认为好的，有时候会坚持，但过几天，如果认为不行的话，我也会重新调整过来。在做的整个过程当中，我们有对立，然后又慢慢磨合，最后就非常默契。"学诚法师说。

在为《只是为了善——追寻中国建筑之魂》这本书作序时，学诚法师写道："自然是最好的修行道场，佛陀早年就在山林里苦行修道，日中一食，树下一宿，日复一日。相比之下，那些生活在红尘大都市里的人们，只能在忙碌之暇，在人造土石堆砌出来的'丛林'里，仰望头上一线灰蒙蒙的天空。"

在学诚法师眼里，评价建筑盖得好不好，有"三个层次"，而焦毅强居士无疑是能够深入到"第三个层次"的建筑师。在序言中，学诚法师诠释道："建筑立在人与自然之间。建筑到底是隔阂了两者，疏远了两者，抑或是结合了两者，沟通了两者呢？这看似一个哲学命题，却是每个建筑师应该有所深思的地方。评价建筑盖得好不好，可以通过三个层次：第一是使用性，可以由技术来解决。第二是观赏性，可以由艺术来解决。大多数人仅能到此为止。焦居士则是少数能够深入第三个层次的有心人，这就是生命性。建筑应是滋育生命、完善生命的场所，不是束缚生命、消磨生命的地方，因为生命是自然与人之间的最大共通性。"

"《只是为了善——追寻中国建筑之魂》，善在哪里？善在生命，善在人心。"在这本书的序言中，学诚法师给出了如是答案。

"寺庙建筑所承载的是'道'，所体现的是'礼'，所服务的是'人'，'我'在其中获得超越。"学诚法师期待并相信，"佛教界会把佛教的建筑越建越好。"

注释

①《只是为了善——追寻中国建筑之魂》首发式学术座谈会由吴宇江编审和北京龙泉寺贤立法师共同主持，本文引自"学诚新浪博客"。

《只是为了善——追寻中国建筑之魂》首发式学术座谈会代表合影（北京龙泉寺　提供）

纪念莫伯治大师100周年诞辰暨《莫伯治大师建筑创作实践与理念》首发式学术研讨会摘编

纪念莫伯治大师100周年诞辰暨《莫伯治大师建筑创作实践与理念》首发式学术研讨会会场（白俊锋 摄）

2014年是中国工程院院士、全国建筑设计大师莫伯治先生100周年诞辰纪念日。莫伯治大师生前系广州市城市规划局总工程师，中国建筑学会理事，《建筑学报》编辑委员会委员，华南理工大学建筑设计院兼职教授和总建筑师，广州市人民代表大会常务委员会副主任。

莫伯治大师是中国现代最杰出的建筑大师，他一生创作的建筑作品多达50余项，其中获住房和城乡建设部、中国建筑学会、教育部、广东省、云南省和广州市的奖项多达20多个，这表明了莫伯治大师在中国建筑创作中的重要地位。

为缅怀莫伯治大师一生建筑创作的卓著成就，中国建筑工业出版社于2014年6月28日在北京隆重召开纪念莫伯治大师100周年诞辰暨《莫伯治大师建筑创作实践与理念》一书首发式学术研讨会。会议由中国建筑工业出版社社长沈元勤主持，到会的领导与嘉宾有：中国工程院院士、全国建筑设计大师、北京市建筑设计院研究院顾问总建筑师马国馨；中国工程院院士、全国建筑设计大师、中国建筑设计研究

建筑书评与建筑文化随笔

院副院长、总建筑师崔恺；全国建筑设计大师、苏州工业园区原总规划师、苏州科技大学建筑与规划学院教授时匡；全国建筑设计大师、清华大学建筑设计院顾问总建筑师、教授胡绍学；全国建筑设计大师、中国电子设计院顾问总建筑师黄星元；中国社会科学院外国文学研究所研究员叶廷芳；南京大学建筑与规划学院教授、博导鲍家声；华南理工大学建筑学院教授赵伯仁；海南省工商联新建项目策划总顾问、武汉城市建设学院原风景园林系主任、教授艾定增；马建国际设计顾问有限公司原首席总建筑师、北京龙泉寺居士焦毅强；清华大学建筑学院教授、《世界建筑》原主编曾昭奋；广州市规划局原局长施红平；华中科技大学建筑与规划学院院长、教授、博导李保峰；南京大学——剑桥大学城市建筑研究中心执行主任、教授鲁安东；中国工艺美术大师、北京宝贵造石艺术科技有限公司总经理张宝贵；广州莫伯治建筑师事务所总建筑师莫京；国际园林景观规划设计行业协会副主席、中国中建设计集团有限公司国际设计中心首席执行官路彬等。

中国建筑工业出版社编审、本书主编之一吴宇江介绍了《莫伯治大师建筑创作实践与理念》一书的写作历程。与会嘉宾共同缅怀了莫伯治大师一生辉煌的建筑创作实践与理念，高度评价莫伯治大师的深厚学养、高尚品德与真诚为人，一致认为当今我国的建筑创作与创新之路仍应坚持莫伯治大师所倡导的三大建筑创作理念，这就是：城市、建筑、园林合一的整体建筑观；适用高效、经济低耗、艺术美观合一的建筑创作原则；建筑艺术形式存在着合理的多样化，建筑创新的空间非常宽阔的设计理念。总之，就是在研究中国建筑自身特点和文化内涵的同时，更应当探索当今世界建筑的不同理念、不同审美观和创作理论，结合自身特有的地域和文化环境，形成新的现代中国建筑风格。

出席本次学术研讨会的新闻媒体有《光明日报》、《中国建设报》、《世界建筑》、《世界建筑导报》等，中国建筑工业出版社相关编辑也列席了会议。

沈元勤（中国建筑工业出版社社长）

尊敬的各位专家教授以及新闻传媒的朋友们，大家好！首先，我谨代表中国建筑工业出版社向你们的到来表示最热烈的欢迎和诚挚的问候！

今年是中国工程院院士、全国建筑设计大师莫伯治先生100周年诞辰。莫伯治大师生前系广州市城市规划局总工程师，中国建筑学会理事，《建筑学报》编辑委员会委员，华南理工大学建筑设计院兼职教授和总建筑师，广州市人民代表大会常务委员会副主任。

莫伯治大师是中国现代最杰出的建筑大师，他一生创作的建筑作品多达50余项，其中获住房和城乡建筑部、中国建筑学会、教育部、广东省、云南省和广州市的奖项多达20多个，这表明了莫伯治大师在中国建筑创作中的重要地位。莫伯治大师不仅建筑创作实践做得成功，而且他还善于理论思考、总结与提炼。他先后在中国建筑工业出版社出版了《莫伯治文集》、《岭南庭园》等著作。

今天，我们纪念莫伯治大师建筑创作的一生，就是要大力宣扬莫伯治大师倡导的"城市、建筑、园林合一的整体建筑观；适用高效、经济低耗、艺术美观合一的建筑创作原则；建筑艺术形式存在着合理的多样化，建筑创新的空间非常宽阔"的三大设计理念。

何镜堂（中国工程院院士，华南理工大学建筑学院院长、教授、博导）

谢谢中国建筑工业出版社发来6月28日在京召开"纪念莫伯治大师100周年诞辰暨《莫伯治大师建筑创作实践与理念》首发式学术研讨会"邀请，我因当天已有安排而不能赴京参加这次学术研讨会，深表歉意。

莫伯治大师和林克明、夏昌世、陈伯齐、佘峻南等一批大师，是岭南建筑界的老前辈，他们立足岭南，开风气之先，设计了一批划时代的好作品，为我国建筑事业的发展，作出了卓著的贡献。作为后辈，我们应该努力学习他们敢为人先的创作思想，弘扬他们勇于创新的创作精神，走有中国特色的建筑创作道路，创作更多有中国文化和时代特色的精品！

预祝研讨会开得顺利、完满、成功！

张祖刚（中国建筑学会顾问，中国建筑学会原副理事长、秘书长）

20世纪60年代初，我随中国城市设计研究院程世抚先生代表国家计委前去广州，审核该市新建火车站的建筑高度问题，以解决同附近白云机场飞机起降的矛盾，广州市接待我们的人员中有莫伯治先生。此前，我在《建筑学报》上翻阅过他撰写的"广州海珠广场规划"和"广州北园酒家"的文章，并耳闻到广州市林西副市长非常关心北园酒家这座建筑，每逢风雨天都要亲自打电话嘱咐关好门窗；莫伯治先生亦知晓程世抚先生是留美学过城市规划和风景园林的大专家。因此，我们一见如故，亲切地谈论起城市与园林的问题，他还专门带我们参观了一些广州传统园林。我们相识、相知从此开始。1965年我从中国城市设计研究院调至建工部建筑学会《建筑学报》工作，尔后于20世纪70年代至21世纪初同莫伯治先生40多年的交往中，我们互赠学术书籍、交谈建筑科学思想，可谓是忘年交的挚友。我对这位建筑大师不断创新求精的精神，深感钦佩。下面讲述他能够不断创新的3个理念，对一些中青年建筑师有所启示和帮助。

首先是"中国城市、建筑、园林合一的整体建筑观"。莫老的建筑创作，都是综合考虑城市整体与建筑个体的特点和要求进行构思的。其次是"适用高效、经济低耗、艺术美观合一的建筑创作原则"。莫老重视现代生活功能使用的合理性和建造与使用所耗材料、能源、投资的经济性，以及建筑组合内外空间整体与环境的艺术性。再次是建筑设计创新的空间是十分宽阔的。莫老认为设计要突出建筑个性，表现它的特有内涵，其艺术形式客观存在着合理多样化的思想。

2014年是莫老100周年诞辰。今天我们出版《莫伯治大师建筑创作实践与理念》一书，就是为了宣传他不断建筑创新的三大理念，这三大理念也绝不仅局限于其岭南建筑创作的范围，而是中国以至世界现代建筑科学发展的重要理念，其意义重大而且深远。

吴宇江（中国建筑工业出版社编审、本书主编之一）

古人云："读万卷书，行万里路"。莫伯治大师就是这样一位身体力行、令人景仰的先贤。他不但学养有素，而且待人真诚、祥和，从不以长辈自居，无论是位居要职的领导、专家，还是刚刚入行的青年学生，莫大师都一视同仁、平等对待，从没摆出高人一等的姿态。他以渊博的知识、高尚的文化修养和过人的品德团结了所有的人。

天地有大美而不言。这是一种气概，更是学识和人格兼备方能达到的思想境界。大的学问，要有如山的人格作为支撑，我们从莫大师身上感受到了这种出神入化的境界。

莫伯治大师在回首自己将近半个世纪之内所走过的建筑创作道路时，把自己的建筑创作实践与理论思考过程划分为3个阶级，这就是：（一）岭南庭园与岭南建筑的结合，推进了岭南建筑与庭园的同步发展，其代表作品有广州北园酒家（1958

年）、广州泮溪酒家（1960年）、广州南园酒家（1962年）、广州白云山双溪别墅（1963年）等；（二）现代主义与岭南建筑的结合，其代表作品有广州白云山山庄旅舍（1962年）、广州宾馆（1968年）、广州矿泉别墅（1974年）、广州白云宾馆（1976年）、广州白天鹅宾馆（1983年）等；（三）表现主义的新探索，其代表作品有广州西汉南越王墓博物馆（1991年）、广州岭南画派纪念馆（1992年）、广州地铁控制中心（1998年）和广州红线女艺术中心（1999年）等。

半个多世纪以来，莫伯治大师在建筑创作和岭南建筑新风格的探索中，走在时代的前列，设计了一批有影响的建筑作品，形成了独特的个人风格。他的作品常属开风气之先，引领建筑新潮之作，体现出强烈的时代性、地域性和文化性。

莫伯治先生在去世前的上半月还在思考着中国建筑现代化的问题，这就是在研究中国建筑自身特点和文化内涵的同时，更应当探索当今世界建筑的不同理念、不同审美观和创作理论，结合自身特有的地域和文化环境，形成新的现代中国建筑风格。

莫京（广州莫伯治建筑师事务所总建筑师）

很高兴和大家一起来参加纪念莫伯治大师100周年诞辰暨《莫伯治大师建筑创作实践与理念》首发式学术研讨会。我特别要感谢张祖刚先生，他为了10多年前给我父亲的承诺，付出了辛勤的劳动，促成了这部大作的问世。本书体现了一代岭南建筑师建筑创作的追求，展示了一代岭南建筑师的修养和对职业道德的坚守，诚如我父亲自己所讲，"我在建筑创作中强调地域特色，也注重现代主义的引进，并且始终坚持着，这无疑是正确的。"这对我们今天的建筑创作与理论思考同样有着现实的和深远的历史意义。

焦毅强（马建国际设计顾问有限公司原首席总建筑师、北京龙泉寺居士）

莫先生百年诞辰并出书缅怀纪念，应有重大的意义。生生不息，大化流行是中国文化的根本。老子讲"一生二，二生三，三生万物"。这里的一是宇宙；二是两级，是天地；这里的生三就是生化。太极图画的是生化。天行健，明宇宙大生命，常创新而无穷也，新新而不竭也，讲的是生化。熊十力先生也提到："生化不息，能量无限，恒创恒新，自本自根"。

莫伯治先生运用科技手段，继承岭南的园林，将科学与传统融化在一起，生出了一种新形式，即生化出了"三"。莫先生受过良好的传统教育，又接受了现代文明，他始终站在国人传统上去吸收现代科学的东西。

中国的传统文化以善入门，儒、释、道三家无一不是让人先识善恶，知因果。识善恶是让人从技术层面提升到智慧层面。建筑形象善恶的认同，取决于人心的善恶。人心乱了，善恶自然不明。儒家讲明明德，佛教讲正大光明，讲的就是发扬光明正大的东西。建筑千万不要哗众取宠，自我表现。

莫伯治先生在深厚的文化修养的支撑下，不断吸收国外新思想技术，从传统和地方建筑艺术中吸取养分，表现完全现代化的空间结构。莫伯治先生在设计中使用的是大智慧，而不是小技巧。莫先生的设计没有停留在技巧层面，而是上升到了智慧层面。莫先生的作品没有哗众取宠的东西，是堂堂正正的君子之作。让我们记住莫伯治先生，并学习他。

艾定增（海南省工商联新建项目策划总顾问）

今天的主题是缅怀莫先生毕生敬业、治学、创作、创新的风范，不仅值得我们学习继承，弘扬光大，而且也是中国建筑和园林景观艺术发展的一个划时代的里程碑。今天我们这个活动，目的是在今日多少有点浮躁的建筑学界去除歪风邪气，树立弘扬正风作出努力，非常及时而重要。

岭南建筑园林景观艺术文化特色鲜明，独树一帜。莫先生是岭南建筑园林学派创始人之一，与关山月的岭南画派相呼应，也是新中国成立后形成北京、上海、广州3个建筑园林流派的旗手之一。在闭国锁关的计划经济时期，广派出类拔萃，莫先生功不可没。但有点遗憾的是，当时不少杰出的作品到改革开放后被拆建改造，原因是奢侈豪华之风独占风头。我认为有些有文物价值的作品，应该再复原重建，以保护文脉传承不断。

中国必须尽快改变有建筑艺术而少建筑文化的状况，尤其要学习西方文化中对建筑园林艺术的重视和群众中普及关怀的程度以及公众传媒对建筑文化艺术的评议。建筑学应当把政治学、社会学、经济学、人类学、心理学、伦理学和审美价值这些大系统都纳入其中，而不单纯是个艺术美学概念。

施红平（广州市城市规划局原局长）

城市规划源于建筑，与建筑有着千丝万缕的关系。城市规划不好搞，做好城市规划难，坚持城市规划就更难。莫伯一生淡泊名利，他坚持做人的基本准则，坚守建筑师和城市规划师的职业操守。莫老做设计要下工地去认真看环境，注重建筑与所在环境的对话与沟通，并适应新的生活需求。莫老在建筑和规划的行业内起着举足轻重的引领和示范的作用。

赵伯仁（华南理工大学建筑学院教授）

我与莫伯是忘年之交。莫伯一生创作不止，创新不止。他临终前还在设计、设计、再设计。莫伯建筑创作的精神与风格是现代的，其内涵是岭南的。

建筑形式的表现在不同作品中却存在着多样性和创新的可能性。在某些建筑作品中，其形式和形象被赋予特定的思想内容并给人们带来一定的联想，这不仅是现代的，而且是艺术多样化的合理要求。

在广州西汉南越王墓博物馆、广州岭南画派纪念馆、广州地铁控制中心、广州红线女艺术中心的创作和思考中，莫老为了强调它们的个性，表现它们特有的内涵，分别采用了特殊的造型和夸张的构图手法。这是新的表现主义的探索和尝试。

岭南建筑是祖国丰富文化遗产的一个重要组成部分，也是当代我国建筑艺术发展中3个主要的流派之一。莫伯一生淡泊名利，其人缘极好，是做人做事做学问的楷模。

胡绍学（全国建筑设计大师，清华大学建筑设计院顾问总建筑师、教授）

莫老很亲切，是我的长辈。我1960年代大学毕业留校教建筑设计，1970年代、1980年代、1990年代我们带学生参观最多的建筑设计实例就是岭南建筑，对莫老的作品非常熟悉，像广州矿泉别墅、广州白云山双溪别墅、广州白天鹅宾馆、广州白云宾馆等，多次去参观，莫老的作品一度引领国内风气之先。

莫老把西方经典现代化东西与岭南园林结合起来，运用流动空间手法，创造了新的岭南建筑流派。莫老的设计随社会和时代的发展而变化，与时促进，不断探索与创新，这永远值得我们去学习和领会。

黄星元（全国建筑设计大师，中国电子设计院顾问总建筑师）

中国改革开放之初，大家都羡慕岭南建筑的发展，建筑创作在广东十分活跃，像广州白天鹅宾馆，身临其境给人心震撼的感觉。地域特色、传统文化如何与现代建筑结合，这是需要我们去研讨与思考的理论问题。关肇邺院士曾指出，"中国建筑实践缺少现代主义建筑的洗礼，而岭南建筑影响之大，在理论与实践方面，开创了中国改革开放的新起点。"

当下建筑师，特别是青年建筑师应向莫老学习，一方面要认真做好手头的建筑创作实践；另一方面要认真总结建筑创作的心得，形成自己的建筑创作理念。

叶廷芳（中国社会科学院外国文学研究所研究员）

莫老既擅于建筑创作，又擅于理论总结，理论推动创作，实践与理论的结合产生更大的成就。

广州白天鹅宾馆是园林建筑与现代建筑结合的典范，其中庭的故乡水令人叹为观止。现代主义，地方特色与生活情趣的有机结合，是广州宾馆、广州白云宾馆、广州白天鹅宾馆等这些现代化高层建筑创作成功的关键所在。这些现代化高层宾馆所特有的地方和民间的氛围，正是岭南特色和中国特色的具体体现，这也大大增强了创造与推进中国现代建筑的信心。

鲍家声（南京大学建筑与规划学院教授、博导）

莫老是中国第2代建筑师的杰出代表，是中国现代建筑的开拓者、实践者。中国有自己建筑创作实践理念的真正建筑师不是太多，莫老是我们的榜样。莫老有大的建筑观，这涵盖了城市规划、建筑学、风景园林等学科。他始终坚守"适用、经济、美观"的建筑创作原则。

莫老做设计尊敬历史、尊敬文化、尊敬自然。他1974年做的广州白云宾馆，就很好地保留了环境中的一棵大树。莫老德技双馨，是我们大家学习的榜样。

马国馨（中国工程院院士，全国建筑设计大师，北京市建筑设计研究院有限公司顾问总建筑师）

莫老在我国第2代的建筑师中，是个始终保持着旺盛而活跃的创作力，并对我国建筑界产生过重要影响的建筑师，他的许多作品已经成为中国建筑创作的经典而载入史册。我和莫老从地域上讲是天南地北，他在广州，我在北京；从经历上讲，他长我28岁，辈分上差得较多，也没有业务上的交往。但十分有幸的是和莫老还有三面之交。从20世纪80年代参观学习莫老的设计作品，到20世纪90年代比较熟知莫老的名字，直到20世纪末认识了莫老，有了一些交往，中间差不多都经历了10年的时间，现在想起来，这都成了我设计生涯中十分珍贵的回忆。

莫老十分善于学习和总结。他在1985年访问欧洲、美国，1993年访问埃及、希腊后都做了极详细的考察笔记，并附以手绘的草图，对相关问题都有源流考证和理性分析，莫老的学习方法对我们后学真是极大的教育和鞭策。他对国外最新建筑潮流的进展如数家珍，对一些后现代主义的设计随手拈来，对于现代主义建筑有自己独特的爱好和见解，思想开放而不保守。莫老还谈过要在学术上多下功夫，但现在有时理论超前了，设计实践反而滞后。有一次还专门谈到西方宗教和中国儒教的区别，他认为孔老夫子比他们高明得多了。

在第2代老建筑师中，莫老是一个很特殊的个案（例），因为大多数第2代建筑师的主要创作高潮都在"文革"以前，"文革"后有继续设计创作的也多为指导性，很少在一线继续做设计的，而莫老恰恰相反，他仍旧活跃在建筑设计的第一线，不断推出引人注目的新作。正如莫老所说："艺术本身的发展和观念上的创新决不应停止在一个水平上。"他丰富的想象力和创造力源源不断地迸发出来，表现出一代大师不断革新、不断改变、不断探索的信念和勇气。

栗德祥（清华大学建筑学院教授、博导）

莫老平易近人，无架子，对晚辈关怀备至，其人格魅力自己深有体会。当现代主义走向死胡同、国际式、千层一面时，莫老却始终保持着创新精神，这很值得我们大家学习。

在广州宾馆、广州白云宾馆、广州白天鹅宾馆等的设计中，莫老明确引进了现代主义的理念，强调现代生活、功能、技术在建筑中的主导作用，努力摆脱学院派和复古主义创作思想的影响，力求建筑功能的合理性和投资的经济性，同时也仍然重视由于地区气候和人民生活习惯的不同而形成的岭南建筑的地方特色和地方传统，体现岭南地方风格与现代主义的有机结合。

崔愷（中国工程院院士，全国建筑设计大师，中国建筑设计研究院副院长、总建筑师）

莫老大名如雷贯耳。他设计的广州白云宾馆、广州白天鹅宾馆是我们这一代人上研究生时做宾馆项目必须朝拜的对象。

在我国20世纪50年代以后，现代主义建筑被作为资产阶级腐朽没落的货色，遭到了不停地批评，只是在改革开放的新形势下，才开始受到实事求是的对待。由于现代主义建筑注重功能，主张新技术、新材料的应用，并已有了长足的发展，早已成为全世界，尤其在西方世界占主要地位的建筑流派。

莫老对中国现代建筑，特别是岭南建筑的发展起着引领的作用，莫老始终保持建筑创作的热情，他开放，不固守，善于吸收外来文化，敢于拿来主义，这对当下中国建筑的发展有着积极的借鉴与启发作用。

时匡（全国建筑设计大师，苏州工业园区原总规划师，苏州科技大学教授）

这是一次学术盛会，可以了解莫老的事迹和他的建筑创作思想。莫老的建筑创作既表现传统文化，又体现现代精神，其创作构思没有局限于某一个主义或某一种手法，而是将岭南建筑与岭南园林，传统与现代，以至表现主义熔于一炉。既有地方风格，又有表现主义手法润色其中，形成一个轮廓丰富、塔楼矗立、庭园山水、雕饰精雅的建筑群体自然地融合在公园绿地和城郊的自然景观之中。

莫老讲过，"对建筑师创作思维的广度和深度的开掘和拓展，是十分必要的，也是没有止境的。"当下建筑创作中，往往缺乏大智慧，缺乏像莫老这样的综合能力与全面修养。我们的许多建筑师只立足于建筑的一张表皮，而其内涵却永远不够。当下建筑师对中国文化、中国历史的尊敬很不够，这值得我们大家认真去反思。

李保峰（华中科技大学建筑学院院长、教授、博导）

我是晚辈了，莫老还没有见过。我是1977～1982年在华南理工大学建筑系读书的，对岭南有深厚的感情。我在清华的研究生导师周卜颐先生就曾说过，"发展中国新建筑的希望在岭南。"我本人参观和体验过莫先生的作品，感受到建筑与景观的密切关系。莫老的设计均考虑到亚热带地区的气候特点并创造了舒适的室外、半室外空间环境。莫老的建筑创作注重与历史和环境的对话与沟通，其建筑造型、建筑环境既保持地方特色，又赋予新意，体现了新时代的审美意趣。

曾昭奋（清华大学建筑学院教授，《世界建筑》原主编）

莫伯的作品，极富地方特色和文化内涵。他对地方文化、中华文化和当代世界先进文化的长期、扎实的研究和把握，使他这几十年的创作实践成为一个不断提高、不断丰富、不断创新的过程。他不盲目抄袭，不赶时髦，不为一时的强势语言和理论所束缚，始终立足于地方文化和中华文化的雄厚基础之上，站在文化创造的最前列。

莫老走时还有2件事未完成，一是关于岭南岩画研究。这工作其实已经开始，在莫老的很多建筑中都有体现，比如广州西汉南越王墓博物馆、广州艺术博物馆等，但莫老走得太突然，未能写出岭南岩画研究的专著。二是对弗兰克·盖里的研究，莫老生前讲过，对美国构主义建筑大师弗兰克·盖里的理论我们还没有好好研究，这是莫老的一大遗憾。

鲁安东（南京大学——剑桥大学城市建筑研究中心执行主任、教授）

我们羡慕莫老的学术贡献。莫老的建筑创作不是建筑师个人的自我表现，而是注意到人们的生活经验和审美习惯，创造出为广大群众所能认同和理解的具有时代特色和时代精神的形象和空间；技术的发展为新的造型提供了可能性，摆脱了砖承重墙或结构体系完整性的限制；以经济合理的手段达到艺术新表现主义的目的。

莫老在几十年的建筑创作实践中，从岭南建筑、岭南庭园的结合，到现代主义的引进，再到新的表现主义的尝试，不但互为增益，有所发展，有所前进，而且在艺术上显得更为丰富多彩。诚如莫老自己所讲，这正好说明建筑艺术创作的多样性和适应性，以及当代岭南建筑的活力和继承发展、创新的可能性。

建筑书评与建筑文化随笔

致　谢

本人自1988年大学毕业分配到建工出版社工作，一晃就是27年光阴。这本《建筑书评与建筑文化随笔》是我参加工作以后陆续写出的有关建筑书评与建筑文化的数十篇札记。

全书共分3篇。上篇是建筑书评，共收入有关建筑学、城市规划学、风景园林学等的文章18篇。中篇是建筑文化随笔，涵盖了建筑学、城市规划学、风景园林学等专业板块的学术论文9篇。下篇是编辑出版心得，收入有关编辑出版的文章3篇。最后是附录部分，收入有本人编辑出版的作为出版社重点图书而召开的首发式学术研讨会发言摘要共5篇。

本人从事编辑出版工作20多年，为他人做嫁衣而出版的图书有300余部，这其中既有获得新闻出版广电总局大奖的《东南园墅》（1999年全国优秀科技图书奖暨科技进步奖一等奖）、《生态建筑学》（第三届"三个一百"原创图书出版工程奖）、《地下建筑学》（第四届"三个一百"原创图书出版工程奖）等图书，也有获得住房和城乡建设部以及省市级奖的《传统村镇聚落景观分析》（第三届全国优秀建筑科技图书部级奖二等奖）、《居住区环境设计》（住房和城乡建设部科学技术奖三等奖）、《观赏竹园林景观应用》（福建省自然科学优秀学术成果二等奖）等图书。另外，本人所编辑的图书其绝大多数社会效益与经济效益俱佳。在这里，我要特别地感谢为本人申报国家图书大奖而撰写推荐函的各位专家朋友，他们是两院院士、国家最高科学技术奖获得者、清华大学建筑学院吴良镛教授，已故两院院士、住房和城乡建设部原副部长周干峙先生，中国科学院院士、东南大学建筑学院齐康教授，中房集团建筑设计有限公司顾问总建筑师布正伟先生，北京大学哲学系叶朗教授，中国社会科学院外国文学研究所研究员叶廷芳先生，武汉大学哲学学院陈望衡教授，以及已故中国建筑工业出版社资深编审程里尧先生等。

本书的写作还特别地得到了中国工程院戴复东院士、张锦秋院士、邹德慈院士、何镜堂院士、马国馨院士、程泰宁院士、崔恺院士，中国建筑学会顾问张祖刚先生，《华中建筑》原主编高介华先生，苏州教育学院中文系金学智教授，中国城市科学研究会资深研究员鲍世行先生，洛阳古建园林设计院原总工程师王铎先生，全国建筑设计大师、清华大学建筑学院胡绍学教授，全国建筑设计大师、浙江省建筑设计院顾问总建筑师唐葆亨先生，全国建筑设计大师、中国电子设计院顾问总建筑师黄星元先生，全国建筑设计大师、苏州科技大学建筑学院时匡教授，美国伊利诺斯大学（芝加哥）城市规划系张庭伟教授，清华大学建筑学院薛恩伦教授，清华大学土木工程学院童林旭教授，东南大学建筑学院刘先觉教授，天津大学建筑学院邹德侬教授，同济大学建筑学院赵民教授，厦门大学城市规划系马武定教授，华南理工大学建筑学院吴庆洲教授，浙江大学建筑系杨秉德教授，东南大学旅游研究所喻学才教授，南京大学建筑学院赵辰教授，苏州大学中文系曹林娣教授，福州大学建筑学院朱永春教授，中南大学建筑与艺术学院钟虹滨教授，湖南大学建筑学院柳肃教授，深圳大学建筑设计院总建筑师卢旸教授、龚维敏教授，上海交通大学建筑系刘杰教授，青岛理工大学建筑学院王镛教授，天津城市建设大学郝慎钧教授，重庆建筑工程职业学院梁敦睦教授，苏州旅游与财经高等职业学校卜复鸣教授，杭州科技职业技术学院刘淑婷教授，马建国际建筑设计有限公司原首席总建筑师焦毅强先生，新加坡高级城市设计师、生态学家彼得（Peter Chen）先生，中国工艺美术大师张宝贵先生，中国艺术研究院王明贤研究员，广州莫伯治建筑师事务所莫旭总经理、莫京总建筑师，以及已故西安建筑科技大学建筑学院佟裕哲教授、东南大学建筑学院郑光复教授、苏州科技大学建筑学院张家骥教授、武汉大学城市设计学院张在元教授等众多作者朋友的热情帮助与鼓励。

本书的出版还要由衷地感谢中国建筑学会资深编审、著名建筑评论家顾孟潮先生，海南省工商联新建项目策划总顾问、著名建筑评论家艾定增先生，他们亲自为本书作序，并对书稿内容提出了宝贵的修改意见。

本书的编辑出版还得到中国建筑工业出版社张兴野书记、沈元勤社长、张惠珍总监、王莉慧副总编辑等的鼎力支持。许顺法编审为本书作了悉心的审读，责任编辑白玉美编审更是一丝不苟、严谨认真地做好本书的编辑出版工作。

此外，还要感谢为本书的编辑出版提供帮助的《中国建设报》王宝林副总编辑、时国珍主编、李迎主任编辑、翟立主任编辑、李兆汝主任编辑、李玉清编辑，

《建筑学报》周畅主编，《城市规划》石楠执行主编，《中国园林》何济钦原主编、杨大伟社长、王绍增主编、金荷仙副主编、曹娟主任编辑、王媛媛编辑，《世界建筑》原主编曾昭奋先生、陈衍庆先生、贾东东主任，《新建筑》李保峰社长、李晓峰主编，《时代建筑》支文军主编，《规划师》雷翔主编、刘芳主任，《风景园林》何昉社长、王向荣主编，《城市规划学刊》黄建中主任，《城市发展研究》王亚男主任，《南方建筑》邵松主任、李笑梅编辑、乔监松编辑，《华中建筑》俞红主编、张冯娟编辑、金京编辑，东南大学出版社副社长戴丽编审，华南理工大学出版社建筑分社社长赖淑华编审，《园林》朱春玲社长、陆红梅执行主编，《文人园林》包志毅主编，《建筑与环境》郑振纮主编，《世界建筑导报》刘晓燕编辑等。最后还要感谢为本书的出版任劳任怨、默默无闻地作出无私奉献的建工社全体同仁。

作者

2015年元月写于北京